부국환경론

부국환경이 우리의 미래다

The Affluent Environmentalism

부국환경론

부국환경이 우리의 미래다

Affluence Supports Environmentalism

박석순 지음

어문학사

이 땅에서 가난을 몰아내고

환경을 지킨 착한 산업역군에게

이 책을 바친다.

| 추천의 글 |

나는 이 책의 저자 박석순 교수와 같은 학문적 뿌리를 갖고 있다. 그는 대학 시절 같은 학과에서 같은 지도교수를 모시고 공부한 실험실 3년 후배다. 그리고 내가 미국 유학 준비를 하고 있던 시절, 나의 실험실 조수로 일하다 내가 물려준 유학 준비 책으로 공부해서 내 뒤를 따라 도미했다. 귀국 후 내가 서울대학교에 재직할 시절에는 박 교수의 연구 업적이 뛰어나 관악으로 유인해보려고도 했다. 그러다 내가 결국 박 교수의 유인책에 걸려 신촌으로 오게 되었다.

이 추천의 글도 설랑(雪浪: 서울대 총장과 교육부 장관을 지내신 조완규 교수님의 호) 문하생들의 신년하례식에 갔다가 또다시 그의 유인책에 걸려들어 어쩔 수 없이 쓰게 되었다. 조완규 교수님께 세배를 드리는 자리에서 공개적으로 하는 후배의 청을 거부하기는 대단히 어려웠다. 내가 박 교수의 책에 추천의 글을 쓰는 것이 어려운 데에는 보다 근본적인 문제가 있다. 환경공학을 전공하는 박 교수와 자연생태를 연구하는 나는 환경을 바라보는 관점이 어느덧 퍽 많이 달라져 있다. 그와 나는 예를 들어 4대강 정책에 관하여 첨예하게 다른 의견을 갖고 있다. 이런 불편한 상황을 무릅쓰고 내가 기꺼이 추천의 글을 쓰는 까닭은 바로 이게 학문을 하는 태도이어야 하기 때문이다. 관점이 다르다고 해서 소통 자체를 거부하는 것은 지식인이 취할 태도가 아니라고 생각한다.

이 책의 논거는 우선 가난에서 출발한다. '가난과 부'라는 인간 삶의 양극 사이에서 환경이 차지하는 위치를 정립하고 그것을 세상에 설파하는 것이 저자의 관심사다. 가난한 것과 잘 사는 것, 그리고 어떤 곳에 살 것인가는 누구에게나 중요한 문제다. 평생을 환경문제에 천착해 온 그가 궁극적으로 파헤치려는 요인이 바로 가난이라는 문제며, 그는 가난과 환경의 연결고리에서 부국환경이라는 결론을 이끌어낸다. 가난이 환경 파괴의 근원적인 문제임은 사실이다. 다만 어떻게 부국정책과 환경보전을 조율할 것인가가 우리가 고민해야 할 문제다. 이런 점에서 볼 때 이 책은 이 시대에 우리가 관심 가져야 할 중요한 주제를 다루고 있다고 생각한다.

이 책의 제1부는 가난에서 벗어나 부유한 사회로 가는 여정에서 필연적으로 나타나는 환경문제와 이를 극복하기 위해 선진산업국에서 이루어진 시도들을 결과론적 관점에서 조명한다. 아울러 지금 지구촌에 존재하는 저개발국, 개발도상국, 그리고 선진산업국의 환경 현실을 비교하고, 이를 근거로 '가난이 환경의 최대 적이고 부강한 나라가 환경을 지킨다'는 부국환경주의를 주장하고 있다. 저자는 선진국이 지나온 산업화와 환경의 역사를 유턴이론으로 설명한다. 초기 산업화 과정에서는 오염이 가중되고 자연이 훼손되어 환경의 질이 떨어지지만 경제성장이 일정 수준에 도달하면 국민들의 환경의식이 향상되고 환경과학과 기술이 발달하여 환경이 다시 회복된다는 이론이다. 또한 시장경제를 바탕으로 하는 자유민주주의가 환경을 지키는 좋은 제도임을 강조하며 우리 사회의 환경운동이 지나치게 좌경화되어 있다고 비판한다. 특히, 사회생태주의나 생태근본주의와 같은 극단적인 환경주의를 시대착오적이고 비인간적인 이념으로 폄하하고 있다.

물론 저자가 주장하는 부국환경주의는 부자가 된다고 무조건 환경이 좋아진다는 단순한 논리는 아니다. 바른 환경과 경제 정책, 그리고 국민의 의식과 생활방식이 뒷받침되어야 가능하다고 강조한다. 책의 2, 3, 4부는 이러한 내용을 보다 구체적으로 다루고 있다. 제2부는 저탄소·자원순환 사회로 가기 위한 에너지, 식량, 자원 등에 관한 내용이고, 제3부는 자칫 오도된 환경논리에 기반한 환경이념에서 벗어나 보다 현명한 '과학적 환경주의'를 추구할 필요성을 역설하고 있다. 제4부는 부강한 환경선진국이 되기 위해서는 물 관리가 중요하다는 점을 강조하고 있다. 특히, 3부와 4부에서는 우리나라 주류 환경운동에서 강하게 반대하는 원자력 발전, 대운하, 4대강 사업 등에 대한 저자의 반론을 정리했다. 이에 대한 판단은 독자의 몫이라 생각된다.

앞에서도 밝힌 대로 이런 몇몇 환경문제들에 있어서 나는 저자와 사뭇 다른 관점을 갖고 있다. 그럼에도 불구하고 내가 박석순 교수의 연구와 저술 활동에 남다른 관심을 갖는 것은 그는 내가 그동안 주장해 온 통섭과 요즘 우리 사회에 많이 회자되는 융합을 상당 부분 직접 실천해 온 사람이기 때문이다. 그는 고등학교 시절에는 문과, 대학은 자연대, 교수는 공과대학에 몸담고 있는 독특한 학력과 경력을 가졌을 뿐만 아니라 매우 다양한 분야를 넘나들며 연구와 강의, 그리고 사회활동을 해 왔다. 그는 대학 시절에는 자연대의 물리학, 화학, 생물학에서부터 사회대의 정치학, 경제학, 사회학, 심리학, 인류학 등 실로 다양한 과목들을 섭렵했고, 대학원에서는 환경과학과에 몸담고 있으면서도 환경공학자를 지도교수로 삼아 자연현상의 수학적 모델 연구로 석사와 박사를 했으며, 교수로서는 두 대학의 신설학과를 옮겨 다니면서 환경과학과 공학에서부터 환경정책과 법에 이르기까지 20여 개의 환경 관련 과목을 강의한 바 있는 특이한 이력의 소유자다. 그리고 공과대학 교수로는 매우 독특하게 인문사회 분야까지 아우르는 다양한 분야에 관심을 갖고 활발한 사회활동을 해 왔으며, 우리나라 환경연구의 중추기관인 국립환경과학원 원장으로 일한 경력도 있다.

이 책에는 그의 다양한 학문적 배경과 활동 경력이 고스란히 녹아 있다. 그는 이미 『환경 재난과 인류의 생존전략』, 『수질관리학: 원리와 모델』, 『부국환경담론』, 『만화로 보는 박 교수의 환경 재난 이야기』 등의 저서와 『꿈의 섬: 일본의 환경 비극』, 『환경과 빈부의 두 세계』 등의 역서를 펴내며 활발한 저술활동을 펼쳐왔다. 하지만 이 책은 그 내용이 공과대학 교수가 저술한 책으로 보기에는 매우 폭넓은 시각을 보여주는 아주 특별한 책이다. 근대 산업화 역사에서부터 지금 지구촌의 인구와 빈곤 문제에 이르기까지 종횡무진 넘나들며 그의 이론을 펼친다.

나는 그의 부국환경주의에 토를 달 생각이 없다. 좋은 환경에서 잘 살 수 있는 방법이 있다는데 누가 싫다고 하겠는가? 부국환경주의 자체를 거부할 사람은 없을 것이다. 다만 좀 더 세련된 부국환경주의를 원할 뿐이다. 이 책에서 우리는 박석순 교수의 부국환경주의를 상세히 배울 수 있다. 토론은 이제부터 시작이다. 환경과학은 아직 연륜이 그리 깊은 학문이 아니다. 서로 다른 관점을 가진 다양한 학자들의 자유로운 토론이 환경과학을 한층 더 성숙한 학문으로 만들어줄 것이다. 내가 아는 박석순 교수는 토론을 두려워하지 않는다. 이 책이 보다 밝은 부국환경의 미래를 열어주길 바란다.

국립생태원 원장, 이화여대 에코과학부 석좌교수 최재천

| 저자 서문 |

2018년 개정판을 내면서

이 책은 "부강한 나라가 환경을 지킨다"는 부국환경주의에 대한 이념과 실천 강령을 세상에 설파하기 위해 저술되었다. 선진국에서는 이 이념이 이미 오래전에 정착되었고, 우리도 현실로 느끼고 있다. 하지만 우리 사회 일각에서는 아직도 이상적 환경주의와 오도된 환경논리가 팽배하여 국가 발전을 방해하고 있다.

오랜 기간 나는 이를 바로 잡고 우리나라가 가난하고 소외된 자가 없는 부강한 환경선진국으로 가는 데 일익을 담당하고자 고군분투했다. 강의와 언론 기고, 그리고 (사)부국환경포럼이라는 전국 조직 결성에 이르기까지 나에게 주어진 사명이 있을 때마다 주저하지 않았다. 이 책은 이러한 활동의 결과다.

이 책의 내용을 강의로 들었던 사람들의 반응에서 내가 놀랐던 점은 지금까지 '자신들뿐만 아니라 많은 사람들이 내 강의와는 완전히 반대로 환경을 생각하고 있었다'는 것이다. 특히, 환경과 경제의 상생 이념에 관해서는 지금까지 많은 분들이 오해를 하고 있었다고 했다. 어떤 분들은 강의를 듣고 '그동안 잘못된 환경이념으로 죄의식에 사로잡혀 살았는데, 마치 복음을 들은 것 같다'라는 나로서는 너무 감사하고 감동적인 과찬의 말씀을 하기도 했다. 이러한 사실로 미루어 짐작해볼 때 아마 이 책을 읽는 분들도 지금까지 봤던 환경 서적과는 다소 차이가 있음을 느낄 것이다.

나는 그동안의 활동을 통하여 환경에 대한 우리 국민들의 생각을 조금이나마 이해할 수 있었다. 우선 많은 분들이 환경운동에 대해 피로감을 느끼고 있었다. 각종 국책사업마다 재앙이 올 듯이 반대했지만 결과는 그대로 진행되고 아무 일도 없더라는 것이다. 그리고 환경운동을 하는 사람들의 목적과 생계 수단에 대해서도 많은 의구심을 가지고 있었다. 어떤 분들은 환경단체의 목적이 환경을 지키려는 것이 아니라 환경 권력을 차지하기 위한 것이라고 말하기도 했다. 나에게 가장 실망스러운 느낌을 준 것은 피로감이 너무 지나쳐 아예 환경에 관해 관심조차 보이지 않은 분들도 많았다는 사실이다.

나는 환경운동은 환경뿐만 아니라 시민이 참여하는 건강한 사회를 만들어가기 위해서라도 반드시 필요하다고 주장해 왔다. 환경을 위해 자신의 삶을 희생하는 환경운동가들은 국민들로부터 존경받아야 한다고 생각한다. 하지만 지금처럼 국민들에게 피로감이나 의구심만 주게 되면 앞으로 환경운동은 존립 자체가 어려울 것 같다. 지금의 환경운동이 새롭게 변화하여 국민들로부터 사랑받는 시민운동으로 거듭날 수 있어야 한다는 것이 나의 신념이다.

이 책이 보다 많은 분들의 사랑을 받아 우리 국민들의 환경의식을 변화시키고 지금의 환경운동이 새롭게 태어나는 데 기여하길 바란다. 그렇다고 부국환경주의로 지금의 환경이념을 완전히 바꾸려는 것은 아니다. 그래서 찾게 된 것이 통섭이다. 서로가 소통하고 새로운 것을 창조하는 통섭이 우리의 환경 이념과 운동에도 필요하다는 생각이다. 이 책의 추천사를 최재천 교수님께 부탁한 이유가 여기에 있다. 그는 나와 환경관이 다르고 우리 사회에 통섭 열풍을 불러왔기 때문이다.

최 교수님 역시 다른 생각과 이념이 소통할 때 새로운 발전이 있다면서 기꺼이 추천사를 써주셨다. 그리고 그는 추천사에서 서로 다른 관점을 가진 다양한 학자들이 토론할 것을 제안했다. 나 역시 토론이나 비판을 두려워하지 않는다. 토론과 비판을 통해 서로 소통하다 보면 보다 세련되고 시대적 요구에 부합되는 환경주의가 탄생할 것이다.

세계를 돌아보면 중국, 북한, 동남아, 아프리카 등 우리의 환경 손길을 기다리는 곳이 너무나 많다. 우리의 환경과학과 기술만 그곳에 보낼 것이 아니라 올바른 환경이념도 함께 전파해야 한다. 좋은 환경에서 잘 사는 것은 영원히 지속될 인류의 보편적 가치이기 때문에 그 이념은 시공을 초월하여 빠르게 전파될 수 있을 것이다.

그동안 나는 우리나라가 부국환경을 전 세계에 전파하는 메카가 되어야 한다고 주장해 왔다. 이유는 우리 근대사는 부국환경을 알리기에 아주 좋은 증거가 되기 때문이다. 세계 최빈국 중 하나였던 국가가 반세기 만에 산업화를 통해 경제 대국으로 성장했고 최근에는 지구촌 그린 리더를 자임하게 되었다. 그뿐만 아니라 휴전선을 경계로 빈부의 두 세계가 나누어져 있고 극한 빈곤에서 생존을 위한 환경 파괴가 한반도 북쪽에서 벌어지고 있다. 이곳 한반도는 시간적으로나 공간적으로 부국환경주의에 절묘하게 맞아 떨어지는 지구촌 유일한 사례가 된 셈이다.

이 책은 지금까지 여러 분야에서 다양한 용도로 읽혀왔다. 처음에는 (사)부국환경포럼 회원 교육용에서 시작하여 대학의 교양과목 교재로도 사용되었고, 지난해 6월부터는 일반인을 대상으로 한 유튜브 방송 '정규재TV' 「박석순 교수의 진짜 환경이야기」에도 자주 인용되었다. 이러한 과정을 거치면서 논란의 대상이 될 수 있는 일부 내용을 수정하고 보다 많은 사람들에게 쉽게 읽힐 수 있도록 다듬어야 할 필요성을 느끼게 되었다. 이번 개정판을 통하여 보다 세련되고 성숙된 부국환경 이념과 행동 강령이 독자들에게 전달될 수 있길 바란다. 끝으로 개정판을 독려해준 어문학사 편집부, 추천사를 써주신 최재천 교수님, 그리고 칼럼 게재를 허락해주신 미국 위스콘신대 박재광 교수님과 인터불고 권영호 회장님께 다시 한 번 깊은 감사를 드린다.

2018년 3월

신촌 이화동산 신공학관에서

저자 박석순

차례

제3부

부국환경의 길 Ⅱ: 진보적 환경주의 189

제 1 부

가난과 부, 그리고 환경

Poverty, Affluence, and Environment

가난이 환경의 최대 적이고 부강한 나라가 환경을 지킨다

01

환경과 경제, 대립의 시대

인류가 환경문제를 처음 경험하기 시작한 것은 정착생활을 시작한 신석기 시대로 추정하고 있다. 이곳저곳 옮겨 다니며 살아가던 유목생활과는 달리 정착생활은 배설물과 생활 쓰레기를 내놓게 되었고, 불을 사용하면서 숲과 초원을 불태웠다. 그 후 촌락과 도시가 형성되면서 쓰레기, 하수, 배설물, 매연, 악취, 먼지 등과 같은 생활환경문제는 인류의 삶에서 떠나지 않았다.

가난에서 벗어나기 위해

오늘날과 같은 환경문제는 18세기 말 산업화가 시작되면서 나타났다. 1765년 제임스 와트(James Watt)가 스팀엔진을 발명한 이후 영국에서는 급속한 산업화와 도시화가 진행되었다. 공장이 세워지고 사람들은 도시로 모여들었다. 공장과 가정에서 석탄을 사용하면서 도시의 하늘은 매연과 칙칙하고 짙은 안개로 뒤덮였으며 강물은 오염되어 악취를 풍겼다.

산업화와 도시화는 라인 강을 중심으로 하는 중부 유럽과 아메리카 대륙으로도 퍼져 나갔다. 19세기 중엽에 이미 유럽과 미국 등에서는 인구 100만이 넘는 산업도시가 형성되었다. 이러한 도시에서 나타나는 환경문제는 시민들의 생활과 건강에 심각한 피해를 가져왔고, 일시에 수천, 수만 명이 사망하는 환경 재난으로 이어지기도 했다.

당시 산업화가 진행되는 곳에서는 어김없이 환경이 악화되고 있었다. 폐수, 매연, 쓰레기 등이 넘쳐나고 숲과 초지는 사라져갔다. 물질적 풍요를 얻는 만큼 환경은 희생되었다. 하지만 사람들은 가난에서 벗어나기 위해 환경오염으로 인한 피해는 잘 참아냈다.

1854년에 영국의 찰스 디킨스(Charles Dickens)가 발표한 『시련의 시기(Hard Times)』라는 소설을 보면 유럽의 초기 산업도시 상황을 추정해볼 수 있다. 찰스 디킨스는 우리에게 구두쇠 영감 스크루지 이야기로 잘 알려진 『크리스마스 캐럴(A Christmas Carol)』(1843)의 저자다. 디킨스는 『시련의 시기』에서 소설의 배경이 된 도시 코크타운을 다음과 같이 묘사하고 있다.

그곳은 붉은 벽돌로 만들어진 도시였다. 그 벽돌은 어쩌면 연기와 재로 인해 붉게 변했을지도 모른다. 그러나 있는 그대로 보면, 야만인의 얼굴에 붉은색과 검은색을 부자연스럽게 칠한 듯한 도시였다. 도시 안에는 기계와 높은 굴뚝만 있고, 그곳에서 나오는 연기는 뱀처럼 끝이 보이지 않을 정도로 길게 뻗어 있었다. 그 도시에는 검은 운하가 있었다. 그리고 역겨운 냄새가 나는 자줏빛으로 염색된 물이 흐르는 강이 있었다. 그 도시에는 수많은 빌딩으로 가득한데, 빌딩의 창문은 하루 종일 흔들리고 덜커덕거리며, 그 안에는 스팀엔진의 피스톤이 우울한 코끼리의 머리처럼 아래위로 반복해서 움직이고 있었다.

이 도시에 사는 사람들은 오염으로 인해 생활과 건강에 심각한 피해를 입고 있었다. 하지만 사람들은 먹고살기 위해 환경오염을 피할

그림 1-1 19세기 유럽의 산업도시(환경오염에는 무방비 상태였다)

수 없는 현상으로 여기고 있었다. 소설 속의 인물인 코크타운의 기업가 조시아 바운더비(Josiah Bounderby)는 "연기는 우리가 먹는 고기며 마시는 물"이라고 말하고 있다.

미국에서도 상황은 비슷했다. 레베카 데이비스(Rebecca H. Davis)는 1861년에 발표한 소설 『제철공장에서의 삶(Life in the Iron Mills)』에서 미국의 산업도시를 이렇게 묘사하고 있다.

> 동트기 전부터 하늘은 이미 착 가라앉아 있다. 우중충한 구름은 낮게 드리운 채 미동조차 없다……. 이 도시의 전매특허는 바로 매연이다. 연기는 제철소의 굴뚝에서 뭉게뭉게 피어오르다 갑자기 속도가 느려져 회색빛 거리에 낮게 깔린다. 도시 전체가 어두워지고 불쾌한 매연의 늪에 빠지는 것이다. 부두의 매연, 거무죽죽한 배들을 휘감은 매연, 누런 강물을 뒤덮은 연기……. 연기는 끈적끈적한 검댕의 건물 표면에도, 두 줄로 늘어선 포플러 나무에도, 지나가는 행인의 얼굴에도 짙게 배어 있다.

그림 1-2 19세기 말 거리의 쓰레기를 보여주는 미국 신문 삽화

또한 언론인 왈도 프랭크(Waldo Frank)는 1919년의 시카고에 대해 다음과 같은 기사를 썼다.

> 여기 검댕이 가득 찬 하늘은 어디보다 더 낮아 보인다……. 더러운 하늘, 그리스와 매연에 찌든 공기, 프레리의 평원을 뒤덮은, 하늘에서 내려오는 오물들은 마치 검은 눈처럼 보인다. 매연의 폭풍은 영원히 멈추지 않을 듯하다…….

그림 1-3 19세기 말 악취를 풍기는 하천오염을 보여주는 미국 신문 삽화

이것이 미국 도시의 현실이었다. 하지만 당시의 미국인들은 산업화가 주는 경제적 혜택 때문에 참고 살아갈 수밖에 없었다. 시카고의 실업가 랜드(W. P. Rend)가 이보다 앞서 1892년에 다음과 같이 말한 것을 보면 짐작이 간다.

> 굴뚝 연기는 산업이라는 제단에서 피어오르는 향기다. 내게는 그 연기가 멋있기만 하다. 그것은 자연이 제공하는 기본 원료로 인간의 편리를 위한 제품을 생산한다는 것을 보여준다…….

『환경과 빈부의 두 세계(The Real Environmental Crisis)』을 저술한 미국 버클리대학교의 잭 홀랜드(Jack Holland) 교수는 자신의 어린 시절을 이렇게 회상하고 있다.

경제공황이었던 1930년대 오하이오의 철강도시에서 어린 시절을 보낸 나는 제철공장 위로 석탄 연기가 곳곳에 회색빛 구름이 되어 피어오르는 것을 실제로 마을 사람들이 환영하였다는 것을 기억한다. 우리는 매연 때문에 숨이 막히고 일요일에 교회 갈 때 입는 깔끔한 옷이 금방 더럽혀져도, 연기구름은 공장이 잘 돌아가고 우리 아버지들이 그곳에서 일할 수 있고 그래서 우리가 집과 먹을 음식을 가질 수 있는 것을 의미했다. 강이 쓰레기로 덮여 물이 거의 보이지 않았다. 그러나 가까이에 숲과 시내가 있었고 하늘을 나는 새를 볼 수 있었기에 나는 신경쓰지 않았다. 백 년 전 영국에서 그랬던 것처럼, 나에게도 오염은 산업화로 인한 경제적 혜택에 비해 치러야 할 매우 작은 비용처럼 보였다.

그림 1-4 산업화 초기 미국 철강도시 피츠버그

일본에서도 산업화 초기에는 비슷한 상황을 추정해볼 수 있다. 일본 자본주의의 아버지라 불리는 시부사와 에이치는 메이지 시대에 오지 제지를 경영하면서 1891년에 저술한 자서전에 당시의 상황을 다음과 같이 기술하고 있다.

> 그의 가족들은 공장 굴뚝에서 나오는 연기 때문에 불만이 이만저만이 아니었다. 시부사와의 아들은 당시 자기 아버지가 했던 대답을 이렇게 회고한다. "웬 불평이냐? 그 연기는 내가 엄청난 노력 끝에 지은 공장에서 나오는 것이다. 그것도 내 노력에 대한 결과의 일부이니 아무리 지독해도 인내심을 갖고 참아라."

일본 최초의 철강 도시 야하타를 노래한 찬미사는 다음과 같이 시작하고 있다.

> 매연의 뭉게구름이 도시의 하늘을 채우네,
> 우리의 장엄한 제철소여,
> 야하타, 오 야하타, 우리의 도시!

또, 1958년에 완공된 욧카이치 석유화학공단이 처음 가동할 당시에는 다음과 같이 묘사되어 있다.

욧카이치 공단은 1959년에 24시간 완전 가동에 돌입했고, 처음으로 야간작업용 불빛을 밝혔다. 인근 주민들은 어두운 밤하늘에서 보석처럼 빛나는 광경에 넋을 잃었다. 이소주 주민 3천여 명은 아름다운 야경을 즐길 수 있는 자신들을 행운아로 여겼다. 그 '황홀한 야경'은 곧 욧카이치 시민들의 자랑거리가 되었고, 다른 지역에서도 구경꾼들이 모여들었다. 이 아름다운 구경거리 이면에는 남모르는 괴로움이 따랐다. 가동 시간이 연장되고 그 강도를 더해가면서 이소주 주민들은 지독한 악취와 창을 뒤흔드는 소음 때문에 잠을 이룰 수가 없었다.

이 욧카이치 공단은 1960년에 와서 지역 주민들에게 심각한 호흡기 질환(천식)을 야기하여 미나마타, 이타이이타이와 더불어 일본의 3대 환경 재난을 일으킨 곳이 되었다. 하지만 처음에는 주민들이 산업화를 자랑스럽게 생각하고 잘 살기 위해 환경문제는 피할 수 없는

그림 1-5 1960년대 일본 욧카이치 석유화학공단(초등학생들이 매연과 악취 때문에 마스크를 낀 채 등교하고 있다)

부작용으로 생각하며 참고 살았다.

이처럼 유럽, 미국, 일본 등 거의 모든 국가에서 초기에는 산업화가 주는 일자리와 물질적 풍요에 박수갈채를 보냈고 오염으로 인한 불편함은 비교적 잘 참았다. 또한 산업도시에 거주하는 사람들은 다른 곳은 매우 가난하다는 것을 잘 알고 있었기 때문에 그들은 스스로를 행운아로 여기고 있었다.

생존을 위해

초기 산업도시에서 피할 수 없는 부작용 정도로만 알았던 환경오염이 수천, 수만 명이 사망하는 재난으로 이어지자 대책을 마련하기 시작했다. 그 시발점이 된 것은 영국 런던의 콜레라 사건(1854년)과 미국 시카고의 장티푸스 사건(1885~1886년)이었다. 영국에서는 1865년에 근대 도시로는 처음으로 런던 전 지역에 하수관거를 설치했으며, 1876년에는 세계 최초로 하천오염방지법을 제정 공포했다. 그뿐만 아니라 하수처리 기술을 개발하여 강이 생활하수로 오염되는 것을 방지하기 시작했다.

미국은 1899년에 하천과 항구에 쓰레기를 버리는 것을 금지하는 '강과 항만에 관한 법(Rivers and Harbors Act)'을 제정했으며, 1907년에는 강에 유지되어야 할 최소한의 수질을 의미하는 기준치 제도를 세계 최초로 시행했다. 그 후 이 수질기준치 제도는 많은 국가에 전파되었으며 우리나라도 1977년에 제정된 환경보전법에 처음 도입되어 현재 수질 관리에 중요한 역할을 하고 있다.

대기오염의 경우 초기에는 지역 단위의 규제가 시작되었다. 1881년에 시카고와 신시내티는 미국에서는 처음으로 대기오염규제법을 통과시킴으로써 용광로와 기관차에서 나오는 연기와 검댕을 규제하려 했다. 20세기가 시작될 무렵 미국의 몇몇 지역 단위에서는 오염규제법을 제정하기 시작했다.

국가 차원의 대기오염 규제는 대규모 희생자를 낸 환경 재난 이후에 시작되었다. 미국 펜실베이니아 주 도노라 사건(1948년)과 영국 런던 스모그 사건(1952년)이 그 계기가 되었다. 미국은 1963년에 연방정부 차원의 청정대기법(Clean Air Act)을, 영국은 1956년에 청정대기법(British Clean Air Act)을 제정하고 대기오염물질 배출을 규제하게 되었다. 이러한 규제로 인해 대기오염을 방지할 수 있는 기술이 개발되기 시작했다.

이러한 대책에도 불구하고 산업화와 도시화가 진행되는 곳은 어김없이 환경이 나빠져 가고 있었다. 하지만 당시 사람들은 잘 참고 살았다. 가난에서 벗어나 잘살기 위해 환경이 나빠지는 것은 당연한 것으로 알았다.

울산 공업탑 비문과 공해방지법

우리나라도 산업화 초기에는 가난에서 벗어나기 위해 환경오염은 크게 중요하게 생각하지 않았던 것 같다. 1962년 울산공업센터 기공식에서 행한 박정희 전 대통령 연설문에서 당시의 상황을 짐작해볼 수 있다. 아래 연설문은 1967년 4월에 건립한 울산 공업탑 비문에 새겨져 있으며 우리나라 산업화의 상징물로 남아 있다.

4천 년 빈곤의 역사를 씻고
민족 숙원인 부귀를 마련하기 위하여
우리는 이곳 울산을 찾아
여기에 신공업도시를 건설하기로 하였습니다.
루르의 기적을 초월하고 신라의 번영을 재현하려는
이 민족적 욕구를 이곳 울산에서 실현하려는 것이니
이것은 민족 재흥의 터전을 닦는 것이고
국가 백년대계의 보고를 마련하는 것이며,
자손만대의 번영을 약속하는 민족적 궐기인 것입니다.

제2차 산업의 우렁찬 수레 소리가 동해를 진동하고

산업생산의 검은 연기가 대기 속에 뻗어 나가는 그날엔

국가 민족의 희망과 발전이 이에 도래하였음을 알 수 있는 것입니다.

빈곤에 허덕이는 겨레 여러분

5·16혁명의 의의는 어떤 정권에 대한 노욕이나 정체의 변조에도

그 목적이 있었던 것은 아니었으며

오로지 이 겨레로부터 빈곤을 타파하고

자손만대를 위한 복지를 위해 경제재건을 성취하려는

숭고한 사명감에서 발기했다는 것입니다.

이 공업도시야말로 혁명정부의 총력을 다할 상징적 추도이며

기 성패는 민족 빈부의 판가름이 될 것이니

새로운 각오와 분발 협동으로 세기적 과업의 성공적 완수를 위해

분기 노력해줄 것을 바라마지 않습니다.

1962年 2月 3日 국가재건최고회의 의장 육군대장 박정희

이 연설문의 중간 부분은 '환경오염이 가난에서 벗어나는 길'임을 의미하고 있다.

그림 1-6 울산공업센터 기공식(1962년 2월 3일)에 참석한 박정희 전 대통령(맨 왼쪽 군복)과 울산 공업탑

산업화를 시작하면서 환경오염에 대한 기본적인 대책을 염두에 둔 역사 기록도 있다. 당시 박정희 대통령은 울산공업센터를 설립하던 해(1962년)에 공해방지법을 만들 것을 보건사회부에 지시했다. 우리나라가 가난에서 벗어나려면 농업국에서 공업국으로 가야 하고, 공업국가로 성장하려면 공해가 발생할 것이니 이에 대비해야 한다는 것이었다. 이렇게 해서 나온 것이 1963년 제정된 우리나라 최초의 환경오염 방지를 위한 '공해방지법'이다. 우리보다 먼저 산업화를 시작한 일본은 1967년에 공해방지법을 제정했으니 일본보다 4년이나 앞선 것이다. 하지만 이 법은 경제성장의 욕구에 밀려 제 기능을 다 하지 못하다가 1978년에 한층 강화된 '환경보전법(1977년 제정)'으로 대체되었다.

02

환경주의와 환경운동

20세기 초 유럽과 미국에서 산업화와 도시화가 가속화되면서 환경오염은 점점 그 정도를 더해갔다. 두 번에 걸친 세계대전으로 인해 19세기 말에 시작되었던 환경규제와 오염처리기술 개발은 별다른 진전을 보지 못했다. 제2차 세계대전이 끝나자 선진산업국에서는 유례없는 풍요의 시대가 도래했다. 하지만 경제가 성장하는 만큼 환경은 더욱 악화되고 있었다.

환경주의의 등장

제2차 세계대전이 끝나고 유례없는 물질적 풍요를 누리게 되자 시민들 사이에서는 새로운 욕구가 분출되기 시작했다. 자신들의 부를 과시할 수 있고 살기에 매력적이며 건강하고 쾌적한 생활환경이 보장되는 거주지를 갖고 싶어 했다. 또한 생활수준 향상과 더불어 환경의식이 고무되어 과거에는 참아냈던 환경오염도 더 이상 받아들이고 싶어 하지 않았다. 당시의 도시는 거리에 쓰레기가 넘쳐나고, 강은 오물로 악취가 풍기며, 하늘은 매연과 스모그가 너무 자욱하여 앞을 볼 수 없는 지경이었다. 여기에 더해 미국 도노라(1948년)와 영국 런던(1952년)에서 수많은 생명이 희생된 환경 재난은 당시 선진산업국의 국민들에게는 큰 충격이었다. 그래서 일부 도시에서는 대기오염에 대한 항의 시위가 일어나기도 했다.

도시인들은 깨끗한 공기와 물 그리고 땅을 요구하기 시작했다. 일

그림 1-7 런던 스모그 사건 당시 거리 풍경과 유행했던 마스크 패션

부 도시인들은 환경의 질을 높이기 위해 자신들이 기꺼이 그 비용을 지불하고자 했다. 그래서 그들은 썩어가는 도심을 떠나 새로 개발된 청결한 교외로 이주하게 되었다. 물질적 풍요보다 쾌적하고 건강한 환경이 더욱 소중하다는 환경주의(Environmentalism)가 자리 잡아가고 있었다.

초기 환경주의는 대중들이 직접 느낄 수 있는 것에만 머물러 있었다. 매연으로 가득 찬 하늘, 악취가 풍기는 강, 벌채로 파괴된 숲 등을 혐오하고, 산과 바다, 호수와 강에서 느낄 수 있는 자연의 아름다움과 경이로움에 매료되고 있었다. 이처럼 초기 환경주의는 주로 시각적인 것을 대상으로 하였다.

이렇게 시작된 환경주의는 과학의 발전을 통해 더 큰 힘을 얻게 되었다. 과학의 발전은 대중들이 환경문제에 대해 생각하는 방식 자체를 바꾸어놓았다. 환경주의의 대상이 거시적이고 감각적인 환경에서 극도로 작고 눈에 보이지 않는 환경으로 옮겨진 것이다. 환경과학의 발달로 물, 공기, 식품 등에 들어 있는 이물질의 양을 백만 분의 일 또는 십억 분의 일 수준으로도 검출할 수

그림 1-8 1950년대 로스앤젤레스의 대기오염 항의 시위

그림 1-9 레이첼 칼슨과 저서 『침묵의 봄』

있게 되었고, 극소량이라도 자연 생태계와 인체에 치명적인 위해를 가할 수 있다는 사실도 알게 되었다.

여기에 지식인들의 저술 활동과 언론 매체의 발달은 환경오염의 공포를 더욱 증폭시키고 대중들에게 알리는 계기가 됐다. 20세기 환경주의의 대표적인 아이콘으로 남아 있는 레이첼 칼슨(Rachel Carson)의 『침묵의 봄(Silent Spring)』(1962)은 이러한 배경에서 나온 작품이다. 눈에 보이지 않는 극소량의 농약이 인류와 지구의 종말을 가져올 수 있다는 사실이 당시 사람들에게는 새로운 충격이었다.

환경 시각의 양극화: 낙관론과 비관론

환경주의는 점차 대중들 사이에서 확실하게 자리매김해 갔다. 자신들의 생명과도 같은 환경의 소중함을 모두 인식하게 되었다. 그러나 환경문제를 보는 시각은 양극화되어 있었다. 과학과 기술의 발달을 통해 해결이 가능하다고 믿는 환경낙관론(Eco-Optimism)과 산업문명을 거부하지 않으면 음울한 미래가 기다리고 있을 뿐이라는 환경비관론(Eco-Pessimism)이 바로 그것이다.

과학자와 공학자 등이 중심이 된 낙관론자들은 환경문제가 해결될 수 있다는 강한 믿음과 목적의식을 가지고 연구에 몰두했다. 많은 대학과 연구소에서 활발한 연구가 이루어졌고, 환경과학과 공학이라는 새로운 학문을 만들어냈다. 환경오염과 파괴가 자연생태계와 인간에게 어떤 영향을 미치는지 규명하고 피해를 줄일 수 있는 기술을 개발했다. 이들은 연구개발을 통해 환경에 관한 많은 사실을 알아냈고, 과학적 자료를 확보해 보다 강력한 환경정책을 추진해나갔다.

반면에 환경비관론자들은 산업화와 과학기술에 대해 강한 반감을 나타내며 미래 환경에 대해 어두운 전망을 내놓았다. 비관론자들은 반산업화, 반개발, 반핵 등과 같은 극단적인 환경운동을 전개했다. 이들이 복음서와 같이 읽었던 책이 레이첼 칼슨의 『침묵의 봄』, 폴 에를리히(Paul Ehrlich)의 『인구폭발(The Population Bomb)』(1968), 로마클럽의 『성장의 한계(The Limits to Growth)』(1972) 등이었으며, 주문처럼 외웠던 문구가 에른스트 슈마허(Ernst Schumacher)의 저서명 '작은 것이 아름답다'였다. 당시 미국, 일본, 유럽 등 급속한 산업화가 진행되고 있던 국가에서 자주 발생했던 환경 재난은 이들의 주장에 힘을 실어주었다.

『침묵의 봄』은 농약의 생태계 파괴를 지적했고, 『인구폭발』은 지구의 인구 증가로 가까운 장래에 수십억 명이 굶어 죽게 될 것이라고 했다. 로마클럽은 1970년 3월 로마에서 25개국 70명의 학자들이 모여 환경오염, 인구 증가, 자원 고갈 등으로 경제성장은 멈추게 될 것이라고 예언했다. 『작은 것이 아름답다(Small Is Beautiful)』(1973)는 당시 성장지상주의에 대한 성찰과 반성의 근거를 제공하고 인간과 자연이 공존할 수 있는 다양한 대안을 모색했다. 이러한 저서들은 당시 많은 독자들의 공감을 이끌어냈으며 지금도 꾸준히 읽히고 있다. 하지만 이들은 미래에 나타날 과학기술의 발달과 인간의 또 다른 지혜를 예상하지 못했다.

우리나라를 비롯하여 세계 주요 환경단체들의 이념에 비관론은 깊이 스며들어 있다. 낙관론자들이 과학과 기술, 법과 제도에서 해결책을 찾으려고 노력했다면 이들 비관론자들은 환경운동을 전개하여 정치적 영향력을 행사했다. 환경주의가 정착하기 시작한 초창기에 일반인들에게 환경의 소중함을 알리는 데는 낙관론보다 비관론이 효과적이었다. 비관론의 선동적이고 과장된 표현은 언론매체에 의해 증폭되었고 나쁜 소식에 더욱 귀를 쫑긋하는 대중들에게 매우 잘 먹혀들어갔다.

비관론자들이 환경주의 정착에 기여했다면 낙관론자들은 환경정책 추진과 문제 해결에 주도적 역할을 했다. 1970년대 초부터 미국, 영국, 일본 등과 같은 선진산업국들은 환경을 전담하는 독립된 행정조직을 만들고 강력한 환경정책을 추진해갔다. 이들은 자연을 보호하고 쾌적한 생활환경을 보장하기 위한 법과 제도를 만들었는데, 이 과정에서 낙관론자들의 노력으로 이루어진 환경과학과 기술, 환경산업이 핵심적인 역할을 했다. 이러한 시기에 환경비관론에 뿌리를 둔 환경단체들이 급격히 증가했고, 강력한 정치적 힘을 발휘했다. 이들은 환경운동을 전개함으로써 자연파괴를 막고 환경오염을 줄이는 데 결정적인 역할을 한 많은 정부 정책과 규제를 만들도록 영향력을 행사했다.

환경낙관론과 비관론은 당시의 환경 위기 상황과 환경의 소중함을 함께 인식했지만 보는 시각과 해결책은 크게 달랐다. 정도의 차이는 있었지만 낙관론과 비관론은 상호 보완적 관계를 유지하면서 문제 해결에 기여했다. 환경주의와 환경운동은 근대 인류사에서 중요한 이정표가 되었다. 이들이 산업문명의 치부를 도려내고 지구와 인류의 지속 가능한 미래를 개척하는 데 기여한 바는 누구도 부인할 수 없다. 하지만 환경비관론에 뿌리를 둔 극단적 환경주의와 과격한 환경운동은 현대 산업사회의 심각한 병폐가 되고 있다.

극단적 환경주의, 생태근본주의

서구 사회에서 가장 극단적인 환경주의로 알려진 것이 생태근본주의(Deep Ecology, 심층생태주의로도 번역되기도 함)로, 우리나라 주요 환경 운동의 이념적 배경이 되고 있다. 새만금 갯벌의 백합조개를 살려야 하고 천성산의 도롱뇽을 위해 단식을 불사해야 하는 것은 생태근본주의 이념에 근거한 것이라 할 수 있다.

생태근본주의는 1970년대 초 노르웨이 오슬로 대학교 교수 아른 네스(Arne Næss)가 처음 주장하기 시작한 이념으로, 생태중심주의(Ecocentrism)로 불리기도 한다. 그 이념은 크게 다음 네 가지로 요약될 수 있다.

첫째, 인간을 포함한 모든 생물은 본질적인 가치를 가지며, 자연은 인간을 위한 자원이 아니다. 둘째, 모든 생명체는 동등한 권리를 가지며, 자연계에 있는 생명체는 고등한(higher) 것과 하등한(lower) 것으로 구분하지 말아야 한다. 셋째, 자연계는 모든 것이 역동적인 연결망으로 이루어져 있고 그 망 속에서 절대적으로 홀로 존재하는 실체는 없으며 생물과 무생물, 인간과 인간 외적인 존재를 구분하는 경계도 없다. 넷째, 지구는 수용능력(Carrying Capacity)에 한계가 있고, 인간의 삶과 문화가 번영하고 인간 이외의 생물이 번성하기 위해서 인구가 감소해야 한다.

그림 1-10 생태근본주의와 기존 생태계 이념의 차이

이것은 지금까지 인류 문명을 지배해 온 이념에 정면으로 도전하고 있다. 미국 생태근본주의자의 대표격인 데이브 포먼(Dave Foreman)은 기아에 허덕이는 에티오피아인들에 대해 "우리가 그들에게 해줄 수 있는 최악의 것은 원조를 제공하는 것이고, 최선책은 그곳 사람들을 굶도록 내버려 두어 자연이 스스로 균형을 잡도록 하는 것이다"라고 말했다. 이것을 보면 생태근본주의가 얼마나 비인간적이고 잔인한가를 알 수 있다. 포먼은 "서구 사회는 속속들이 썩었다"며 자신은 "생태적 대재앙 후에 낡은 산업 왕국의 잿더미에서 다시 태어날 만인이 평등하고 중앙집권적이지 않으며 환경적으로 건전한 사회를 다시 세울 것"이라면서 '지구 먼저(Earth First!)'라는 환경단체를 만들었다. 그리고 과격한 환경운동을 전개해 오다 미국 정부로부터 수차례 체포 구금당하기도 했다.

그림 1-11 대표적인 생태근본주의자인 아른 네스(좌)와 데이브 포먼(우)

생태근본주의자의 비인간적이고 반문명적인 성향은 극으로 치닫고 있다. 『녹색 분노(Green Rage)』(1991)를 저술한 생태근본주의자 크리스토퍼 메인즈(Christopher Manes)는 "우리는 현대문명을 파괴하고 1만 년 전의 우리 조상들처럼 수렵과 채집에 의존하는 부족이 되어야 한다"라고 주장했다. 같은 계열의 생태신학자 토머스 베리(Thomas Berry) 목사는 "우리 인간은 세상에 고통을 주고 있다. 인간이야말로 이 세상의 악마다. 우리는 지구의 가장 성스러운 원칙을 위반하고 있다"라고 말했다. 그들은 "인간은 결코 다른 생물 종보다 더 중요하지 않으며, 자연에 대해 암적인 존재일 뿐"이라고 주장하며, 에이즈는 인구를 감소시켜 지구 생태계가 균형을 잡을 수 있게 하는 기회를 제공한다는 발언까지 서슴지 않았다.

생태근본주의와 같은 극단적인 환경주의는 '야생동식물을 신봉하고 인간을 희생시키는 새로운 종교'로 변질되어 가고 있다. 일부 추종자들은 사이비 종교의 광신도 수준에 달하는 위험으로 치닫고 있다. 그런데 이념을 창시한 아른 네스는 그래도 동물보다 인간이 좋은지 첫 번째 부인이 사망하자 61세의 나이로 자신보다 40살이나 아래인 중국 유학생 제자와 재혼해서 살았다. 지구와 야생동식물을 위해 인구가 줄어야 한다면서도 자신은 96세까지 살다 지난 2009년 사망했다.

생태근본주의 이념은 우리나라 환경운동에서도 나타나고 있다. 서울대 김정욱 교수가 쓴 『나는 반대한다』(2010)에는 다음과 같은 글이 나온다.

"철새들은 호주에서 시베리아로 왔다 갔다 하는데, 그 한가운데 있는 것이 바로 서해안 갯벌이다. (중략) 그런데 어느 해 새만금까지 죽을 힘을 다해 날아왔더니 갯벌이 사라진 것이다. 얼마나 황당했겠는가? 이 철새들은 굶어 죽었다. 우리는 비행기만 빼고는 하늘에 날아다니는 것은 다 잡아먹거나 죽이고 있다."

새만금 간척은 우리나라에서 경제기반이 매우 취약한 전라북도 지역 주민들 대부분이 열망했던 숙원사업이다. 영세 농업이나 어업으로는 가난을 대물림할 수밖에 없으니 간척지에 고소득 산업을 유치하여 잘살아 보자는 것이 주민들의 한결같은 생각이었다. 하지만 생태근본주의에 빠지게 되면 사람보다 새가 더 소중하게 느껴지게 되는 법이다.

비행기 빼고는 다 잡아먹거나 죽인다는 마지막 문장을 보면 새를 너무 불쌍하게 여겨 현실을 착각하고 있는 것 같기도 하다. 사실 우리가 가난했던 시절에는 하늘의 새든 강의 물고기든 잡을 방법만 있으면 다 잡아먹었다. 참새도 잡아먹고, 강에 사이나라는 약을 뿌려 고기를 죽여서 잡고, 전기로 지져서 잡고, 도랑을 막고 물을 퍼내고 피라미까지 모두 잡아먹었다. 하지만 지금은 아무도 그렇게 잡아먹지 않고 그렇게 잡은 것은 공짜로 줘도 먹지 않는다.

현실 착각은 계속된다. 경부고속철도에 대해 다음과 같이 기술하고 있다. "서울에서 서울까지 이동하는 데 두 시간 걸리고 부산에서 부산까지 이동하는 데 두 시간이 걸리는 나라에서, 서울에서 부산까지 두 시간에 가는 것이 무슨 소용이 있을까"라면서 반문명적 이념을 보이고 있다. 아무리 반대 명분을 찾지 못해도 그렇지 서울과 부산의 교통체증을 핑계로 고속철도를 반대하는 것은 정말 이해하기 어렵다. 서울과 부산의 교통체증도 앞으로 연구해서 해결해 나가는 것이 대학교수다운 생각이 아닐까?

인간은 자연생태계 속에서 함께 공생해야 하고, 인류문명은 그렇게 발전하고 있다. 이것은 선진문명사회가 더욱 철저히 자연을 보호하는 것을 보면 쉽게 알 수 있다. 하지만 극단적인 환경주의는 이처럼 단편적인 시각으로 현실을 보게 하여 인류문명을 거부하게 한다.

03

환경과 경제, 상생의 시대

1990년대에 들어서면서 선진 산업사회의 환경에는 새로운 변화가 일어났다. 과거 심각한 대기오염을 겪었던 선진 대도시의 공기는 다시 맑아졌으며 한때 악취가 진동하고 물고기가 떼죽음을 당했던 강과 호수도 한결 깨끗해졌다. 선진 산업사회에서는 물질적 풍요와 쾌적한 환경을 함께 얻어 삶의 질이 좋아진, 환경과 경제 상생의 시대가 열린 것이다.

환경낙관론자들의 승리

환경비관론자들이 예견했던 지구 대재앙은 결코 일어나지 않았다. 그들은 자동차가 내뿜는 대기오염 때문에 수많은 사람들이 죽어나가고, 도시에서는 가스 마스크가 필수품이 될 것이며, 강에는 사체가 가득할 것이라고 했다. 환경비관론자들의 대부 격이었던 폴 에를리히는 1980년대가 되면 전 세계 40억 명(미국에서만 6,500만 명)이 굶어 죽게 될 것이라고 했지만 이러한 예상은 보기 좋게 빗나갔다. 레이첼 칼슨이 예언한 침묵의 봄도 오지 않았고, 선진산업국에서는 경제성장과 함께 숲의 면적이 늘어났으며 더욱 푸르러졌다.

이러한 변화가 나타나게 된 이유는 환경낙관론자들이 중심이 되어 환경문제는 해결할 수 있다는 긍정적인 믿음을 갖고 적극적으로 대처했기 때문이다. 무엇보다 중요한 것은 경제성장을 통한 부의 축적이 이루어졌기 때문에 환경과학과 기술이 발달할 수 있었고, 환경법과 제도를 강화하여 보다 강력한 환경정책을 추진할 수 있었다는 점이다. 여전히 해결해야 할 환경문제는 많이 남아 있지만 선진산업국에서 환경의 질이 점점 좋아지고 있음은 부정할 수 없는 사실이다.

환경비관론은 레이첼 칼슨의 『침묵의 봄』(1962), 폴 에를리히의 『인구폭발』(1968), 그리고 로마클럽의 『성장의 한계』(1972) 등에 그 뿌리를 두고 있다. 여기에 생태근본주의자들의 비인간적인 환경이념이 결합하고, 거짓되고 선동적인 일부 환경운동가들의 지구종말론까지 가미되어 전 세계적으로 엄청난 파장을 불러일으켰다. 환경비관론은 환경의 소중함을 알리기에 효과적이었으나 시간이 지나면서 대부분이 잘못된 예측이었음이 밝혀지게 되었다.

그림 1-12 존 매독스(좌)와 허만 칸(우). 이들은 환경비관론의 허구를 초기부터 비판했다.

환경비관론이 초기에 대중적 지지를 얻고 있을 때에도 일부 과학자들과 미래학자들은 그 허구와 비과학성을 지적했다. 영국에서 과학 잡지 『네이처(Nature)』의 편집장으로 활동했던 존 매독스(John Maddox)는 그의 저서 『종말의 날 증후군(Doomsday Syndrome)』(1972)에서 비관론을 강하게 비판했다. 그는 과학기술의 발전이 인류에 가져올 무한한 번영을 확신하며 인구 증가에 대한 우려, 과도한 경제성장의 부정적 효과 등 당시 비관론자들의 주장을 전혀 과학적인 근거가 없는 것이라고 단정했다.

또한 미국 허드슨 연구소 설립자인 허만 칸(Herman Kahn)은 로마클럽의 『성장의 한계』에 대해 논박하며 인류에게 낙관적인 미래를 제시했다. 1976년에 발표한 『다음 200년(The Next 200Years)』이라는 저서에서 그는 자연자원과 환경오염과 같은 한계는 기술진보를 통해 충분히 극복 가능하기 때문에 인류는 미래에 더욱 풍요로운 생활을 누리게 될 것이라고 예견했다. 그는 전후 일본의 경제부흥을 예견했

그림 1-13 로마클럽에서 나온 『성장의 한계』와 책의 집필을 주도한 데니스 메도즈

고 1970년대 초 우리나라 박정희 대통령의 탁월한 지도력을 격찬했던 20세기 최고의 미래학자 중 한 사람이다.

로마클럽의 『성장의 한계』는 지구의 석유 매장량이 5,500억 배럴이고 이것은 20~30년 내에 고갈될 것이라고 했다. 그런데 1990년까지 사용한 석유가 6천억 배럴이고, 21세기가 된 지금도 남겨진 석유 매장량이 9천억 배럴이라고 알려져 있다. 로마클럽이 예언한 자원의 한계는 모두 틀려버렸다. 이 보고서 집필을 주도한 미국 MIT 공대 데니스 메도즈(Dennis L. Meadows) 교수는 훗날 한 언론과의 인터뷰에서 자신의 잘못을 인정하기보다는 "나는 지금 25년 전처럼 성장 논쟁에 더 이상 참여하지 않는다"라고 답하여 많은 사람들의 빈축을 샀다.

미국 메릴랜드 대학 교수 줄리언 사이먼(Julian Simon), 스탠퍼드 대학 교수 폴 로머(Paul Romer) 등과 같은 경제학자들도 경제성장이 환경을 오염시킨다는 비관론을 적극 부인하고 낙관적인 미래를

그림 1-14 줄리언 사이먼(좌)과 폴 로머(우)는 환경과 경제의 상생을 전망한 신성장이론을 주장했다.

전망하는 신성장이론(New Growth Theory)을 주장하고 나섰다. 미국 브루킹스(Brookings) 연구소 연구원이었던 그레그 이스터브룩(Greg Easterbrook)은 1995년에 『지구의 한 순간: 환경낙관의 시대 도래(A Moment on the Earth: The Coming Age of Environmental Optimism)』라는 저서를 출간하면서 선진산업국이 개발도상국보다 환경이 청결하다는 것은 이미 입증되었으며 선진산업국에서 환경오염은 우리 세대 안에 사라질 것이라고 단언했다.

환경 사기꾼

1990년대 들어서면서 선진산업국에서 나타나는 환경 개선이 확실해지자 환경운동 비판론이 제기되기 시작했다. 그 비판론의 선봉에 있었던 미국의 경제 전문지 『포브스(Forbes)』의 과학 전문기자 로

그림 1-15 로널드 베일리와 그의 저서 『환경 사기꾼』

널드 베일리(Ronald Bailey)는 1993년 『환경 사기꾼(Eco-Scam)』이라는 저서를 출간했다. 이 책에서 그는 매우 자극적이고 도전적인 언어로 환경운동가들의 실명까지 거론하며 사기꾼이라고 비난했다. 이 책은 세계적인 반향을 불러일으켰으며 우리나라에도 번역 출판되었다. 내용의 핵심은 이들이 그동안 지구 종말 운운하며 주장했던 환경재앙은 결코 오지 않았고 과학적 근거도 없더라는 것이다.

로널드 베일리는 이 책에서 환경 사기꾼을 세 그룹으로 묘사하고 있다. 즉 학자, 환경단체, 언론이다. 먼저 학자는 자신들의 연구가 중요하다는 것을 인식시키기 위해 위기를 부풀린다. 그래야만 많은 연구비를 타낼 수 있다. 환경단체에도 위기가 필요하다. 위기가 없다면 시민들은 기부금을 내지 않을 것이다. 여기에 충격적인 소식을 전해야 장사가 되는 언론도 한몫한다는 것이다. 이 책은 이 세 그룹을 '슬픔을 파는 장사꾼'으로 묘사한다. 이들은 끊임없이 슬픔을 팔아야 자신의 존재 가치를 높일 수 있기 때문에 위기가 될 만한 뭔가를 열심히 찾고 부풀리고 충격을 전하는 일을 반복하고 있다는 것이다.

선진국에서는 이와 유사한 저서들이 지금까지 계속 출간되고 있다. 우리나라에 번역된 명저로는 덴마크 오르후스 대학의 비외른 롬보르(Bjørn Lomborg) 교수가 쓴 『회의적 환경주의자(The Skeptical Environmentalist)』(2001), 미국 버클리 대학의 잭 홀랜드 교수가 쓴 『환경과 빈부의 두 세계』(2003) 등이 있다. 『회의적 환경주의자』는 과장과 허위로 부풀려진 환경비관론을 과학적 실증자료를 근거로 비판하고 있으며, 『환경과 빈부의 두 세계』은 환경비관론을 비판하면서 가난이 환경의 최대 적이며, 자유민주주의와 시장경제가 환경을 지키는 데 더없이 소중한 제도라는 메시지를 전하고 있다. 과학과 기록을 중시하는 서구 사회에서 환경재앙 운운하며 위기를 조장하는 비관론적 환경운동은 이제 서서히 설 땅을 잃어가고 있다.

유턴 현상과 녹색성장

선진 산업사회에서 나타난 환경과 경제의 상생 현상을 설명하기 위해 만들어진 것이 유턴(U-Turn) 이론이다. 이 이론은 〈그림 1-16〉에서 보듯이 초기 산업화가 진행되는 동안 오염이 가중되어 환경의 질이 저하되지만 경제성장이 일정 수준에 도달하면 환경에 대한 국민들의 관심이 높아지고 기술이 향상되어 환경이 다시 회복된다는 것이

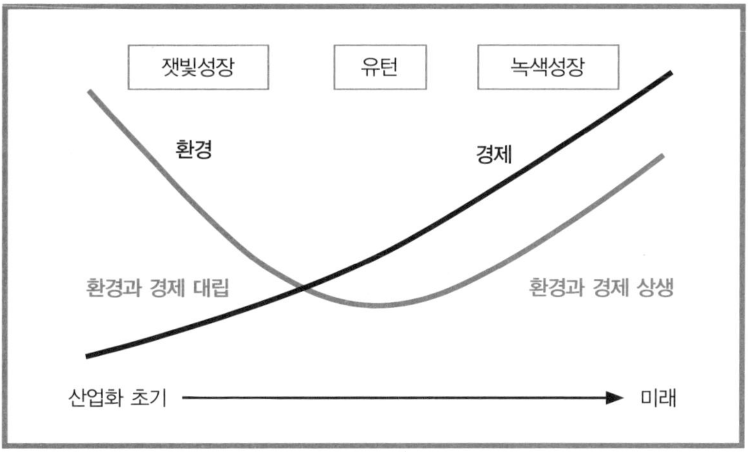

그림 1-16 환경과 경제의 관계를 보여주는 유턴이론

다. 그리고 환경의 유턴 현상을 만들어내는 것은 환경과학과 기술의 발달, 국민의 생활수준 및 환경의식 향상, 법과 제도의 강화, 그리고 이를 뒷받침해줄 수 있는 부(富)라는 것이다.

요즈음 자주 거론되는 녹색성장이란 말은 원래 유턴 현상에서 전반부에 나타나는 잿빛성장(Gray Growth)에 대비되는 용어로 쓰이기 시작했다. 잿빛성장은 환경이 악화되는 경제성장, 녹색성장은 환경개선을 동반한 경제성장을 의미하는 것이다. 경제학에서는 이와 유사한 현상을 처음 이론적으로 설명한 학자가 미국 하버드 대학의 교수인 사이먼 쿠즈네츠(Simon Kuznets, 1971년 노벨경제학상 수상)이기 때문에 이 유턴 곡선을 환경 쿠즈네츠 곡선(EKC: Environmental Kuznets Curves)이라고 부른다.

대부분의 선진산업국들은 잿빛성장기와 유턴기를 거쳐 녹색성장기로 접어들게 됐다. 우리나라도 산업화 과정을 거치면서 경제는 성장하지만 환경은 악화되는 잿빛성장을 오랜 기간 지속해 왔다. 그러나 지난 1990년대 후반부터 서서히 유턴기에 접어들어 지금은 지역과 환경 분야에 따라 다소 차이는 있지만 전체적으로는 녹색성장기에 들어서고 있다. 과거 심각한 수준으로 오염되었던 일부 하천의 수질이 개선되고 도시 대기질도 항목에 따라 나아지고 있다. 또한 전국 곳곳에서 자연형 하천 복원 사업이 진행되는 등 녹색성장으로 가는 다양한 징후들이 나타나고 있다. 죽음의 강을 되살려 지금은 매년 수영대회를 개최하는 울산의 태화강이 좋은 유턴 사례다.

자유민주주의와 시장경제의 승리

지난 몇십 년 동안 서방 세계가 환경위기의 시대를 경험하면서 상황은 달라졌다. 지난 1970년대부터 자유민주주의 시장경제 국가들을 중심으로 독립된 환경 행정조직이 생겨나고 강력한 환경정책이 추진되기 시작했다. 방대한 연구 투자로 환경과학과 기술이 빠르게 발달하였으며, 오염을 예방하고 병든 자연을 치료하는 환경산업이 날로 번창하게 되었다. 그 결과 엄청난 변화가 일어났다. 과거 심각한 대기오염을 겪었던 런던, 뉴욕, 로스앤젤레스, 도쿄 등 선진 대도시의 대기는 훨씬 맑아졌다. 그뿐만 아니라 한때 죽음의 강으로 불리던 영국의 템즈 강과 독일의 라인 강도 다시 살아났고, 미국 뉴욕의 허드슨 강과 일본 도쿄의 스미다 강도 한결 깨끗해졌다.

반면에 사회주의 국가는 전혀 다른 모습으로 변했다. 오랜 기간 사회주의 체제하에 있었던 동독과 체코, 그리고 폴란드는 유럽 최악의 환경오염 지역(Black Triangle Region)이 되었고, 나머지 동유럽 국가들과 러시아, 중국 등도 별반 차이가 없다(그림 1-17). 특히 독일의 경우, 통일 후 구 동독 지역의 환경을 조사했더니 총 1만 600킬로미터의 하천 중에서 3퍼센트만, 665개의 호수 가운데 1퍼센트만 생태적으로 건강한 상태를 유지하고 있었다. 그뿐만 아니라 매년 500만 톤 이상의 이산화황과 약 210만 톤의 분진을 배출하여 유럽 전체에서 가장

그림 1-17 유럽의 대기오염 위험 분포: 구 공산권이 위험도가 높다.

그림 1-18 북한의 환경: 산림은 황폐화되었고 나무를 태워 대기 오염이 심하다.

나쁜 대기오염 상태를 보이고 있었다. 그리고 1만 3천여 곳의 쓰레기 매립지 중에서 120곳만 제대로 된 형태를 갖추었고, 나머지는 모두 관리가 이루어지지 않은 상태로 있었던 것으로 보고되었다. 당시의 기록은 사회주의 국가가 환경관리에 얼마나 취약했는지를 잘 보여주는 사례로 지금도 자주 거론되고 있다.

북한 또한 심각한 환경문제를 겪고 있다. 열악한 상하수도 시설, 난방에서 나오는 매연 등과 같은 생활환경도 문제지만 식량과 에너지난으로 인한 산림 훼손은 회복 불가능 상태로 가고 있다(그림 1-18). 현재 북한 전체 산림 750만 헥타르 가운데 약 20퍼센트인 160만~200만 헥타르가 완전히 황폐화된 민둥산이며 나머지도 그다지 울창하지 않다. 지금도 매년 서울 면적의 2배에 해당하는 12만 7천 헥타르의 산림이 사라지고 있다. 북한의 환경문제는 지난 2005년 세계경제포럼에서 발표된 환경지속성 지수에서도 잘 나타나 있다. 북한은 당시 조사한 146개국 중 최하위를 차지했다. 우리나라는 지난 2002년 136위에서 상승한 122위를 차지했지만 조사 대상국 중에서 여전히 하위권에 머무르고 있다. 〈그림 1-19〉는 환경지속성 지수와 1인당 국민소득 간의 관계를 그린 것으로 사회주의 국가들이 대부분 하위권에 있음을 보여주고 있다. 반면에 부유한 나라들이 비교적 높은 환경지속성을 나타내고 있다.

서방 세계의 환경을 다시 살린 일등공신은 자유민주주의와 시장경제였다. 자유민주주의에서는 환경의 수혜자이자 피해자인 국민이 자유롭게 권리를 주장할 수 있고 선거로 민의를 전달할 수 있기 때문

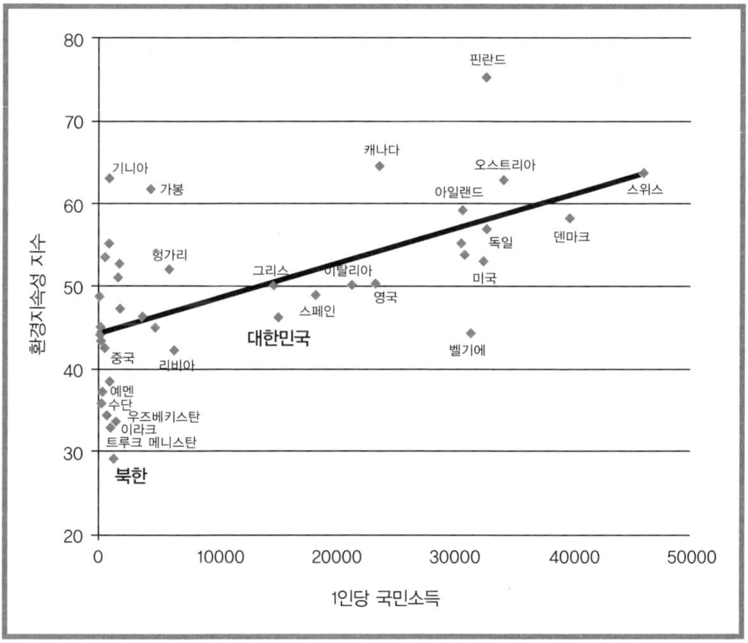

그림 1-19 1인당 국민소득과 환경지속성 지수(2005년)

에 강력한 환경정책이 가능했던 것이다. 예를 들어 서울의 청계천 복원은 민선 시장이었기에 가능했지 만약 관선 시장이었으면 어려운 일이었다는 것이다. 시민들이 투표권을 갖고 친환경 지도자를 선택할 수 있기 때문에 자유민주주의가 환경을 지키는 최선의 제도가 된 것이다.

자유민주주의로 인해 더욱 엄격한 환경법과 제도가 만들어지고 환경규제가 강화되었다. 강화된 규제를 만족시키기 위하여 시장경제는 급속한 환경기술의 발달을 가져왔다. 기술과 제품 경쟁에서 승자만이 살아남는 시장경제가 끊임없는 연구개발을 촉진하였고 이것이 지금의 환경기술을 이루어낸 것이다. 그리고 경제성장을 통한 부의 축적으로 환경을 보호하고 개선할 수 있는 재원을 제공할 수 있었다.

〈그림 1-19〉에서도 환경지속성 지수가 높은 국가들은 자유민주주의와 시장경제 체제하에서 높은 국민소득을 보이는 곳임을 알 수 있다. 부강한 자유민주국가가 환경을 지킨다는 사실을 이 그래프에서도 엿볼 수 있다. 그뿐만 아니라 과거에는 공장이 많은 도시가 공해도시가 되었지만, 지금은 돈이 없고 민의가 소통되지 않는 도시가 공해 도시가 되는 것이다. 지난 20세기 인류가 경험한 환경과 경제의 역사는 자유민주주의 시장경제가 환경을 지키기에 사회주의 계획경제보다 우수한 제도라는 결론을 내리고 있다.

좌파 환경주의, 사회생태주의

선진 산업사회에서 나타난 유턴 현상은 정치경제 체제가 환경에 미치는 영향을 설명하는 기존 이론에 대반전을 가져왔다. 지난 1960~1970년대까지만 해도 사회주의 계획경제가 적어도 환경을 위해서는 좋은 제도인 것처럼 보였다. 부에 대한 욕망으로 가득 찬 시장경제는 급속한 산업화를 불러왔고, 거주 이전의 자유를 보장하는 자유민주주의는 폭발적인 도시팽창을 가져왔다. 물질적 풍요는 자원의 과소비와 넘쳐나는 쓰레기를 만들어냈고, 산업문명은 폐수와 스모그로 도시를 질식시켰다.

통제되고 계획된 사회주의 경제체제가 그나마 환경을 지키기에는 적합해 보였다. 필요한 만큼 생산하고 거주 이전의 자유를 허용하지 않는 사회주의 계획경제가 급속한 산업화와 도시화를 막을 수 있다고 여겨졌다. 실제로 극단적인 환경주의의 한 부류인 사회생태주의(Social Ecology)는 사회주의 계획경제의 환경적 우위를 주장하고 궁극적으로 자유민주주의 시장경제를 파괴해야 한다고 주장하고 있다. 또한 사회생태주의는 자본주의가 내부적 계급 모순으로 인해 종국에는 사라질 것이라는 마르크스 공산주의 이론에 동조하면서, 지구 환경위기가 자본주의 종말을 예고하는 새로운 역사적 요소라고 주장한다.

그림 1-20 머레이 북친과 사회생태주의를 풍자한 만화(기업자본주의로 구워지는 지구)

사회생태주의의 대부이자 자칭 '혁명적 좌파'였던 미국 라마포 대학 교수 머레이 북친(Murray Bookchin)은 "생태 위기의 직접적인 원천은 자본주의이며, 자본주의야말로 생물계의 암적인 존재"라고 단언했다. 그는 "무계급 관계, 분산된 민주적 공동체, 태양열이나 유기농법과 같은 자연생태 기술 등에 근거한 생태적 사회"로 변화시키자고 주장했다. 또한 그는 급진적인 평등주의를 내세우는 사회생태주의 환경보호 운동이야말로 기업자본주의를 공격할 수 있는 최고의 무기라고 생각했다. 북친은 2006년 85세의 나이로 사망했지만 그가 남긴 사회생태주의는 기업자본주의를 반대하는 세력에게는 정치적 신념으로 남아 있다.

04

환경과 빈부의 두 세계

인류 역사를 돌아보면 아사 직전의 가난한 삶은 실제로 인류 대다수의 운명이었다. 만성적인 영양결핍과 질병에 시달리면서 생존을 위해 자연과 처절한 싸움을 벌여온 시간이 인류 역사의 주를 이룬다. 200여 년 전 유럽에서 시작된 산업화는 우리 인류가 가난에서 벗어날 수 있는 더없이 소중한 기회를 주었다. 그 결과, 지금 선진산업국들은 유례없는 풍요의 시대를 누리고 있다. 하지만 지구 곳곳에는 아직도 수많은 사람들이 지독한 가난 속에서 살아가고 있다.

가난한 나라와 부자 나라

2011년 10월 말 세계 인구는 70억 명을 돌파했다. 지금까지 매년 남북한 전체 주민에 해당하는 7,000만~7,500만 정도의 인구가 늘어났지만, 앞으로는 더욱 빠른 속도로 세계 인구가 증가할 것으로 예상하고 있다. 이들이 살아가는 지구의 242개 국가는 산업, 경제, 문화 등의 발전 수준에 따라 선진국, 개발도상국, 저개발국으로 분류된다. 현재 세계 인구 중 약 12억 5천만 명은 풍요로운 선진국에서 살아가지만, 나머지 57억 5천만 명은 저개발국이나 개발도상국과 같은 가난한 나라에서 살고 있다.

가난한 나라가 주로 위치한 곳은 아프리카와 남아메리카 대륙, 그리고 동남아시아 등이다. 특히 아프리카 대륙에는 지독한 가난에서 헤어나지 못하는 저개발국이 다수 위치해 있다. 중국과 브라질, 그리고 인도는 대표적인 개발도상국으로 국가 전체 경제 규모는 세계에서 각각 3위, 8위, 11위(2009년 기준)에 해당하지만 1인당 국민소득이 매우 낮고 여전히 많은 국민들이 가난한 삶을 살아가고 있다. 저개발국과 개발도상국 모두 가난한 나라에 속하지만, 환경적인 측면에서 다소 다른 모습을 보여준다.

가난한 나라들에서는 몇 가지 공통점을 찾아볼 수 있다. 첫째, 산업화에 일찍이 동참하지 못했고, 그로 인해 과학과 기술이 낙후되어 있다는 점이다. 둘째, 정치적으로 안정되지 못했다는 점이다. 대부분의 가난한 나라는 계속되는 전쟁과 독재 등으로 자유민주주의가 정착되지 못했다. 셋째, 자원이 빈약하고 사람이 살아가기에 적합하지 않은 열악한 자연환경을 가졌다는 점이다.

이들이 모두 가난의 원인이 되고 있지만 환경 측면에서 무엇보다 중요하게 보아야 할 것은 그들이 가진 열악한 자연환경이다. 특히 지독한 가난에서 헤어나지 못하는 국가들은 이러한 환경적 요인이 매우 크다. 하지만 열악한 자연환경도 잘 극복하고 적절히 관리하면 상황은 달라진다. 아프리카 대륙과 유럽의 스칸디나비아 반도를 비교해 보면 그 차이를 알 수 있다.

아프리카 대륙(특히 사하라 사막 이남 지역)은 무덥고 땅이 척박하며 비가 오는 계절이 변화무쌍하여 어떤 곳에서는 홍수가 계속 발생하고 어떤 곳에서는 가뭄이 계속된다. 반면 스칸디나비아 반도(스웨덴, 노르웨이, 핀란드 등)는 춥고 겨울이 길어 땅의 대부분이 오랜 기간 눈과 얼음으로 덮여 있는 동토다. 두 곳 모두 인간이 살아가기에 적합하지 않지만 현실은 극과 극이다. 스칸디나비아 반도에서는 열악한 자연을 극복하여 부유한 삶을 누리고 있지만, 아프리카는 그러하지 못하다.

그 외에 이스라엘이나 스위스 등도 열악한 자연환경에도 불구하고 풍요한 삶을 누리는 곳이다. 이스라엘은 아프리카와 비슷한 척박하고 건조하며 자원이 빈약한 국토 조건을 가졌지만 1인당 국민소득이 3만 달러가 넘는 부국이다. 스위스는 국토의 80퍼센트 이상이 산악지대로 이루어져 산업화 이전에는 유럽에서 가장 가난한 나라였다. 하지만 지금은 정밀기계, 의약품 등과 같은 고부가 산업의 발달로 인해 1인당 국민소득이 6만 달러가 넘는 세계 최고 수준의 부국으로 성장했다.

저개발국의 환경

현재 세계 인구의 6분의 1은 지독한 가난 속에서 살아가며 만성적 영양결핍 상태에 있다. 11억 명 이상이 깨끗한 물을 마시지 못하고, 16억 명 이상이 전기를 사용하지 못하며, 13억 명가량이 하루에 1달러도 안 되는 돈으로 살아가고 있다. 이 지독한 가난으로 대표되는 저개발국들은 주로 아프리카 대륙 사하라 이남에 위치해 있다. 그렇다면 가난한 아프리카의 환경은 어떤가?

이곳에서는 지금도 인간 생존을 위한 처절한 자연과의 사투가 벌어지고 있다. 그 결과 숲과 초원이 사라지고 땅이 황폐화되는 사막화가 일어나고 있다. 그리고 그 사막화로 수많은 사람들이 삶의 터전을 잃고 환경난민 생활을 하고 있다(그림 1-21). 1972년 유엔총회에서 지구촌 환경감시와 국제 환경협력을 위해 유엔환경계획(UNEP: United Nations Environment Program) 설립을 결정하고 아프리카 케냐 나이로비에 그 본부를 두었던 이유도 이곳에서 심각한 환경 파괴가 진행

그림 1-21 사막화로 인한 환경난민

되고 있었기 때문이다. 1976년 세계 최초의 사막화방지회의(UNCCD: UN Convention to Combat Desertification)도 이곳에서 열렸고, 아프리카 사막화 방지를 위해 노력한 공로로 케냐의 왕가리 마타이(Wangari Maathai)가 2004년 노벨평화상을 수상하기도 했다.

현재 심각한 삼림 파괴가 일어나는 곳도 대부분 가난한 나라다(그림 1-22). 전 세계적으로 매년 사라지는 삼림 면적은 1,370만 헥타르나 된다. 사라진 곳에 인공적으로 식재하는 것과 자연적으로 재생되는 것을 고려하면 연간 730만 헥타르의 삼림이 완전히 사라지고 있는 것이다. 이는 우리나라의 전체 산림 면적인 641만 헥타르보다도 넓은 지역이다.

삼림 파괴가 일어나는 이유는 인간이 살아남기 위해서다. 삼림 파괴 중 54퍼센트는 화전 조성(나무를 불태우고 농지로 만드는 것)으로 인

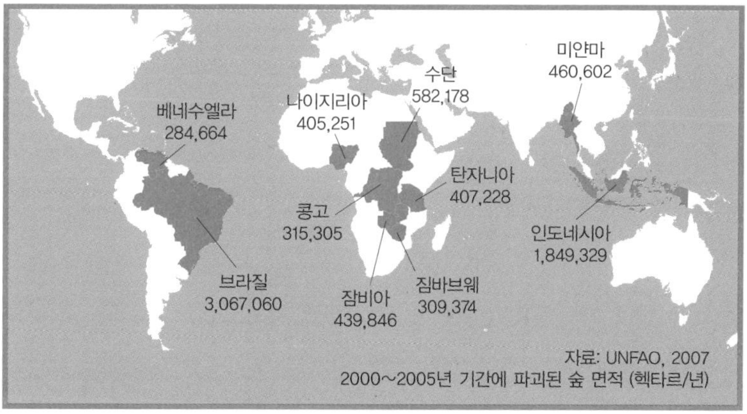

그림 1-22 세계 10대 산림 파괴 국가

해, 22퍼센트는 팜유 농장 확장을 위해, 19퍼센트는 과도한 벌목(목재를 판매하기 위한 것으로 적정량을 넘는 수준)에 의해, 5퍼센트는 대형 목장을 만들기 위해 이루어지는 것으로 추산하고 있다. 삼림 파괴는 지구온난화의 중요한 원인이 되고 있다. 삼림 파괴로 인해 줄어드는 이산화탄소 흡수량은 전 세계 배출량의 20~23퍼센트를 차지한다. 이는 전 세계 모든 자동차에서 배출하는 이산화탄소의 양보다 많은 것이다.

또한 삼림 파괴는 생물 멸종을 야기한다. 열대우림의 경우 문제가 더욱 심각하다. 남아메리카, 아프리카, 동남아시아에 걸쳐 있는 열대우림 지대는 지구 육지 면적의 7퍼센트에 불과하지만 전체 생물 종의 50~80퍼센트가 서식하고 있다. 삼림 파괴는 이들의 서식처 파괴로 이어지고 결국 멸종 위기를 불러온다. 생물 멸종의 또 다른 원인은 가난한 나라에서 자행되는 남획이다. 대부분의 가난한 나라에서는 멸종 위기에 처한 생물을 포획하여 상업적으로 거래하거나 식용으로 사

그림 1-23 가난한 나라에서는 멸종위기종의 가죽을 생계수단으로 삼고 있다.

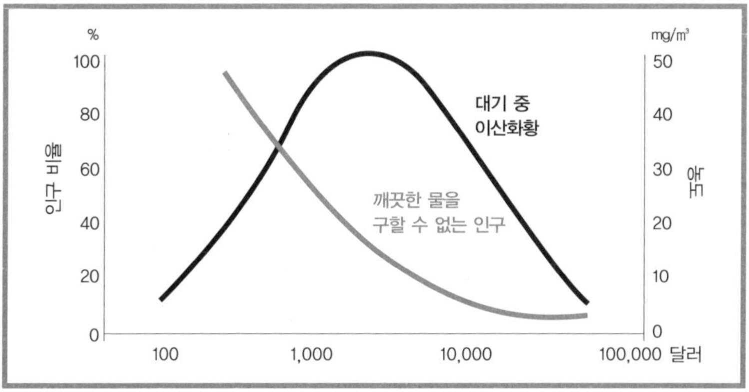

그림 1-24 1인당 국민소득에 따른 먹는 물과 대기 오염(Baliley, 1995)

용하는 데 아무런 법적 규제가 없다. 가난한 나라에서 야생동식물 포획은 하나의 생계수단에 불과하다(그림 1-23).

가난한 나라의 또 다른 문제는 열악한 생활환경이다. 특히 먹는 물은 가난한 나라의 대표적인 환경문제다. 〈그림 1-24〉에서 보듯이 1인당 국민소득이 100달러 이하인 나라에서는 거의 대부분의 국민들이 깨끗한 물을 먹을 수가 없다. 하지만 국민소득이 증가하면서 깨끗한 물을 구할 수 없는 인구 비율은 급속히 감소한다. 또한, 가난한 나라에서는 생활하수가 처리되지 않고 자연으로 배출되고 있으며 많은 사람들이 악취와 쓰레기 등으로 고통받고 있다. 먼지나 실내 공기 오염 등도 심각한 문제가 되고 있다. 아주 가난한 나라에서는 산업시설이나 자동차와 같은 오염원이 없기 때문에 대기의 이산화황 농도는 매우 낮게 나타난다. 이산화황 농도는 산업화가 진행되고 경제가 성장하면서 점점 증가하였다가 다시 감소하는 유턴 현상을 보여준다.

가난한 나라에서는 열악한 생활환경과 만성적 영양결핍 등으로 태어난 아이들의 사망률이 매우 높다. 〈그림 1-25〉는 사하라 이남의 아프리카, 개발도상국, 그리고 선진산업국의 영아 사망률 변화를 보여주는 것으로 모든 곳에서 감소하고 있으나 가난한 아프리카에서는 여전히 1천 명 중 90명이 넘는 신생아가 첫돌 이전에 사망한다. 개발도상국은 영아 사망률이 50여 명이며, 선진국에서는 5명 미만이다.

가난한 나라에서는 영아 사망률도 높지만 살아남은 사람들의 수명도 짧다. 아프리카 사하라이남 지역의 기대 수명은 평균 40~50세

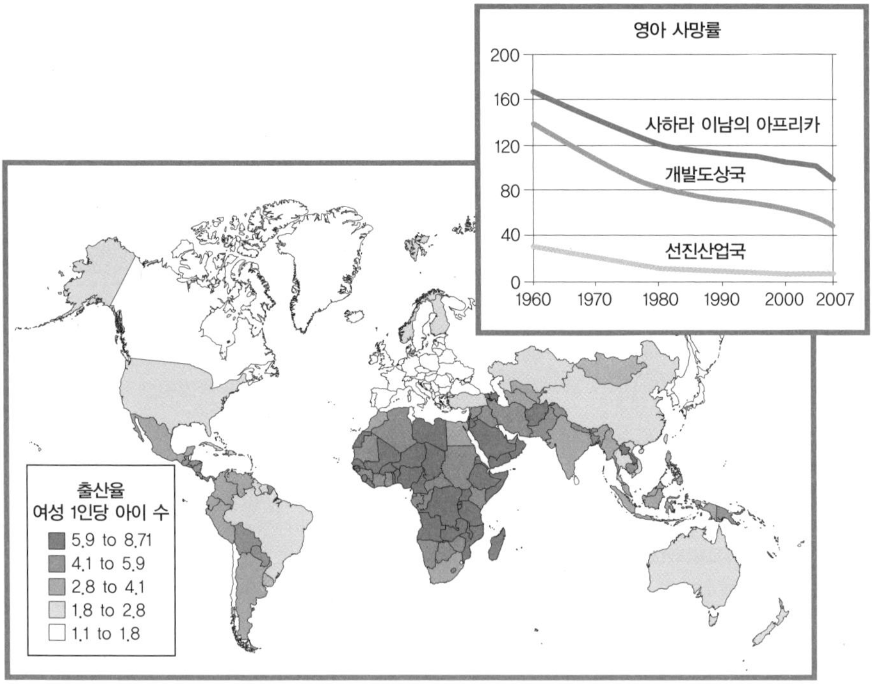

그림 1-25 세계 각국의 여성 1인당 출산율과 영아 사망률(신생아 1천 명 중 첫돌 이전 사망자)

에 불과하다. 현재 기대 수명이 가장 짧은 국가는 시에라리온으로 평균 25.9세다. 이런 국가에서는 짧은 수명으로 인해 정치 지도자들이 비교적 젊다. 나이가 들어 경험이 많은 사람들은 죽었거나 살아 있어도 건강이 좋지 않다. 이것이 정치 불안으로 이어지고, 또다시 가난에서 헤어나지 못하는 악순환을 반복하게 한다. 결국 열악한 생활환경이 사회 구조와 정치 체제까지 영향을 미치게 되는 것이다.

사망률이 높기 때문에 출산율 또한 높다. 그래야 생존을 위한 노동력을 확보하고 종족 보존도 가능해지는 것이다. 세계에서 가장 높은 출산율을 나타내는 곳이 아프리카 대륙이다. 에티오피아에서는 여성 1인당 평균 출산율이 7명이나 되며, 대부분의 아프리카 국가들의 출산율이 이와 비슷한 수준이다(그림 1-25).

우려되는 것은 저개발 국가의 높은 출산율이 가난과 환경 파괴의 악순환을 멈출 수 없게 한다는 사실이다(그림 1-26). 가족의 생계를 위

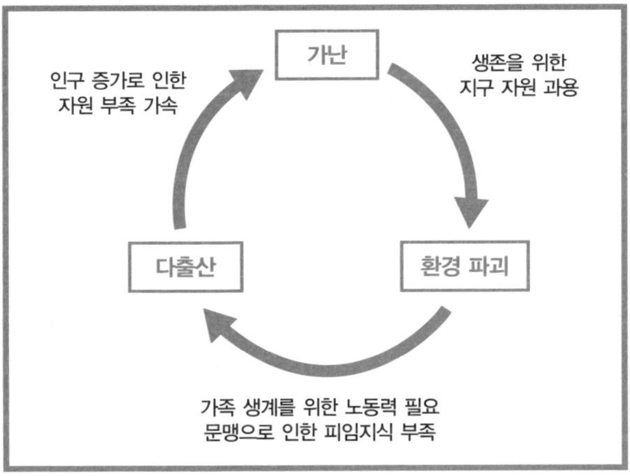

그림 1-26 가난과 환경 파괴의 악순환

해 더 많은 아이를 출산하고, 늘어나고 있는 인구를 먹여 살리기 위해 환경 파괴는 더욱 가속화되고 있는 것이 현실이다. 이 악순환의 고리를 끊기 위해서는 빈곤 퇴치, 문맹 탈출, 정치적 안정 등 다양한 노력이 요구된다.

개발도상국의 환경

생존을 위한 처절한 싸움에서는 벗어났지만 여전히 가난한 나라가 개발도상국이다. 뒤늦게 산업화에 동참한 중국과 인도, 브라질과 같은 국가가 이에 해당한다. 이웃 나라 중국을 통해 개발도상국의 환경 현실을 알아보자.

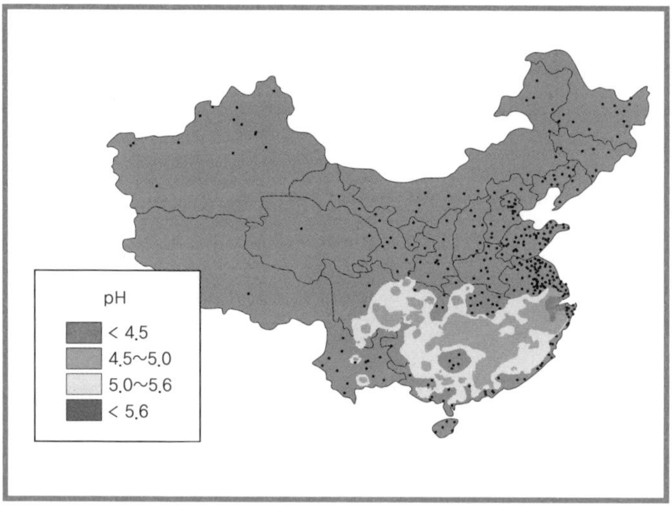

그림 1-27 중국에서 산성비가 내리는 지역 분포(pH 5.6 이하를 산성비로 정의한다)

중국은 급속한 산업화로 인해 현재 환경문제가 매우 심각한 상태다. 과도한 에너지 소비와 오염물질 배출, 그리고 각종 개발사업으로 인한 환경 파괴는 세계 어느 지역과도 비교가 되지 않을 정도로 심각하다. 중국은 현재 도시 인구의 3분의 1이 오염된 공기를 마시고 있고, 그 결과 폐암이 사망 원인 1위가 됐다. 베이징에서는 치명적인 암 발생의 70~80퍼센트가 환경오염과 관련된 것으로 추산하고 있다. 그뿐만 아니라 전 국토의 3분의 1에 산성비가 내리고 있으며 피해 정도가 매년 증가하고 있다(그림1-27).

유엔환경계획은 세계 10대 대기오염 도시로 인도의 라즈코트를 제외한 나머지 아홉 곳 모두 란저우(蘭州), 충칭(重慶), 타이위안(太原) 등과 같은 중국의 대도시들을 지적하고 있다. 이처럼 대기오염이 심각한 것은 오염물질 배출이 많은 석탄에서 대부분의 에너지를 얻고 있기 때문이다. 중국은 세계 최대의 석탄 생산국이자 소비국으로, 국가 전력 수요량의 80퍼센트를 석탄 화력발전을 통해 생산한다. 현재 중국의 석탄 소비량은 전 세계 3분의 1을 차지한다.

에너지 소비 증가율은 연 15퍼센트로 세계 최고 수준이다. 전력 수요를 충당하기 위해 2주마다 약 1기가 와트(Giga Watt)의 발전소를 추가 건설해야 하는 상황이다. 석유 사용량도 급속히 증가해 2003년을 기점으로 세계 2위의 석유 소비국이 되었다. 엄청난 석탄과 석유 소비로 중국은 현재 세계에서 가장 많은 이산화탄소를 배출하고 있다.

수질오염 또한 매우 심각하다. 중국의 주요 7대 강에 흐르는 물 중에서 절반은 전혀 사용할 수 없는 물이 되었다. 도시의 3분의 1이 하수를 처리하지 않고 그대로 강으로 내보내기 때문이다. 현재 중국 인구의 4분의 1이 식수로 사용할 수 있는 깨끗한 물을 구할 수 없다. 그뿐만 아니라 도시에서 발생하는 쓰레기 중에서 위생 매립이나 소각되는 것은 20퍼센트도 되지 않는다.

사막과 도시 면적도 계속 늘어나고 있다. 전 국토의 16퍼센트가 이미 사막으로 변해 있는데 복원보다는 개발에 더 열중이다. 개발의 지표가 되는 시멘트 생산량이 전 세계의 40퍼센트를 차지한다. 중국은 또 전 세계 4만여 개의 대규모 댐 중 절반에 가까운 약 1만 9천 개를 갖고 있지만 계속해서 댐 건설을 추진하고 있다.

그림 1-28 중국의 산업단지와 대기오염 현실

지난 30년간 중국 경제는 매년 10퍼센트 이상 성장해 왔다. 이처럼 높은 경제성장률을 기록할 수 있었던 것은 저렴한 노동력

외에도 환경에 신경 쓰지 않고 각종 오염물질을 버릴 수 있었기 때문이다. 하지만 지금 그들은 더 큰 대가를 치르고 있다. 현재 중국은 환경오염으로 인해 국가총생산의 8~15퍼센트가 손실되고 있는 것으로 추산하고 있다. 여기에는 국민의 건강이나 고통 비용은 전혀 포함되지 않았다. 중국의 환경오염은 이웃한 우리나라와 일본은 물론 멀리 태평양 건너까지 영향을 미치고 있다. 미국 환경보호청의 조사에 따르면 태평양 연안에 위치한 로스앤젤레스의 대기오염물질 25퍼센트가 중국에서 건너오는 경우가 발생한다는 것이다.

선진산업국의 환경

유럽, 미국, 일본 등과 같은 부유한 선진산업국들은 저개발국이나 개발도상국과는 상황이 다르다. 선진산업국도 과거 이들 국가와 비

그림 1-29 1930년대 미국 남서부 지방에서 사막화로 인해 황폐화된 농경지

슷한 과정을 겪었지만 지금은 상당한 개선이 이루어졌다. 그러면 선진산업국의 환경은 어떤가? 가난한 나라에서 주요 환경문제가 되고 있는 사막화, 산림 파괴, 생물 멸종 등에 대해 미국에서는 어떠한 과정을 거쳤는지 살펴보자.

미국도 1930년대에 남서부 대평원에서 심각한 사막화를 경험한 적이 있다. 흔히 먼지 구덩이(Dust Bowl)로 널리 알려진 이것은 남서부 오클라호마, 캔자스, 콜로라도, 뉴멕시코, 텍사스 주에 걸친 방대한 대평원이 사막으로 변하게 된 것이다. 미국은 서부개척시대에 과거 초원지대였던 이곳에서 풀과 나무를 베어내고 농경지를 조성했다. 하지만 과도한 경작과 가뭄으로 이곳은 불모지로 변해버렸다(그림 1-29). 토양은 침식되고 황사가 발생하여 미국 전역을 뒤덮고 멀리 동부 뉴욕까지 날아갔다. 날아간 먼지는 워싱턴 DC의 국회의사당 계단에도 자욱이 쌓였다고 당시 기록은 전하고 있다.

미국 정부는 1935년 이곳을 국가재난지역으로 선포하고 구호기금을 보내 구제에 나섰다. 토양보전청(Soil Conservation Service)을 정부기관으로 설립하여 토양 침식을 방지하는 정책을 추진했다. 1937년에는 당시 프랭클린 루스벨트 대통령이 캐나다에서부터 텍사스 북쪽에 이르는 폭 160킬로미터의 벨트를 지정하여 과거 그곳에 살았던 토종 나무를 심고 객토 작업을 하는 셸터벨트(Shelterbelt) 프로젝트를 추진했다. 엄청난 국가 예산을 투자한 12년에 걸친 노력 끝에 침식된 토양은 복원되었고 사막은 다시 숲과 초원으로 돌아왔다.

미국에서도 초기에는 삼림 파괴가 심각했다. 1600~1920년 사이에 총 120만 제곱킬로미터가 넘는 삼림이 농지나 도로, 거주지로 변했다. 그러나 20세기 초에는 안정되기 시작했고 1920년 이후에는 다시 삼림 면적이 늘어나기 시작했다. 현재 미국의 삼림 총면적은 300만 제곱킬로미터로 이는 유럽인들이 정착하기 전(1600년)에 비해 4분의 3 정도가 된다.

미국 동북부의 버몬트 주는 1700년대에는 거의 모든 땅이 삼림으로 이루어져 있었지만 인구가 늘어나면서 넓은 삼림이 농지로 변해 1850년경에는 35퍼센트만 남게 되었다. 그 후 농업기술이 발달하여 단위면적당 식량 생산량이 증가하고 경제 사정이 나아지면서 복원 노력이 이루어졌다. 지금은 미국 버몬트 주의 삼림 면적이 77퍼센트에 가까워졌다. 과학기술의 발달과 부의 축적이 삼림 면적을 늘린 것이다.

미국은 야생동식물을 보호하고 생물 멸종을 방지하기 위해 국립야생생물 보호구역을 계속 확장하고 있다. 1964년 3만 6천 제곱킬로미터였던 보호구역이 1994년에는 42만 제곱킬로미터로 급속히 늘어났다. 또한 생물 멸종을 방지하기 위하여 1973년 세계 최초로 멸종생물방지법(ESA: Endangered Species Act)을 제정했다. 이는 인간이 처음으로 다른 생물 종에게 생존권을 부여한 것으로 매우 중요한 의미를 가진다. 그 후 대부분의 선진산업국들은 이와 유사한 법안을 만들어 멸종 위기 생물을 보호하고 있다. 우리나라도 2005년에 야생동식물

보호법을 제정하여 보호하고 있다.

다음으로 영국의 사례를 통해 선진산업국의 수질오염을 살펴보자. 영국 런던 템즈 강의 역사는 유턴 현상을 보여주는 대표적인 사례다. 템즈 강은 1800년대 초부터 심각한 오염을 겪게 되었다. 1858년 여름에는 강물이 썩어 도시 전체에 악취가 진동하여 시민들이 모두 도시를 빠져나가고 강변에 위치한 국회의사당마저 폐쇄된 그레이트 스팅(Great Stink) 사건이 발생하기도 했다. 그 후 여러 가지 수질개선 대책이 이루어졌지만 템즈 강은 거대한 시궁창으로 남게 되었다. 1950년경에는 수질이 최악의 상태에 이르렀고 1957년에는 종류를 불문하고 모든 물고기가 자취를 감추었다.

영국 정부는 1960년대 와서 템즈 강 살리기를 시작했다. 하천에

그림 1-30 템즈 강 살리기 전(좌: 물은 썩고 홍수 피해)과 후(우: 보와 갑문이 설치)

오물과 쓰레기를 버리는 것을 금지하고 지역별 하천정화사업을 실시했으며 정부 내 하천 관리 전담부서를 두는 등 적극적인 대책을 추진했다. 이러한 노력에 힘입어 템즈 강은 다시 살아나기 시작했다. 1974년경에는 19세기 초에 템즈 강에서 사라졌던 연어가 다시 돌아온 것으로 기록되었다. 지금 템즈 강은 물고기와 백조가 노니는 예전의 아름다움을 되찾았으며 시민들에게 맑은 수돗물과 쾌적한 휴식공간을 제공하고 있다.

중부 유럽의 7개 나라(스위스, 오스트리아, 독일, 프랑스, 벨기에, 룩셈부르크, 네덜란드)를 지나는 라인 강도 같은 과정을 겪었다. 〈그림 1-31〉에서 보듯이 산업화가 시작되기 전인 1800년대 초기에는 맑은 물이 흘러 수중 미소생물(물벌레, 조개류 등) 다양성이 매우 높았지만,

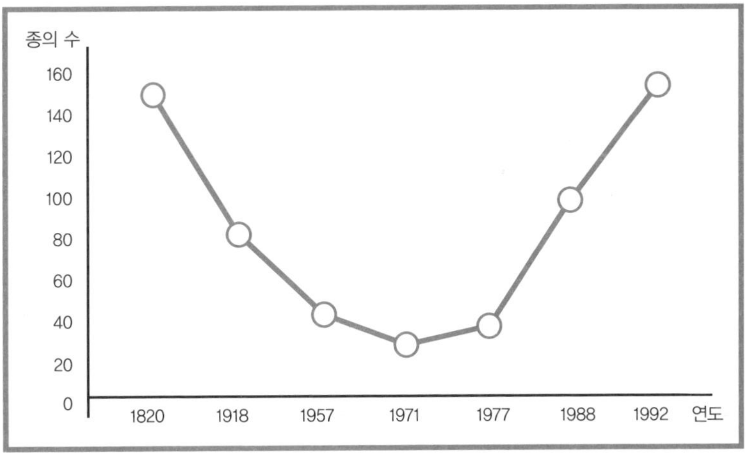

그림 1-31 라인 강의 미소생물의 종 다양성(EEA, 2001)

수질이 악화되면서 1970년경에는 최악의 상태를 보여주었다. 하지만 이후 수질은 다시 맑아지고 다양성은 과거 수준으로 회복되었다. 〈그림 1-31〉은 유턴 현상을 보여주는 좋은 실측 자료다.

선진산업국의 대기 또한 다시 맑아지고 있다. 산업화 초기에는 런던, 뉴욕, 로스앤젤레스, 도쿄 등 대도시의 대기질이 점점 악화되어 갔다. 미국의 경우 1963년에 청정대기법을 제정하였으나 이렇다 할 대책은 이루어지지 않았다. 1970년 연방환경보호청(USEPA)이 설립되면서 대기질 개선 대책이 추진되기 시작했다. 주요 오염물질(이산화황, 질소산화물, 일산화탄소, 미세먼지 등)에 대한 미국의 총 배출량은 1970년 이후 매년 감소하여 1999년에는 1970년보다 31퍼센트 감소하

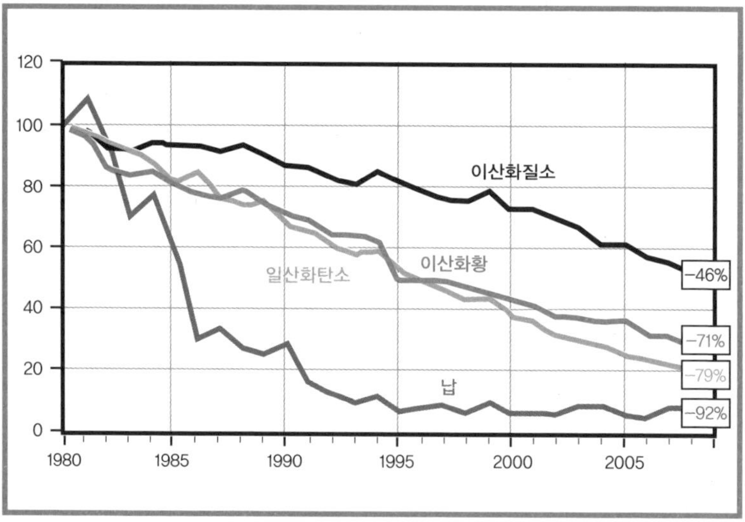

그림 1-32 미국의 대기질 개선 상황(1980년부터 2008년까지, 이산화질소, 이산화황, 일산화탄소, 납)

였다. 이 기간 동안 미국의 인구가 33퍼센트, 차량 주행거리가 140퍼센트, 총 국내생산이 147퍼센트, 전력생산용 석탄 사용이 3배 정도 증가했지만 대기질은 현저히 좋아졌다.

이산화황 총 배출량은 1972년에 3,200만 톤으로 최고치를 기록하였으나 그 이후로 꾸준히 감소하여 1980년에서 1999년 사이에는 28퍼센트 감소했다. 질소산화물은 자동차 사용이 늘어나면서 1900년에서 1980년 사이에 10배 가까이 증가했다. 하지만 1980년대 이후 자동차 기술이 현저히 좋아져 지난 20년 동안 도심 지역을 중심으로 관측된 질소산화물의 농도는 25퍼센트 감소했다. 미세먼지의 전국 총 배출량은 1950년에 약 1,700만 톤에서 오늘날 400만 톤 이하로 감소했다.

〈그림 1-32〉는 대기오염 배출량 감축에 따라 지난 1980년을 기준으로 지금까지 나타나고 있는 미국의 대기질 개선 효과를 보여주고 있다. 납은 92퍼센트, 일산화탄소는 79퍼센트, 이산화황은 71퍼센트, 질소산화물은 46퍼센트 줄어든 것으로 관측되었다. 환경전문가들은 앞으로 선진 대도시의 경우 하이브리드나 전기차와 같은 친환경 자동차가 일상화되면 대기질은 더욱 좋아질 것으로 예상하고 있다.

황사에서 배우는 환경 교훈

매년 봄철이면 몽골과 중국에서 날아온 황사가 한반도 상공을 뒤덮는다. 황사는 눈병, 피부병, 호흡기질환 등을 유발하고 시정장애를 비롯한 여러 가지 피해를 가져온다. 특히 중국의 황사는 산업시설에서 배출되는 중금속을 비롯한 각종 유독성 물질이 함유되어 우리에게 살인적 위협이 되고 있다. 그뿐만 아니라 황사는 항공기 운항이나 정밀산업에도 피해를 유발한다. 컴퓨터 모니터나 TV 브라운관을 만드는 곳에서는 작은 먼지 하나도 치명적이다. 또한, 관광 산업이나 농업에도 많은 피해를 유발한다. 피해 규모는 황사 강도와 발생 빈도에 따라 많게는 연간 수십조에 달하기도 한다.

몽골과 중국의 사막화는 지난 몇십 년간 급속히 진행되어 왔다. 몽골은 1970년대 이래 6만 9천 제곱킬로미터에 해당하는 목초지가 줄고 서식 식물 종도 4분의 1로 감소한 것으로 보고되었다. 현재 몽골은 국토의 약 90퍼센트, 중국은 약 16퍼센트가 사막으로 변한 것으로 알려져 있다. 이곳에서 발생한 황사는 중국 대륙, 한반도, 일본 열도, 멀리 미국 태평양 연안 지역까지 피해를 주고 있다.

지난 몇 년간 우리는 황사를 막으려고 몽골에 나무 심기를 계속하고 있지만 가시적인 효과는 없다. 방법이 없는 것은 아니다. 몽골과 중국의 사막을 초목이 무성한 옥토로 바꾸면 문제는 해결된다. 실현 가능한 시나리오는 대규모 식목사업을 전개하고 지속적으로 물을 공급할 수 있는 관개시설을 설치하며, 인공강우를 통해 물 부족을 해결하는 방법이다. 그러나 엄청난 규모의 재원을 필요로 하기 때문에 지금은 엄두조차 내지 못하고 있다.

사막화는 몽골이나 중국뿐만 아니라 지구 곳곳에서 진행되고 있다. 현재 육지 면적의 19퍼센트인 3천만 제곱킬로미터가 사막화되고 있으며, 약 1억 5천만 명이 생존을 위협받고 있다. 사막화를 겪고 있거나 피해를 입은 국가만도 100여 개국에 달한다. 아시아에서는 농경지의 약

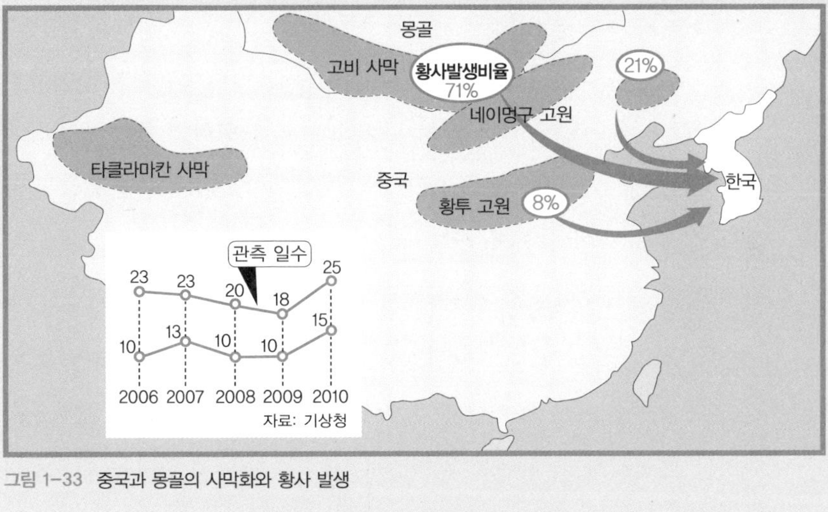

그림 1-33 중국과 몽골의 사막화와 황사 발생

40퍼센트, 아프리카에서는 약 80퍼센트가 사막화의 위험에 처해 있다.

사막화의 원인을 크게 장기 가뭄과 같은 기후적 요인과 산림 파괴나 과잉 경작 등의 인위적 요인으로 나눌 수 있다. 지금까지 진행된 사막화는 기후적 요인은 13퍼센트에 불과하고 나머지 87퍼센트는 인위적 요인에 의한 것으로 추정하고 있다.

주지해야 할 것은 사막화가 일어나는 곳은 대부분 가난한 나라들이라는 사실이다. 먹고살기 위해 산림을 훼손하여 농경지를 넓히고 과도하게 경작한 것이 그 원인이다. 사막화는 일단 시작되면 식생 파괴, 토양 침식, 기후변화 등이 서로 상승효과를 일으켜 급속도로 진행된다.

가난한 나라가 국토를 훼손하여 사막화할 때 부유한 나라는 사막을 옥토로 만들고 풍요로운 도시를 건설했다. 이스라엘, 사우디아라비아, 그리고 두바이 등과 같은 중동의 부국들이 대표적인 사례다. 바닷물을 담수화하고 물 순환을 개선하여 척박한 사막을 초목이 우거진 곳으로 만들었다. 미국은 이미 반세기 전에 수백 킬로미터의 물길을 만들고 먼 곳에서 물을 끌어와 사막 위에 로스앤젤레스와 라스베이거스와 같은 세계적인 풍요 도시를 건설했다.

빈부의 두 세계에서 벌어지는 이러한 일들은 가난과 부가 환경에 어떤 영향을 주는지 잘 보여준다. 지금까지 우리는 인간의 부유한 생활이 환경을 오염시키고, 자연을 파괴하며, 지구를 병들게 한다는 환경주의

자들의 주장을 자주 들어왔다. 사회가 부유해질수록 인구는 과잉 상태가 될 것이며 환경은 더욱 훼손되고 오염될 것이라는 주장이다. 환경을 지키기 위하여 자유민주주의와 시장경제를 파괴해야 한다는 사회생태주의 이념에 사로잡힌 자들이 주문처럼 외우던 주장이다. 지구를 살리기 위해 인구를 줄여야 하며 인간은 자연계의 암적인 존재일 뿐이라는 생태근본주의자들도 이러한 주장으로 부유한 삶을 증오해 왔다.

하지만 지금 세계 곳곳에서 나타나는 현상은 이들의 주장과는 정반대다. 부유한 삶은 오히려 사람들로 하여금 환경을 돌보게 만들었다. 사람들은 부유해질수록 자신의 건강, 환경의 쾌적함, 그리고 자연의 아름다움을 더욱 원하게 되었다. 또한 부가 증대될수록 환경을 보호하고 개선할 수 있는 경제적 수단이 마련되었다. 반면에 가난은 자연을 파괴하고 땅을 척박하게 만들고 있다. 고의적인 것이 아니라 살아남기 위해 어쩔 수 없는 선택으로 말이다. 동남아시아의 열대우림을 벌목하고 아마존의 원시림을 불태우는 주범도 결국 가난이다. 아프리카와 남아시아에서 하루 수천 명의 어린이들이 먹는 물로 인해 죽어가는 것도 가난 때문이다.

황사는 우리에게 가난이 환경의 최대 적이며 부강한 나라가 환경을 지킨다는 사실을 깨닫게 해준다. 지구촌 곳곳에서 가난을 몰아내는 것이 인류를 사랑하고 환경을 지키는 길이다.

05

우리의 현실과 가야 할 길

우리나라도 산업화를 경험하면서 환경과 경제의 대립, 환경주의와 환경운동의 출현, 그리고 환경과 경제의 상생 과정을 그대로 답습해 왔다. 차이가 있다면 선진산업국이 200여 년에 걸쳐 지나온 과정을 우리는 단 40~50년 만에 거쳤다는 것이다. 다행히 우리는 그들이 앞서 경험한 시행착오를 거울삼아 비교적 쉽게 환경과 경제가 상생하는 시대로 접어들었다.

유턴하는 환경

우리의 환경 또한 선진산업국과 마찬가지로 유턴 현상을 그대로 보여주고 있다. 그중에서도 가장 앞선 유턴을 보여준 것이 산림이다. 우리의 울창했던 산림은 일제 강점기에 들어와 파괴되기 시작했다. 해방이 되던 1945년 산림은 강점기가 시작된 1910년에 비해 70퍼센트 이상 감소된 것으로 추정하고 있다. 그 후 1950년에 일어난 6·25 전쟁은 우리의 산림을 더욱 철저하게 파괴했다. 기록에 따르면 1942년에 남한의 나무 총량은 6,500세제곱미터였지만 1952년에는 그 절반 정도인 3,600세제곱미터에 불과했다. 전쟁 직후 혼란기에는 다시 전국에서 도벌과 남벌이 횡행하면서 산림은 극도로 황폐해졌다. 여기에 주기적인 장마와 홍수는 표토층 유실을 가져와 전국의 산은 헐벗은 민둥산으로 남아 있었다.

우리의 산림을 다시 복원하기 시작한 것은 박정희 대통령이 산림녹화사업을 추진하면서부터다. 박 대통령은 산림법(1962년)을 제정하고 산림청(1967년)을 발족하는 등 산림 녹화의 기반을 다졌다. 제1차 경제개발계획을 추진하는 과정에서 일반 가정에서 석탄 사용이 가능해졌고 이는 나무의 땔감 사용을 막아주었다. 또한 자연보존협회(초기 명칭 한국 자연 및 자연자원보전 학술조사위원회, 1963년) 설립을 지원하여 우리나라 자연보전의 초석을 다지기 시작했다. 1973년에는 산림녹화 기본계획을 수립하여 보다 체계적인 식목 사업과 산림보호정책을 추진하기 시작했다. 그 후 지금까지 약 110억 그루의 나무를 심었다. 그 결과 〈그림 1-34〉에서 보는 바와 같이 우리의 산림은 급속히 회복되었다. FAO(유엔식량농업기구)는 우리나라를 독일, 영국, 뉴질랜드와 더불어 세계 4대 조림 성공국으로 평가하고 있다.

우리나라는 1960년대에 들어설 때만 해도 환경오염을 유발할 산업 기반 자체가 없었다. 당시 정부 재정지출의 절반은 외국의 무상원조에 의존하고 있었고 국민들은 절대빈곤에서 벗어나지 못하고 있었다. 생존을 위한 심각한 자연훼손은 일어나고 있었지만 산업으로 인한 환경오염 문제는 없었다. 하지만 1961년에 등장한 박정희 정부가 '기아와 빈곤으로부터 해방'이라는 기치 아래 강력한 산업화를 추진하면서 환경오염 문제가 발생하기 시작했다. 덕분에 1인당 국민소득은 1963년 80달러 수준에서 1972년 320달러가 되었고 1982년에는 1,892달러로 늘어났지만, 강물은 오염되고 산업단지 주변에서는 대기오염으로 인한 공해병이 발생하기도 했다. 1963년에 제정된 공해방지법은 아무런 효력을 발휘하지 못하다가 1967년에 와서 시행규칙

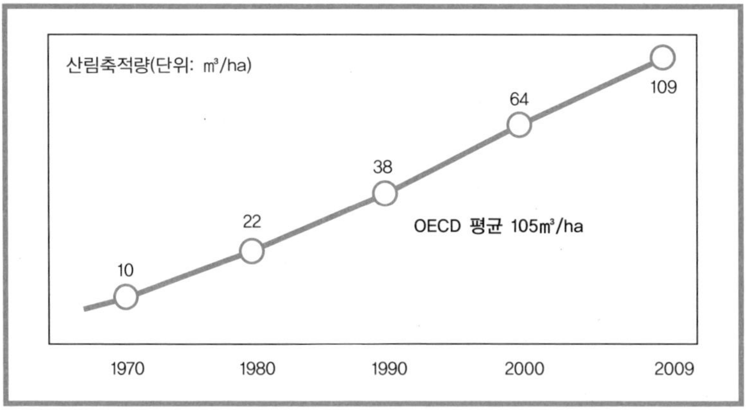

그림 1-34 1970년부터 2009년까지 우리나라 단위면적당 산림 축적 변화(김성일, 2011)

이 제정되고 보건사회부 환경위생과 공해계가 행정조직으로 설치됨으로써 미력하나마 역할을 하기 시작했다.

당시 기록된 수질 자료를 보면 한강의 서울 구간에서 1967년 BOD가 연평균 26.3mg/L에 달했고, 1971년에는 40.2mg/L까지 악화되었으며, 기형 물고기가 잡히기도 했다. 1974년 당시 중랑천 하류의 BOD는 374.9mg/L로 악취가 진동하고 있었다. 한강의 경우 1978년 중랑하수처리장 건설을 시작으로 지속적인 수질개선 대책이 이루어졌으며, 지금은 서울 구간에서 BOD는 3.0ppm 이하로 다시 맑아졌다.

대기의 경우 미세먼지, 아황산가스, 일산화탄소 등 대부분의 지표에서 지난 몇십 년 동안 꾸준히 개선되어 왔다(그림 1-35). 특히, 아황산가스 농도는 1977년 서울에서 당시의 대기환경기준(0.05ppm)을 훨씬 초과한 0.083ppm이었고, 이후 계속 악화되어 1979년에는 0.093ppm에 달했다. 하지만 1980년대와 1990년대를 지나면서 무연탄 사용이 줄어들고 자동차 저유황유 사용이 강화되어 크게 달라졌다. 최근에는 0.005ppm으로 30년 전에 비해 15분의 1 이하로 떨어졌다. 질소산화물과 오존은 그대로이거나 다소 증가하고 있다. 이것은 그동안 자동차가 급속히 증가했기 때문이다. 하지만 가까운 장래에 하이브리드나 전기자동차가 일반화되면 개선될 것으로 전망하고 있다.

그동안 경제가 성장하면서 교통량이 증가하고 활발한 산업 활동이 일어나 오염물질 발생량이 늘어났다. 여기에 인구도 증가하였고 급속한 도시화도 이루어졌다. 하지만 환경기초시설을 확충하고 보다 엄격한 법과 제도로 규제를 강화한 결과, 실제 자연계에 배출되는 오염물질량은 대부분 줄어들었다. 전체적으로 우리의 환경은 일부 미흡한 부분도 있지만 점점 좋아지고 있는 것만은 사실이다.

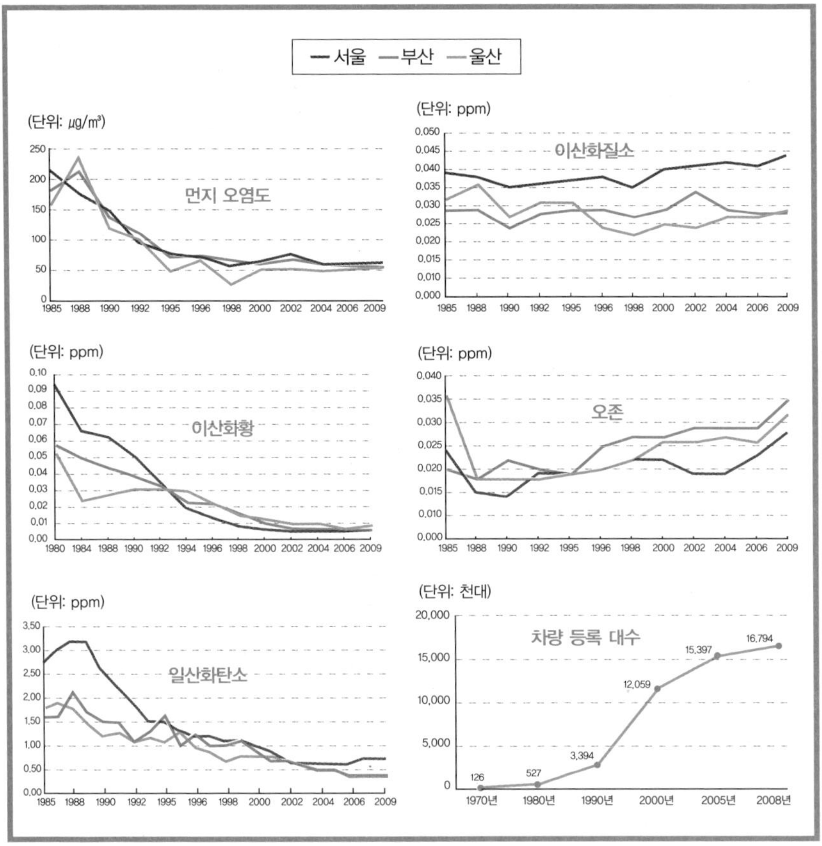

그림 1-35 주요 도시 대기질과 자동차 등록 대수 변화(환경부, 2010)

환경운동의 시작

우리의 환경운동은 지난 1970년대 초에 시작된 새마을 운동에서 효시를 찾을 수 있다. 당시 새마을 운동은 농촌 근대화와 소득 증대라는 기치 아래 주택 개량, 상하수도 보급 등과 같은 생활환경 개선사업과 더불어 산림녹화, 하천 정화, 마을 청소 등과 같은 지역 환경운동도 활발하게 추진했다. 1975년에는 우리나라 최초의 민간환경단체 한국환경보호연구회(1977년 한국환경보호협의회로 변경)가 만들어졌으며, 이 단체는 대한적십자사, 자연보존협회 등과 함께 대국민 홍보, 환경교육, 정책세미나 등과 같은 활동에 주력했다. 1976년에는 한국환경문제협의회라는 환경전문가 모임도 만들어져 국가 정책에 중요한 영향을 미쳤으며 일사회라는 명칭으로 변경되어 지금도 국가환경

그림 1-36 박정희 대통령의 식목사업과 자연보호 캠페인

그림 1-37 우리나라 최초의 민간 환경단체의 활동 기록

원로기구 역할을 하고 있다. 1977년에는 정부 주도로 자연보호협의회(현 자연보호중앙연맹)라는 전국 조직이 만들어져 식목사업과 산림보호 그리고 자연보호 활동 등을 하면서 1973년에 수립한 산림녹화 기본계획을 추진하기 위한 범국민운동을 전개했다. 이러한 노력에 힘입어 1977년에는 환경보전법이 제정되고 1978년에는 국립환경연구소(현 국립환경과학원)가 설립되었다. 그 여파로 1980년에는 우리나라 최초의 독립행정기구인 환경청이 설립되었고 헌법에 환경권이 명시되었다.

초기 환경운동과 정부의 노력은 당시 선진산업국의 환경 이슈가 중요한 역할을 했다. 유럽과 미국에서는 이미 1960년대부터 환경주의가 확산되기 시작했고, 이웃 나라 일본에서는 미나마타, 이타이이타이 등과 같은 환경 재난이 사회적 이슈가 되어 있었다. 특히 1972년에 개최된 유엔인간환경회의는 세계 각국에 환경의 중요성을 알리는 계기가 되었다. 우리 정부 대표단도 이 회의에 참석했고, 이후 정부, 언론, 전문가 등 각계각층에서 환경의 중요성을 국민들에게 알리기 시작했다. 같은 해 말 유엔총회에서는 세계 환경의 날이 제정되고 유엔환경계획(UNEP)이 설립됨으로써 환경은 세계적인 이슈로 부각되었다.

1980년 제5공화국 헌법에 환경권이 보장되면서 환경운동은 새로운 국면을 맞게 되었다. "모든 국민은 건강하고 쾌적한 환경에서 생활할 권리를 가지며 국가와 국민은 환경보전을 위하여 노력하여야 한다(헌법 제35조)"라는 환경권은 현재 우리나라 모든 환경법, 환경정책, 환경행정 등을 총괄하고 있다. 환경권은 '국가와 국민 모두에게 환경보전 의무'를 부여하는 동시에, 만약 국가가 국민에게 깨끗한 환경을 보장하지 못하거나 환경보전을 위해 노력하지 않을 경우 국민은 국가에 대해 청원권을 갖고, 행정소송이나 배상청구도 가능하다는 것을 의미한다. 헌법이 보다 강력한 환경운동을 할 수 있는 법적 근거를 마련해준 것이다.

또 다른 시대적 배경은 당시 제5공화국의 군사정권에 항거하는 민주화운동이 일어나고 있었다는 사실이다. 그리고 1978년에 우리나라 최초의 원자력발전소가 경남 고리에 세워지면서 반핵운동의 원인을 제공하게 되었다. 1979년에는 울산공단 주변에 어린이 피부병이 보고되었고, 1982년에는 온산공단에 원인을 알 수 없는 괴질병이 발생한 것도 환경운동의 시대적 배경이 되었다. 이러한 상황에서 민주화 세력은 반핵·반공해를 반정부·반산업 시민운동의 좋은 대상으로 본 것이다. 1982년에는 민주화 세력이 중심이 되어 반공해운동 단체가 결성되었다. 1987년 시민항쟁으로 직선제 개헌을 하면서 환경권이 보다 구체화되었고 민주화를 쟁취하게 되어 환경운동은 새로운 추진력을 얻게 되었다. 여기에 1991년 낙동강 페놀 사건과 1992년 브라질 리우에서 개최된 유엔환경개발회의는 환경운동의 좋은 계기가 되었다. 1990년대 이후 지금까지 수많은 환경단체들이 만들어져 전국 곳곳에서 활동하고 있다.

환경운동의 문제점

선진산업국에 비해 다소 늦게 시작된 우리의 환경운동은 지금까지 국민들에게 환경의 소중함을 알리고 이 땅을 오염과 파괴로부터 지켜내는 데 중요한 역할을 했다. 하지만 일부 과격한 단체들은 이상적인 환경주의와 오도된 환경논리로 국민들을 혼란에 빠뜨리고 국익을 손상시키고 있다. 특히 원자력 발전, 경부고속철도, 인천공항, 새만금, 대운하, 4대강 사업 등 주요 국책사업 반대에 몰두해 오고 있다(그림 1-38). 그뿐만 아니라 낙선운동이나 탄핵 반대와 같은 정치활동에 개입하고 무모한 주장과 법정 투쟁을 계속해 오고 있다.

그림 1-38 새만금 사업, 경부고속철도, 부안 핵폐기장 등은 철저히 반대했던 환경단체가 수도분할과 북한 핵 실험은 침묵했다(환경부 「환경 30년사」에서 일부 발췌).

지금까지 주요 환경단체들의 활동을 보면 이중적인 성향이 잘 나타나 있다. 지난 1980년대에 시작된 원전 건설 반대는 우리나라에서 환경을 이유로 한 국가 정책 반대운동의 시발점이었다. 그들은 원자력 발전이 이 땅에 참혹한 환경재앙을 가져올 것이라며 무조건 반대했다. 특히 1990년도 안면도 방폐장, 2003년도 부안 방폐장 건설 등에 대해 격렬한 반대와 억지 주장이 난무했다. 방폐장 건설로 기형아가 태어나고, 암에 걸리고, 농산물 가격이 폭락한다는 등 각종 핵 재앙 공포감을 조성했다. 하지만 북한의 핵실험, 핵무장에는 침묵으로 일관했다.

〈그림 1-39〉는 필자가 2006년 북한 핵실험 당시 침묵하고 있던 환경단체에 대해 조선일보의 요청으로 쓴 시론이다. 이 글은 다음과 같이 시작하고 있다.

> 한반도에 핵 재앙이 시작되었다. 2006년 10월 9일, 백두산이 흘러내린 개마고원의 끝자락, 함경북도 길주군 만탑산 부근 지하 갱도에서 핵실험이 감행되었다. 핵폭탄의 가공할 위력은 휴전선 이남에서도 지진파로 감지되었고 방사능 물질도 대기에서 검출되었다.
> 백두대간이 핵폭탄에 무너지는 엄청난 환경재앙이 일어났는데 우리의 환경단체 반응은 너무 예상 밖이다. 성명서 하나로 입장 표명하고 조용히 침묵에 들어가버렸다. 이 땅에 핵이라면 핵무기, 핵발전, 핵폐

A34 2006년 10월 26일 목요일 오피니언 제26698호 조선일보

■ 시 론 ■

핵 재앙에는 침묵하는 환경단체들

朴錫淳
이화여대 교수·환경공학

"
탄핵도 核으로 착각한듯
무조건 안 된다더니…
'권력'이 된 많은 단체들
다들 어디로 갔는지
"

한반도에 핵 재앙이 시작되었다. 2006년 10월 9일, 백두산이 흘러내린 개마고원의 끝자락, 함경북도 길주군 만탑산 부근 지하 갱도에서 핵실험이 감행되었다. 핵폭탄의 가공할 위력은 휴전선 이남에서도 지진파로 감지되었고 방사능 물질도 대기에서 검출되었다.

백두대간이 핵폭탄에 무너지는 엄청난 환경재앙이 일어났는데 우리 환경단체들의 반응은 너무 예상 밖이다. 성명서 하나로 입장 표명하고 조용히 침묵에 들어가 버렸다. 이 땅에 핵이라면 핵무기, 핵발전, 핵폐기물, 어느 것 하나도 무조건 안 된다고 외치고, 탄핵도 핵으로 착각하고 결사반대를 주장했던 우리의 환경단체가 정말 이상하다.

세계 핵확산 방지에는 퍼그워시회의(Pugwash), 핵확산방지국제물리학자모임(IPPNW), 그린피스(Green Peace) 등과 같은 비정부단체(NGO)가 지금까지 중요한 역할을 해 왔다. 이들은 핵 없는 지구를 만들기 위하여 강대국에 핵 포기를 촉구하고, 과학자들이 핵무기 개발에 참여하는 것을 금지하며, 핵물질 이동과 핵실험을 방해하는 등 다양한 활동을 벌이고 있다. 이들의 노력은 괄목할 만한 성과를 보여 노벨상 수상으로까지 이어지고 있다.

노벨평화상은 히로시마와 나가사키에 핵폭탄이 투하된 지 30주년이었던 지난 1975년부터 10년을 주기로 지구를 핵의 위협으로부터 구하려는 노력을 한 단체나 개인에게 주어지고 있다. 1975년에는 소련의 반핵·반체제운동가 안드레이 사하로프 박사, 1985년에는 핵확산방지국제물리학자모임, 1995년에는 퍼그워시회의에 노벨평화상이 주어졌다. 2005년에는 원자력이 군사적으로 오용되지 않도록 통제한 국제원자력기구(IAEA)와 모하메드 엘바라데이 사무총장이 공동 수상했다.

우리의 환경단체는 지난 1980년대에 태동하여 1990년대에 이르러 왕성한 활동을 전개하기 시작했다. 그리고 지금은 전국에 헤아릴 수 없을 만큼 많은 단체들이 만들어져 환경단체 천국이 되어 버렸다. 환경단체는 지금까지 국민들에게 환경의 소중함을 알리고 이 땅을 오염과 파괴로부터 지켜내는 데 중요한 역할을 했으며, 최근에는 남아시아 지역의 식수공급에 앞장서는 등 해외에까지 눈을 돌리고 있다.

그러나 한편으로는 낙선운동이나 탄핵 반대와 같은 정치활동에 개입하고 무모한 주장과 법정 투쟁으로 국민들로부터 외면당하고 있다. 특히 진행 중인 국책사업을 표류시켜 수조원의 국가 손실을 야기하였다. 천성산 터널공사 지연으로 2조5000억, 새만금 사업 7500억, 사패산 터널 5500억 등 각종 개발사업 논란으로 참여정부가 들어선 이후에만 4조1793억원의 손실을 본 것으로 나타나고 있다. 그래서 일부 국민들은 환경운동이 국가 발전에 방해가 된다는 생각까지 하게 되었다.

우리나라는 환경단체 숫자가 여기에 참여하는 총회원수보다 많다는 조소(嘲笑)도 오가고 있다. 참여정부에 들어서 환경단체는 청와대에서부터 환경부, 지방자치단체에 이르기까지 주요 직책을 점령하여 NGO의 본분인 정책 제안의 차원을 넘어 정책 결정과 집행까지 담당하게 되었다. 국민의 지지를 생명으로 정부를 비판해야 하는 것이 NGO의 생리인데, 우리의 환경단체는 국민의 원성과 정부의 지지로 살아가고 있다.

이제 환경단체는 새롭게 태어나야 한다. 무모한 투쟁에서 벗어나 대안 있는 비판과 채찍으로 우리의 금수강산을 지켜 나가는 데 앞장서야 한다. 정부가 주는 달콤함에 빠져 북한의 핵 재앙을 강 건너 불 보듯 하지 말고 한반도 비핵화에 앞장서야 한다. 그래서 2015년에 주어지는 노벨평화상은 우리의 환경단체가 받기를 바란다.

※외부 필자의 원고는 본지의 편집방향과 일치하지 않을 수도 있습니다.

그림 1-39 북한 핵 재앙에는 침묵하는 환경단체를 비판한 칼럼

기물, 어느 것 하나도 무조건 안 된다고 외치고, 탄핵도 핵으로 착각하고 결사반대를 주장했던 우리의 환경단체가 정말 이상하다. (이하 생략)

인천공항은 건설계획 발표 직후부터 개항 때까지 반대가 끊이지 않았다. 매립지에 건설한 활주로는 비행기 착륙 시 침하하고, 철새 이동경로이기 때문에 새와 비행기가 충돌할 위험이 있으며, 안개가 잦고 해일과 태풍에 무방비하다는 등 수많은 억측과 황당한 주장들이 학자적 양심이라는 이름으로 포장되어 국민을 혼란에 빠뜨렸다. 그러나 인천공항은 2001년 개항했지만 지금까지 아무런 문제가 없다. 오히려 반대론자들의 수요 예측 과다 산정 주장 때문에 활주로 하나로 출발했던 것을 당초 계획대로 하나 더 보강해야 했다. 인천공항은 2005년부터 지금까지 10년 연속 '공항 분야 노벨상'이라는 세계 공항 서비스 평가 1위를 차지했다.

경부고속철도 또한 천성산 터널 공사 반대로 네 차례에 걸쳐 총 484일간이나 공사가 중단됐다. 고산 습지에 사는 도롱뇽을 살리기 위한 단식투쟁 때문이었다. 공사가 중단될 때마다 환경영향조사가 실시됐다. 총 네 번의 조사가 이루어졌고 모든 조사에서 고산 습지는 터널 건설에 아무런 영향을 받지 않는다는 결론을 내렸다. 하지만 반대론자들은 승복하지 않았다. 결국 공사 지연과 반복된 조사로 국가 예산만 낭비한 채 터널은 뚫렸고, 2009년 11월 KTX가 부산까지 개통되었다. 공사 재개 이후 지금까지 몇 년이 흘렀지만 아무런 이상이 발견

22 사회　　2010년 10월 18일 월요일 중앙일보

중앙SUNDAY 기획취재 - 습지 말라 도롱뇽 다 죽는다던 천성산 가보니

"올 봄 천성산 웅덩이엔 도롱뇽·알 천지였습니다"

"공사 후 매년 도롱뇽 발견 올 봄에도 여기 저기에 알"

지율 등 반대로 6개월간 공사 못해
끈끈이주걱 자라고 가재도 번식
걱정한 습지 아직 괜찮다는 증거
"양서·파충류는 진동에 아주 민감
다음 달 KTX 개통 후 확인해봐야"

그림 1-40　천성산 습지에 도롱뇽과 알 천지였다는 내용의 기사

되지 않고 있다. 2010년 봄에는 천성산 고산 습지에 도롱뇽과 알 천지였다는 학술조사 결과가 발표되었고, 2011년 봄에도 다시 한 번 확인되었다(그림 1-40).

1991년에 착공한 새만금 사업은 방조제 공사가 60퍼센트나 완공된 상태에서 환경단체의 반대로 1999년 중단되었다. 2년간의 재검토를 마친 후 사업을 재개했지만 환경단체의 제소로 시작된 법정 공방이 4년 7개월이나 계속되었고 결국에는 대법원 대법정까지 가게 되었다. 이는 공사 지연, 국고 낭비, 국론 분열 등 엄청난 국가적 손실만 가져왔다. 지금 새만금 사업은 원대한 비전을 꿈꾸며 별 탈 없이 진행되고 있다.

공교롭게도 인천공항, 경부고속철도, 그리고 새만금 사업 모두 노태우 정부가 시작한 국책사업이다. 노태우 정부가 시작한 사업은 그토록 철저히 반대하던 환경단체가 김대중 정부가 대선 공약으로 내건 그린벨트 해제를 추진할 때에는 방관만 했다. 도시공간의 산소탱크라 불리면서 30년 가까이 개발을 제한한 그린벨트를 지역에 따라 전면 또는 부분 해제를 해도 환경단체는 아무 말이 없었다. 환경보호라는 잣대를 사안마다 달리 들이대는 것이다.

중앙대 이상돈 교수는 저서 『비판적 환경주의자』(2006)에서 우리나라 환경운동을 다음과 같이 비판하고 있다.

> 우리나라의 환경운동은 정치운동과 별다를 것이 없었다. 1997년 대선을 앞두고 김대중 후보가 그린벨트를 해제하겠다고 공약을 내걸었지만 그를 비판한 환경단체는 없었다. 환경운동단체는 김대중 정부에서 환경정책의 핵심부에 자리를 잡고 들어섰다. (중략) 노무현 정권에 들어서서는 황당한 사건이 줄을 이었다. 노무현 씨는 대통령 후보시절에 자기가 당선되면 경부고속철 천성산 터널공사와 서울시 외곽순환도로 사패산 터널을 없던 일로 하겠다고 공약했었다. 하지만 이것은 터무니없는 포퓰리즘 공약이었음이 곧 드러나고 말았다. (중략) 더구나 몇몇 환경단체는 낙선운동이란 불법행위에 앞장섰고, 어느 환경단체의 대표는 성추행 미수혐의로 형사처벌을 받는 일도 발생했다. 환경부 장관이 환경운동단체가 벌인 시위에 플래카드를 들고 앞장서는 괴이

한 일마저 벌어졌다. (중략) 우리나라의 환경운동은 대안 없이 반대나 하고, 좌파정권에 동조하는 운동으로 인식된 것이다. 정권이 '환경 코드' 를 이용하더니 환경이 '정권 코드'를 뒤집어쓴 형상이다. 환경운동이 '노무현 코드'를 씻어버리지 않는 한 국민의 신뢰와 관심을 회복하기는 어려울 것이다.

그뿐만 아니라 노무현 정부에서 행정중심복합도시, 혁신도시, 기업도시 개발로 전국의 산과 들을 불도저로 밀어낼 때도 일언반구도 없었다. 대상 지역이 보호해야 할 생물 종이 살아가는 생태계 보고라

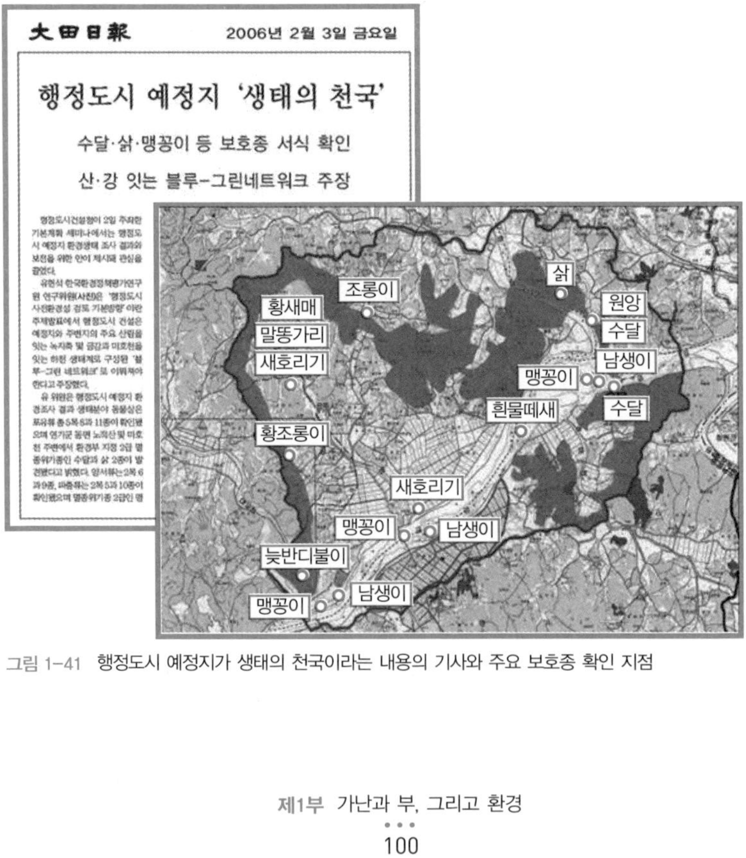

그림 1-41 행정도시 예정지가 생태의 천국이라는 내용의 기사와 주요 보호종 확인 지점

는 조사 보고가 있어도 침묵으로 일관했다(그림 1-41). 실제로 지난 노무현 정부 때 지역 균형 발전이라는 미명 아래 엄청난 개발사업이 전국에서 벌어졌고 99조 원이나 되는 국고가 토지보상비로 지불되었다. 그리고 이 토지보상비는 눈덩이처럼 불어나 지금의 토지주택공사(LH)의 113조 부채의 큰 부분을 차지하게 되었다(그림 1-42).

전국의 산과 들을 아스팔트와 콘크리트로 덮는 노무현 정부의 도시 개발에는 침묵하던 환경단체들이 이명박 정부의 대운하 계획은 철저히 반대했다. 대운하 계획은 도로 건설로 인한 환경 파괴를 막고 에너지 절약형 국토를 만들며 수자원 확보, 수질 개선 등 여러 가지 환경적 효과를 가지고 있다. 하지만 환경단체들은 환경적 효과에는 귀를 막고 무조건 환경 파괴라고 단정했다.

〈그림 1-43〉은 1992년 독일에서 완공된 라인·마인·도나우(RMD) 운하가 만들어지기 전과 후를 비교한 것과 우리나라 고속도로 건설

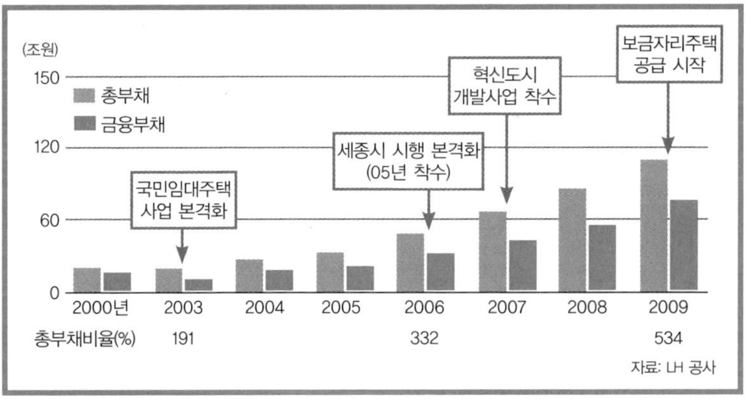

그림 1-42 LH 공사 부채 증가 추이

전후를 보여주는 것이다. 이를 보면 무엇이 환경 파괴인지 쉽게 알 수 있다. 강은 파고 산은 자르지 말아야 하는 것이 국토 환경관리의 기본 상식인데, 우리의 환경단체는 반대되는 주장을 했다. 결국 대운하 계획은 미국 쇠고기 촛불 난동과 더불어 소탐대실(소고기를 탐하다 대운하를 잃다)이라는 명언을 남기고 사라졌다.

대운하 계획은 축소 변경되어 4대강 사업으로 갔다. 하지만 환경단체들은 이 또한 철저히 반대했다. 결국 법정까지 갔지만 판결에서 모두 패소했다. 환경단체의 주장이 과학적 근거가 없다는 것이 밝혀졌다. 그들은 정작 환경단체가 반대해야 할 그린벨트 해제와 수도분

그림 1-43 무엇이 환경 파괴인가? 독일의 RMD운하 건설 전과 후(상), 우리나라 고속도로 건설 전과 후(하)

할에는 침묵으로 일관하고 반대할 이유가 없는 4대강 사업은 무조건 환경 파괴라고 주장했다. 실제로 4대강 사업은 인천공항이나 새만금 등과 같은 국토개발 사업이 아닌 기후변화를 대비한 환경 개선 사업이었지만 일부 환경단체들은 다른 주장을 들고 나왔다.

2011년 장마에는 마치 하늘이 4대강 사업의 진실 공방을 판가름하려는 듯 엄청난 폭우가 내렸다. 6월 22일부터 7월 16일까지 전국 평균 642밀리미터의 강우량을 기록했다. 이는 예년 수준의 2.5배에 달하는 것이며 시간당 30밀리미터 이상의 강우는 예년의 3.5배에 달한다. 그런데 4대강 사업 전과 비교해 4대강 본류의 수위는 2~4미터가량 낮아졌다. 본류와 연결되는 지류의 수위도 1미터 정도 내려갔다. 피해액도 과거 엄청난 폭우가 내린 1998년과 2006년의 장마에 비하면 평균 10분의 1에 지나지 않았다. 환경단체와 반대 교수들이 주장했던 홍수 피해가 커질 것이라는 예측은 완전히 빗나간 것이다.

지난 2002년에는 서울 청계천 복원에 대해서도 교통 대란, 쓰레기 대란, 먼지 대란의 3대 대란이 일어날 것이라며 반대했지만, 대란(大亂)은커녕 소란(騷亂)도 없이 마무리되었다. 청계천은 서울의 명소가 되어 2005년 완공 후 만 5년 만에 1억 명이 넘는 방문객이 다녀갔고, 세계적인 환경복원 사례로 알려져 해외에서도 벤치마킹하기 위해 찾아오고 있다. 당시 반대했던 교수는 지금도 복원된 청계천은 시멘트 통에 불과하다고 주장하고 있지만 이 말에 동의하는 사람은 별로 없는 것 같다.

그 외에도 한탄강댐, 사패산 터널 등 주요 국책사업마다 환경단체

전국 주요 수계별 강우량 및 피해액

기간		한강	낙동강	금강	영산강
2011년 6월 22일~7월 3일	강우량	427~617mm	130~574mm	208~441mm	129~175mm
	피해액	42억 원	5억 원	5억 원	1억 원
2004년 6월 19일~21일	강우량	80~334mm	143~285mm	107~333mm	92~160mm
	피해액	1064억 원	316억 원	498억 원	18억 원
1999년 7월 23일~8월 4일	강우량	311~634mm	95~409mm	108~301mm	145~183mm
	피해액	3825억 원	797억 원	298억 원	414억 원

강우량은 각 측정소의 최소치와 최대치.

자료: 소방방재청

그림 1-44 4대강 사업의 치수 효과(4대강 사업 전과 후 수계별 강우량과 피해액). 2011년에는 피해액이 크게 줄었다.

는 반대했다. 지난 2011년 9월 환경정보평가원은 국책사업을 반대한 환경단체의 주장에 대해 처음으로 검증을 하여 그 결과를 발표했다. 〈표 1-1〉에 기술한 바와 대부분의 사업에서 환경단체가 주장한 내용은 과학적인 근거가 없었으며 사업 후에도 나타나지 않았다.

우리가 가야 할 길

가난에서 벗어나 부로 가는 여정에는 필연적으로 환경오염과 훼손이 뒤따른다. 지난 20세기 세계 환경사를 되돌아보면 유럽, 미국, 일본 등도 산업화 과정을 거치면서 오랜 기간 심각한 환경문제와 수많은 환경 재난을 경험

표 1-1 주요 국책사업에 대한 환경단체의 반대 사유와 결과(환경정보평가원, 2011)

주요사안	환경단체 반대 이유 및 주장	결과
천성산 터널	늪지 파괴	보호 가치 있는 늪지로 유지
	도롱뇽 서식지 파괴	동물 변화 조사 결과 대체로 유사
	지하수 유출로 고갈	지하수 유출 가능성 없음
	고속철도 소음으로 수행에 지장	사람이 느끼지 못할 정도임
인천공항	지반 침하될 것	지반 침하 없음
	철새 점차 사라질 것	공사 직후 감소했다 다시 정상화됨
	희귀 철새 사라질 것	희귀 철새 오고 있음
	철새 때문에 공항 부적합	해외 공항에 비해 매우 낮은 수준
	기상 문제로 공항 부적합	국제선 결항률 우리나라 평균보다 낮음
	공사로 인해 공항 주변 해양 오염될 것	의미 있는 변화 없음
새만금	수질 오염될 것	현재 양호, 수질 확보 후 해수 차단
	방조제 외측 새로운 갯벌은 없음	방조제 외측 새로운 갯벌 형성됨
	새 갯벌 생겨도 죽은 갯벌	새 갯벌에 생물 종과 개체수 증가
	방조제 완공되면 어족자원 감소	우점종의 변화 진행
	환경이 파괴됨	해수생태에서 담수생태로 변화 중
	지역경제 죽음	방조제로 관광객 증가, 소득 증대
양양 양수댐	연어가 사라짐	연어 회유율 증가
	육상 생태계 파괴됨	육상 식생 변화 없음
	수상 생태계 파괴됨	수상 생태계 변화 없음, 청정 하천
	남대천이 오염됨	지속적으로 1급수 유지됨
	송이가 사라짐	송이 생산량 증가
한탄강댐	수몰로 생태계 파괴	연중 15일 이내 수몰로 생태계 파괴 없음
	농작물 피해 생김	농작물 피해 사례 없음, 담수 안 함
부안 방폐장	방폐장으로 지역경제 망함	외국의 경우 지역경제 활성화
	1차산업 망함	영광 원전 있어도 친환경쌀 품평회 1위 선정
	지역경제 붕괴와 관광객 감소	해외 폐기장과 연계한 관광코스 개발
사패산 터널	지하수 유출	지하수 유출 없음
	주변지역 대기오염 증가	대기오염 기준치 이하 유지
	희귀 생태계 파괴	의미 있는 변화 없음

했다. 그뿐만 아니라 도시가 건설되고 댐, 도로, 철도, 항만 등과 같은 사회기반시설이 만들어지면서 자연은 훼손되었다. 그렇다고 가난에 남겨진 국가들도 환경문제가 없는 것이 아니다. 열악한 생활환경과 환경성 질환으로 고통당하고 생존을 위한 환경 파괴가 일어나고 있다. 산림파괴, 사막화, 생물 멸종 등 지구 생태계를 위기로 몰아가는 일들이 가난한 나라에서 일어나고 있다. 지구의 자연을 가장 심각하게 파괴하는 것은 잘살기 위한 개발이 아니라 생존의 도탄에 빠진 빈곤과 전쟁이라는 사실이 지구촌 곳곳에서 입증되고 있다.

결론적으로 말하면, 가난과 부 그 어느 하나도 환경문제로부터 자유로운 것은 없다. 그렇다면 우리의 선택은 무엇인가? 답은 부유한 사회, 부강한 나라로 가야 한다는 것이다. 그 과정에서 발생하는 환경문제는 과학과 기술, 법과 제도 등으로 최소화하는 것이다. 그리고 가난한 나라를 도와야 한다. 그들도 가난에서 벗어나 부유한 사회로 갈 수 있도록 선진 산업사회에서 앞서 얻은 경험과 노하우를 전수해야 한다. 또한 그들에게 환경 개선을 동반한 경제성장이야말로 진정한 삶의 질 향상으로 이어진다는 것도 주지시켜야 한다. 같은 사회, 같은 국가 내에서도 가난하고 소외된 자가 없도록 나눔을 실천하고 돌봐야 한다. 모든 인류는 누구나 잘살고 싶은 욕망이 있고 잘살아야 할 권리가 있다.

다행히 우리나라는 지난 반세기 동안 산업화와 민주화 과정을 거치면서 비교적 빨리 환경과 경제, 상생의 시대를 맞이하게 되었다. 우리의 생활환경도 점점 좋아지고 있으며 자연도 다시 맑고 푸르게 변해가고 있다. 또한 국제 환경협약에 적극 동참하고 있으며, 최근에는 저탄소 녹색성장을 국가 비전으로 내세우면서 지구촌 그린 리더를 자임하고 나섰다. 하지만 우리의 일부 환경단체들은 아직도 생태근본주의와 사회생태주의에 집착하고 이상적인 환경주의에 도취되어 이율배반적이고 과격한 국책사업 반대운동을 계속하고 있다.

물론 환경운동이 국민들에게 환경의 소중함을 알리기에 매우 효과적인 방법인 것은 사실이다. 그뿐만 아니라 시민이 정부 정책에 적극 참여하는 건강한 사회를 만들기 위해서 반드시 필요하다. 하지만 우리의 환경운동은 이제 새로운 방향을 모색해야 한다. '개발은 악, 환경은 선'이라는 구시대적 환경이념에 사로잡혀 국책사업 반대에만 몰두할 것이 아니라, 현실을 직시하고 시대적 요구에 부응해야 한다.

이 책에서 거듭 강조하고 있듯이 '지구의 진짜 환경 위기는 가난'이다. 부강한 나라가 보다 엄격한 법과 제도로 자연을 보호하고 건강한 생태계를 유지하며 쾌적한 생활환경을 영위하고 있다. 반면에 가난한 나라는 열악한 생활환경으로 수많은 생명이 희생당하고, 생존을 위한 생태계 파괴가 계속되고 있다. 가난뿐만 아니다. 기후변화, 에너지 위기, 한반도 비핵화 등도 지금 우리가 직면한 중요한 환경 이슈다. 이제 우리의 환경운동은 여기에 초점을 맞추어야 한다. 저탄소·자원순환 사회로 가는 녹색문명을 보급하고 가난하고 소외된 자가 없는 부강한 환경선진국으로 가는 '부국환경운동'이야말로 이 시대 우리에게 주어진 사명이다.

중국 환경 개선에 우리가 나서야 하는 이유

중국에서 발생한 스모그가 편서풍을 타고 한반도를 자주 엄습하고 있다. 스모그에는 고농도의 미세먼지뿐만 아니라 납, 카드뮴, 비소 등과 같은 맹독성 중금속이 함유되어 우리 국민의 건강피해가 우려된다.

우리가 당하는 피해도 문제지만 중국 내부의 환경오염은 매우 심각한 수준이다. 중국은 현재 도시 인구의 3분의 1이 오염된 공기를 마시고 있고, 그 결과 폐암이 사망 원인 1위다. 특히 베이징에서는 치명적인 암 발생의 70~80%가 환경오염과 관련된 것으로 추산하고 있다. 또한 전 국토의 3분의 1에 산성비가 내리는 것으로 보고되고 있다.

유엔환경계획(UNEP)은 세계 10대 대기오염도시로 인도의 라즈코트를 제외한 나머지 9곳 모두 란저우(蘭州), 충칭(重慶), 타이위안(太原) 등과 같은 중국의 대도시라고 지적했다. 대기오염이 심한 이유는 에너지의 80%를 석탄 화력발전에서 얻기 때문이다. 중국은 현재 세계 최대 석탄 생산국이자 소비국으로 전 세계 유통량의 3분의 1을 점하고 있다.

수질오염 또한 심각하다. 중국의 주요 7대 강에 흐르는 물의 절반이 공업용수로도 쓸 수 없다. 도시의 3분의 1이 하수를 처리하지 않고 강으로 보내기 때문이다. 현재 인구의 4분의 1이 깨끗한 식수를 구할 수 없고, 도시에서 발생하는 쓰레기 중에서 위생매립이나 소각되는 것은

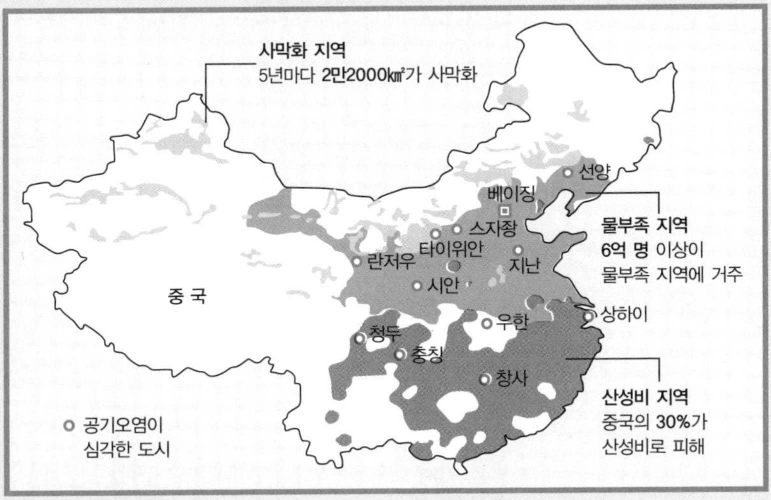

그림 1-45 중국의 환경문제

채 20%도 되지 않는다.

미국, 유럽, 일본 등과 같은 선진국도 산업화 초기에는 이러한 과정을 거쳤다. 강과 호수에서 악취가 풍기고 거리에는 쓰레기가 넘쳐났다. 대기오염으로 일시에 수천 명이 사망하는 런던스모그 사건(1952년)과 같은 환경 재난도 발생했다. 하지만 지금 선진국의 공기는 다시 맑아졌고 강과 호수도 한결 깨끗해졌다. 생활환경 또한 개도국과는 비교가 안 될 만큼 건강하고 쾌적해졌다.

산업화 초기에 악화되었던 환경이 다시 회복되는 과정을 환경의 유턴 현상이라 부른다. 우리나라를 비롯한 많은 나라가 산업화 과정에서 이를 경험하고 있다. 유턴의 원동력은 환경과학과 기술의 발달, 환경 개선에 투자할 수 있는 경제력 향상 등에서 찾아볼 수 있다. 대부분의 선진국에서는 비교적 짧은 기간에 유턴이 이루어졌지만, 중국의 경우는 상당한 시간이 지났으나 아직 조짐조차 보이지 않고 있다.

중국은 현재 환경오염으로 인해 국가총생산의 8~15%가 손실되는 것으로 추산하고 있다. 여기에는 국민의 건강이나 고통 비용은 포함되지 않았다. 환경손실을 모두 따지면 지금의 경제성장은 한참 마이너스라는 결론이다. 하지만 환경 개선을 위한 노력은 경제성장의 뒷전에 밀려 있다.

세계 환경전문가들은 중국의 이러한 환경 현실을 정치적 이유에서 찾고 있다. 자유민주주의가 정착되지 않았기 때문이라는 것이다. 자유민주주의는 환경의 수혜자이자 피해자인 국민이 자유롭게 권리를 주장할 수 있고 선거로 민의를 전달할 수 있기 때문에 강력한 환경정책이 가능하다. 특히 자유민주주의는 모든 국민이 건강하고 쾌적한 환경에서 생활할 수 있는 환경권 보장을 국가정책에서 최우선한다. 그래서 자유민주주의 체제하에서는 자국이 스스로 환경 유턴을 찾아간다.

하지만 중국의 정치 현실은 이와 다르다. 지금으로서는 세계 각국이 외교적 노력을 통해 환경 개선을 촉구하는 것이 최선의 방법이다. 특히 이웃하고 있는 우리의 역할이 매우 중요하다. 지난 2006년 4월초 우리가 심각한 황사 피해를 당하고 있을 당시, 베이징을 방문하여 환경 개선을 촉구한 자는 다름 아닌 미연방환경보호청(USEPA) 스티브 존슨 청장이었다. 중국에서 날아온 수은과 다이옥신 같은 오염물질이 미국에 피해를 준다는 이유다. 우리도 참아주고 침묵할 것이 아니라 문제를 삼고 개선을 촉구해야 한다. 이것이 이웃 나라를 돕고 환경을 지키는 길이다.

제 2 부

부국환경의 길 I
저탄소 녹색성장

Low Carbon Green Growth

방탕의 문명을 끝내고
저탄소 · 자원순환 사회로 가자

06

저탄소 시대의 도래

지구는 약 46억 년 전에 태양계의 다른 별들처럼 생명체가 살 수 없는 행성으로 탄생했다. 약 38억 년 전에는 생명체가 처음 나타났고, 그 후 지구는 점점 생명체가 살기 좋은 곳으로 변해갔다. 그래서 수많은 생명체가 지구에 나타났고, 이들은 오랜 기간 지구를 자신들이 살기에 좋은 곳으로 만들어왔다. 지금부터 약 50만 년 전에는 현생 인류가 수많은 생물 종 중에서 가장 우수한 종으로 지구에 출현했다.

찰나의 순간에 엄청난 변화

46억 년에 해당하는 지구의 나이를 우리가 쉽게 인지할 수 있는 1년으로 축소하고 1월 1일 0시 정각을 지구 탄생 기점으로 생각하면 2월 27일경에 생명이 처음 출현하였고 12월 31일 23시 2분경에 인류가 나타난 것이 된다. 서기 2천 년이라는 세월은 1년 중 14초, 지난 20세기는 0.7초에 조금 못 미치는 시간이 된다(그림 2-1).

지난 20세기는 이처럼 길고 긴 지구 역사와 비교하면 한낱 찰나에 불과하지만, 거의 마지막에 출현한 인류에 의해 지구에는 엄청난 일이 일어났다. 세계 인구가 15억에서 60억으로 4배 증가하였고 경작 면적이 5배, 에너지 사용이 16배, 이산화탄소 배출량이 13배, 물 사용량이 9배, 어획량이 40배, 산업생산량이 40배 증가하는 등 지구에는

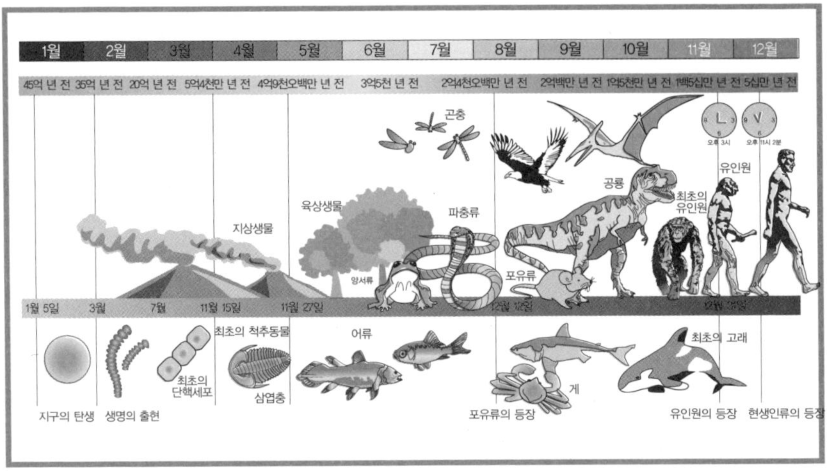

그림 2-1 지구 역사와 인류의 출현

지금까지 없었던 급격한 변화가 일어났다.

미국 조지타운 대학교 존 맥닐(John R. McNeill) 교수는 20세기 환경의 역사서를 출간하면서 "태양 아래 새로운 것이 있다(Something New under the Sun)"라는 제목을 달았다. 이것은 구약성경 전도서에 나오는 "태양 아래 새로운 것은 없다(Nothing New under the Sun)"라는 구절을 빗댄 말이다. 다시 말하면 구약성경이 틀렸음을 말하는 것이다. 구약성경은 "지구에서는 항상 같은 일이 반복되어 일어나고 특별히 새로운 것은 없다"라고 기록하고 있다. 하지만 20세기에 이르러 드디어 과거에는 없었던 새롭고 엄청난 일이 일어났다는 것이다. 이 책은 지난 20세기에 지구에서 일어난 그 새롭고 엄청난 환경 변화를 기록하고 있다.

20세기 지구에서 일어난 변화 뒤에는 산업혁명과 과학기술의 발달이 있었다. 산업혁명은 1765년 영국에서 제임스 와트가 스팀엔진을 발명하고 석탄이 새로운 에너지원으로 사용되면서 시작되었다. 수십만 년 동안 계속되어 오던 가축과 사람의 힘에 기계 동력이 가세했고 그동안 주 에너지원이었던 나무를 석탄이 대체해나가기 시작했다. 스팀엔진 시대(The Age of Steam)라 불리는 이 시기 동안 인류는 석탄과 기계 동력에 힘입어 노동생산성, 생활방식, 교통 등에서 큰 변화를 가져왔다. 지금도 에너지 단위를 와트로 사용하는 것은 스팀엔진을 발명한 제임스 와트가 인류 문명에 기여한 바가 너무나 컸기 때문이다.

그림 2-2 제임스 와트(좌), 니콜라우스 오토(중), 그리고 니콜라 테슬라(우)

그리고 1861년 독일에서 니콜라우스 오토(Nikolaus Otto)가 내연기관을 발명하면서 석유시대(The Age of Oil)가 시작됐다. 곧이어 미국에서 전기가 실용화되면서 인류는 역사상 유례없는 과학과 기술의 발전을 이룩하게 되었다. 토머스 에디슨(Thomas Edison)은 1879년 백열등을 발명하여 에너지를 빛으로 바꿀 수 있게 해주었고, 에디슨의 실험실 조수 역할을 했던 니콜라 테슬라(Nikola Tesla)는 1894년 교류 전기를 발명하여 에너지를 전선을 통해 먼 곳까지 보낼 수 있게 한 것이다. 특히 교류 전기로 가능해진 에너지 공간이동은 도시화를 촉진했다. 도시에 살면서 먼 곳에서 수력, 화력, 원자력 등으로 만들어진 에너지를 무한정 사용할 수 있게 된 것이다.

20세기에 와서 과학기술은 더욱 빠르게 발전하였고, 이로 인해 인류의 삶은 크게 달라졌다. 각종 석유화학 제품, 의약품, 자동차와 비행기 등 생활용품에서부터 의료, 교통에 이르기까지 과거에는 상상조차 할 수 없었던 변화가 일어났다. 그 변화는 급격한 에너지 사용 증가를 가져왔고, 특히 화석연료 사용 증가는 지구 대기에 오존, 이산

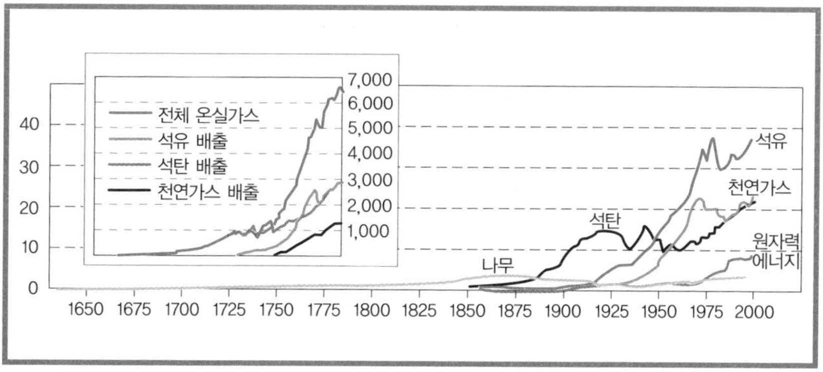

그림 2-3 인류의 에너지 사용과 온실가스 배출 추이

화질소, 광화학스모그, 미세먼지 등과 같은 오염물질과 온실가스 증가로 이어졌다(그림 2-3). 그리고 늘어난 온실가스는 대류권에 떠돌며 기후변화를 야기한다는 주장이 오랜 기간 제기되어왔으며, 유엔이 대책 마련에 나서고 있다.

이제 화석연료는 지속 가능한 에너지가 아니며, 보다 적극적인 기후변화 대책이 요구되는 시대가 도래한 것이다. 이 시대 인류에게 주어진 사명은 지금까지 사용해 온 화석연료를 버리고 저탄소 에너지원을 찾아야 하며 기후변화로 인한 재해를 막아야 한다는 것이다. 그래서 이 시대를 에너지 기후 시대(The Energy Climate Age) 또는 저탄소 시대(The Low Carbon Age)라고 부르기도 한다.

기후변화와 자연재해

기후변화가 세계적인 환경 이슈로 처음 등장한 것은 1988년경이다. 이때 유엔환경계획(UNEP)과 세계기상기구(WMO)가 '기후변화에 관한 정부 간 패널(IPCC)'을 설립하고 본격적인 연구를 시작했다. 연구 결과는 1992년 유엔기후변화협약 체결, 1997년 교토의정서 채택, 그리고 지난 2009년 코펜하겐 기후총회 등으로 이어지고 있다.

지금까지 밝혀진 주요 내용은 지난 100년간 지구 평균온도는 약 0.74℃ 증가하였다는 사실이다. 또한 증가 속도는 인간의 화석연료 사용 증가와 밀접한 관계를 가지고 있고, 지난 몇 십 년간 점점 가속화되고 있으며, 같은 시기에 세계 기상수문재해가 급속히 증가하고 있다. 〈그림 2-4〉는 지구 평균온도와 세계 자연재해 발생 변화를 보여주는 것으로, 온난화와 더불어 기상수문재해가 최근 급속히 증가하

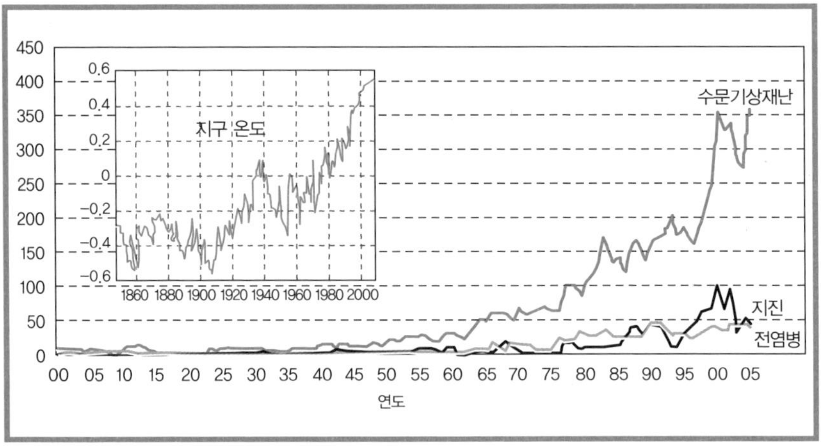

그림 2-4 지구 평균온도와 세계 자연재해 발생 변화

고 있음을 알 수 있다. 기상수문재해의 증가는 전염병이나 지진에 비해 월등한 차이를 보이고 있다.

IPCC는 지난 2007년 지구 기후의 미래에 대해 매우 충격적인 예측 결과를 내놓고 있다. 금세기 말에는 지구 평균온도가 최대 6.4℃까지 올라가고, 북극의 빙하가 완전히 녹아 해수면도 최대 59센티미터까지 상승할 수 있을 것으로 전망했다. 이 경우 지구의 주요 동식물 대부분이 멸종 위기에 처할 뿐만 아니라 물 부족 심화, 해충 창궐, 전염병 확산, 폭염, 가뭄, 태풍, 홍수, 기아 등이 인류 생존을 위협하게 된다는 것이다. 하지만 IPCC의 이러한 예측은 이후 발생한 기후게이트(Climate-gate) 사건과 학계에서 밝혀진 오류 등으로 과학적 신뢰에 심한 손상을 입었으며, 많은 내용이 과학적 수준을 넘어 정치적으로 과장되었다는 반론도 제기되고 있다(14장 참고).

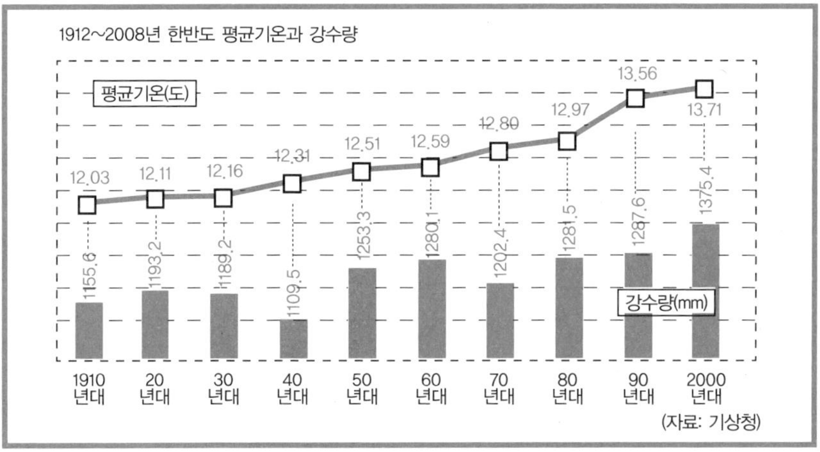

그림 2-5 한반도의 기후변화

국내 전문기관들은 한반도의 기후변화가 지구 평균보다 더욱 심각하다는 연구결과를 내놓고 있다. 지난 100년간 우리 국토의 평균온도 증가율은 지구 평균의 2배가 넘는 1.5℃에 달하며, 강우량이 27퍼센트나 증가한 것으로 분석했다(그림 2-5). 그리고 여름철 집중호우와 열대야 일수가 증가하고 있으며 태풍 또한 점점 강해지는 것으로 나타나고 있다. 미래 예측 결과를 보면 강우량은 향후 100년간 약 20퍼센트 증가할 것이나, 늘어나는 강우량이 8월과 9월에 쏠림 현상을 보여 가뭄과 홍수는 더욱 심화될 것으로 예측하고 있다. 또한 기온상승으로 인해 금세기 말에는 소나무, 전나무, 밤나무 등이 고사할 뿐만 아니라 한반도에 현존하는 모든 산림 생물이 멸종 위기에 처할 것으로 경고하고 있다.

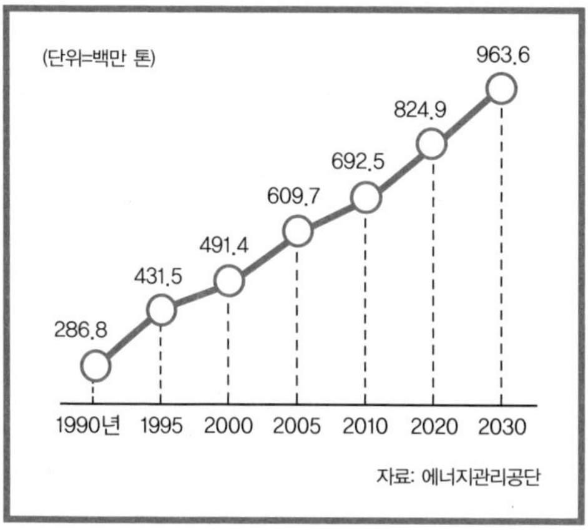

그림 2-6 우리나라 온실가스 배출량 추이 및 전망

에너지 위기

에너지 위기는 세계 어느 곳보다 우리나라에 더욱 절박하다. 우리나라는 2009년 기준으로 세계 9위의 에너지소비국이다. 총 에너지의 97퍼센트를 수입에 의존하고 있고 에너지 수입액이 국가 전체 수입액의 4분의 1 이상을 차지하고 있다. 그래서 우리 경제는 국제 유가에 매우 민감하게 반응한다. 국제 유가가 10퍼센트 상승할 때 우리의 물가는 0.23퍼센트 상승하고 GDP는 0.35퍼센트 감소하는 것으로 나타나고 있다.

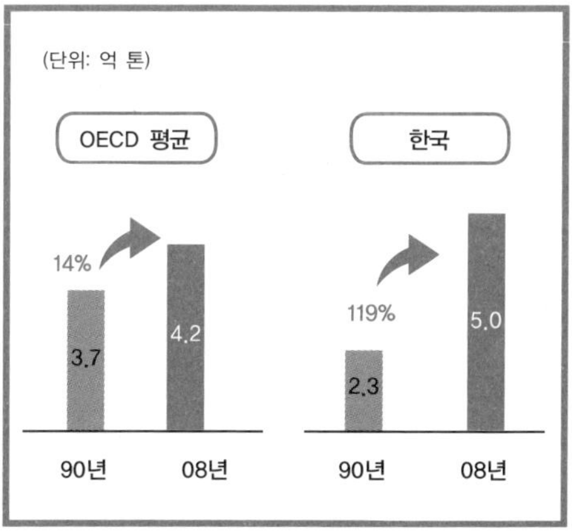

그림 2-7 OECD 평균과 비교한 우리나라 CO_2 배출량 증가

또한 전체 에너지원의 83퍼센트가 화석연료이기 때문에 온실가스 배출량 또한 매우 높다. 2009년을 기준으로 세계 8위의 온실가스 배출국이자 연간 증가율이 2.8퍼센트로 OECD 국가 중에서 1위다. 지난 1990년부터 2008년까지 OECD 국가의 CO2 배출량 평균 증가율이 14퍼센트일 때 우리나라는 119퍼센트에 달하고 있다(그림 2-6과 그림 2-7). 열심히 일하고 벌어서 에너지를 수입하고, 다시 태워서 온실가스를 배출하는 것이 우리의 국가 에너지 현실이다. 이러한 우리의 에너지 현실은 특단의 대책이 없는 한 앞으로도 크게 나아질 기미가 보이지 않는다.

우리나라는 지난 1980년대 이후 1인당 에너지 소비가 지속적으로 증가해 왔다(그림 2-8). 이러한 증가율이 계속된다면 2009년을 기준으로 소비되는 2억 3,800만 TOE(Ton of Oil Equivalent, 석유환산톤)가 2030

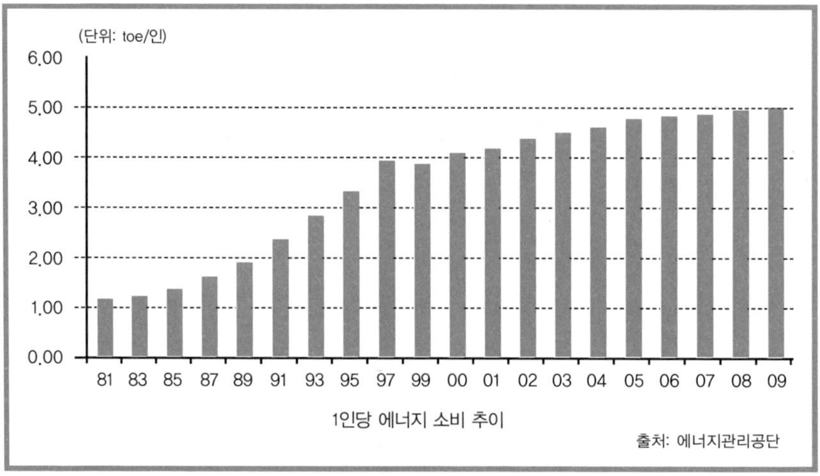

그림 2-8 우리나라 1인당 에너지 소비 추이(1981~2009)

년에는 5억 4,400만으로 늘어난다는 계산이다(그림 2-9). 이는 지금보다 2배 이상의 에너지가 필요하며 이를 위해 더 많은 석유와 석탄 그리고 핵연료를 수입하고 발전소도 계속해서 지어야 함을 의미한다.

새로운 환경 이슈와 우리의 과제

인류는 생존을 위해 지금까지 끊임없이 자연을 정복하고 삶의 질을 향상시키려 노력해 왔다. 그 노력은 지난 20세기에 와서 선진산업국을 중심으로 대단한 성공을 거두었다. 특히 환경과 경제 상생의 시대를 맞이하면서 인류는 그 어느 때보다도 풍요롭고 편리한 생활을

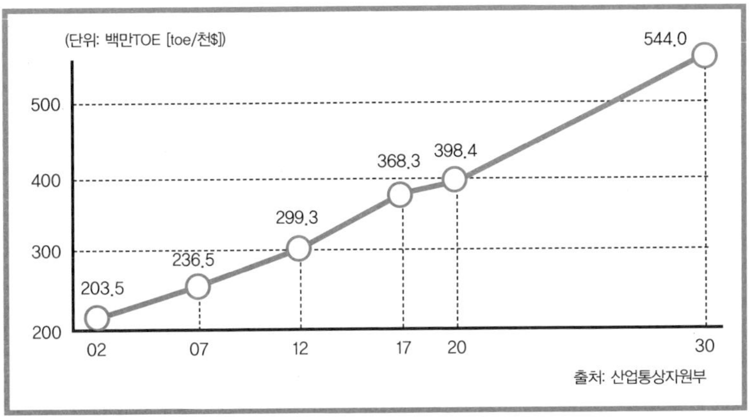

그림 2-9 우리나라 에너지 수요 전망

누리며 맑고 깨끗한 환경에서 더 오래 살 수 있게 되었다. 그리고 과학과 기술의 급속한 발달은 인류에게 더욱 풍요롭고 밝은 미래를 약속하고 있다.

하지만 인류는 기후변화와 에너지 위기라는 또 다른 환경문제에 직면하게 되었다. 세계는 지금 선진국을 중심으로 이를 극복하기 위하여 새로운 기술을 개발하고, 국가 정책을 바꾸고, 국제협력을 강화하고 있다. 저탄소 녹색성장이 지구와 인류의 지속 가능한 미래를 위한 새로운 비전으로 제시되고 우리나라를 비롯하여 세계 각국은 이를 향해 매진하고 있다. 지난 1960~1970년대 환경낙관론자들이 환경문제는 해결할 수 있다는 강한 신념을 갖고 노력하였듯이, 지금은 저탄소 녹색성장주의자들이 기후변화와 에너지 위기에 대처해 나가고 있다.

저탄소 시대는 지구의 모든 인류에게 많은 과제를 요구하고 있다. 이를 크게 세 가지로 요약할 수 있는데, 첫째는 에너지 대전환이다. 앞으로는 화석연료를 버리고 저탄소 에너지를 사용해야 한다. 둘째는 기후변화로 인한 자연재해, 물 부족, 식량 생산 감소 등에 대비하는 것이다. 셋째는 우리의 산업과 생활 전반에 걸쳐 에너지와 자원, 물과 식량 등을 절약하고 절제된 생활을 하는 녹색문명을 정착시키는 것이다. 지난 20세기 선진 산업사회가 누려왔던 방탕의 문명은 지구와 인류의 지속 가능한 미래를 위해 이제 더 이상 용납될 수 없다. 이를 위하여 저탄소 녹색기술을 개발하고 재해 예방, 수자원 확보, 에너지 절약 등을 목적으로 국토를 선진화해야 하며 국민의 환경의식을 고취하는 등 다각적인 노력이 필요하다.

저탄소 시대와 유엔의 역할

1945년에 창립된 유엔의 초기 목적과 임무는 국제 평화와 안전을 유지하는 것과 국제협력을 달성하는 것이었다. 주로 경제적·사회적·문화적인 문제를 해결하고, 인권과 기본적 자유를 존중하고 확보하는 데 많은 노력을 기울였다. 창립 이후 20여 년 동안 유엔은 환경에 관심도 없었고 관여도 하지 않았다.

유엔이 환경에 관심을 갖기 시작한 것은 환경문제가 국제적인 이슈로 등장할 무렵이다. 이러한 움직임이 처음 나타난 곳은 스웨덴이나 노르웨이와 같은 스칸디나비아 반도 국가들이다. 이 국가들은 오래전부터 영국이나 독일과 같은 인접 국가에서 발생한 대기오염으로 심각한 피해를 입고 있었다.

우리에게 『인형의 집(Et Dukkehjem)』으로 잘 알려진 노르웨이의 세계적인 극작가 헨리크 입센(Henrik Ibsen)이 이상을 찾아 헌신하다 쓰러지는 목사 블랑을 주인공으로 하여 쓴 『블랑(Brand)』(1866)이라는 작품을 보면 "영국의 소름 끼치는 석탄 구름이 몰려와 온 나라를 까맣게 뒤덮으며 신록을 더럽히고 독을 섞으며 낮게 떠돌고 있다"라는 대목이 나온다. 이것은 이미 19세기 중반에도 영국의 오염된 대기가 바다를 건너 스칸디나비아 반도 국가에 피해를 주고 있었음을 말해준다.

이러한 피해가 더욱 심각하게 받아들여진 것은 1950년대부터 스칸디나비아 반도의 숲과 호수에 이상 징후가 나타나기 시작하면서부터다. 산성비로 인하여 무성하던 숲이 사라지고 하천과 호수의 물고기가 종적을 감추기 시작했다. 이러한 피해를 경험하면서 스칸디나비아 반도 국가들은 그 해법의 하나로 이를 국제문제화하기 시작했다. 1968년 5월, 제44차 유엔 경제사회이사회에서 스웨덴의 유엔 대사인 아스트롭은 국제환경회의를 제의하였고, 1972년 6월 5일에는 스웨덴의 스톡홀름에서 세계 최초의 국제환경회의인 '유엔인간환경회의(The United Nations Conference on the Human Environment)'가 개최되었다. 당시 스웨덴은 북유럽 국가 중 산성비의 피해가 가장 심각했던 국가로, 호수 9만 개 중 약 4만 개가 생물이 살 수 없는 죽음의 호수로 변해가고 있었다. 스웨덴은 이러한 문제로 1967년 세계에서 최초로 독립된 환경 행정조직인 환경보호청을 설립했다. 이는 1970년에 설립된 미국의 연방환경보호청이나 영국의 환경청에 비해 3년이나 앞선다.

유엔인간환경회의는 국제사회가 환경문제에 관심을 갖게 하는 데 결정적인 역할을 했다. 그동안 세계 평화 유지, 식량, 보건 등을 위해 일해 왔던 유엔은 이를 계기로 세계 각국의 환경문제에 깊숙이 관여하게 되었다. 이 회의에는 총 113개 국가와 3개 국제기구, 257개의 민간단체가 참여하였으며 국제사회가 이때 처음으로 인간환경선언을 채택하였다. 〈그림 2-10〉은 당시 우리나라 신문에 난 유엔인간환경회의 기사다. 1973년에 산림녹화 기본계획을 수립하여 식목사업과 자연보호운동을 추진한 것을 보면 유엔인간환경회의는 우리나라에도 영향을 미친 것으로 추정된다.

UN人間環境 회의

百30個國 대표, 3千여명 참가

단 하나뿐인 地球는

國際淨化기구설치 추진

滅種위기 生物보호·賠償문제도 다뤄

一部개발途上國선 懷疑的 반응

그림 2-10 1972년 유엔인간환경회의 개최에 관한 당시 국내 신문기사

같은 해 11월에 개최된 제27차 유엔총회에서 스톡홀름 회의를 기념하여 6월 5일을 세계 환경의 날로 제정하고, 여기서 채택된 인간환경선언을 실현하기 위한 제도적 장치로서 유엔환경계획(UNEP: United Nations Environmental Program)을 설립하였다. 유엔은 지금까지 이 기구를 통하여 환경 분야에서의 국제적 협력 촉진과 지식 증진을 도모하고 지구환경을 위해 노력해 오고 있다.

유엔은 지난 40여 년간 지구 곳곳에서 일어나고 있는 환경문제를 해결하기 위하여 다양한 활동을 전개해 왔으며, 많은 성과를 이룩했다. 기후변화, 오존층 파괴, 사막화, 해양환경, 수자원, 생물 다양성, 유해폐기물 국가 간 이동, 유독성 화학물질 국가 간 거래 등과 같은 국제적 또는 전 지구적 이슈에 관해 조사와 연구를 수행하고 국제회의를 개최하며 국제협약을 통해 대책을 강구하고 있다.

최근에는 이러한 활동 중에서 유엔이 가장 많은 관심을 보이는 것이 기후변화다. 유엔기후변화협약(United Nations Framework Convention on Climate Change)을 위한 회의를 매년 개최하면서 온실가스 감축과 기후변화로 인한 재해 방지를 위해 노력하고 있다. 국제 평화와 전쟁 방지를 위해 창립된 유엔이 저탄소 시대를 맞이하면서 지구 환경관리에 더욱 많은 노력을 기울이고 있다.

유엔의 기후변화대책에서 특히 주목할 것은 지난 2012년 우리나라가 유치한 녹색기후기금(GCF: Green Climate Fund)이다. 녹색기후기금은 지금까지 지구의 온실가스 대부분을 배출해 온 선진산업국으로부터 재원을 조성하여 개발도상국이나 저개발국의 기후환경대책에 사용하기 위해 만들어졌다. 다시 말하면 기후변화 원인을 제공한 국가가 인프라 부족으로 기후변화 피해를 많이 당하는 국가를 지원하자는 의도다.

07

저탄소 녹색성장

저탄소 녹색성장이 거부할 수 없는 시대적 사명이 되었다. 환경개선을 동반한 경제성장이야말로 진정한 삶의 질 향상으로 이어지고 화석연료가 더 이상 지속 가능한 에너지가 아닌 지금 이 시대에 우리가 가야할 길이다. 녹색기술, 녹색산업, 녹색뉴딜, 녹색도시, 녹색교통망, 녹색 정보 인프라, 녹색 생활공간, 그리고 그린카, 그린빌딩, 그린홈, 그린스쿨 등 녹색이라는 키워드는 지금 우리 생활 전반에 대단한 위력을 발휘하고 있다.

저탄소와 녹색성장의 의미

저탄소(Low Carbon)와 녹색성장(Green Growth)은 서로 다른 의미를 가지고 있다. 하지만 이 둘은 하나가 되어 지구와 인류의 지속 가능한 미래를 위해 이 시대 우리가 가야 할 길을 함축적으로 표현하고 있다. 저탄소는 앞서 설명하였듯이 인류가 지금까지 사용해 온 화석연료를 버리고 새로운 에너지원을 찾아야 하는 것이며, 녹색성장은 제1부 3장에서 설명하였듯이 유턴이론에서 잿빛성장에 대비되는 환경 개선을 동반한 경제성장을 의미한다.

녹색성장이라는 용어는 지난 2000년, 영국 웨스트민스터 대학 교수 폴 에킨스(Paul Ekins)가 그의 저서 『경제성장과 환경지속성: 녹색성장 전망(Economic Growth and Environmental Sustainability: The Prospects for Green Growth)』에서 처음 사용했다. 그는 이 책에서 녹색성장을 경제성장과 환경지속성을 함께 달성하는 것이라고 정의하고

그림 2-11 폴 에킨스와 그의 저서 『경제성장과 환경지속성: 녹색성장 전망』

있다. 또한 그는 녹색성장을 환경 쿠즈네츠 곡선을 이용하여 이론적으로 가능함을 설명하고 있으며, 바른 환경과 경제정책을 통해 달성될 수 있음을 주장하고 있다.

일반인들에게 녹색성장이 처음 모습을 드러낸 것은 2005년 5월 서울에서 개최된 제5차 유엔 아시아 태평양 환경과 개발 장관회의(MECD 2005: The Ministry of Environment of Korea at the Fifth Ministerial Conference on Environment and Development in Asia and the Pacific)였다. UN ESCAP(유엔 아시아 태평양 경제사회이사회, Economic and Social Commission for Asia and the Pacific)에서 주최한 MECD 2005는 당시 아시아 태평양 국가들이 환경과 조화를 이루는 경제성장을 추구하기 위한 녹색성장 서울 이니셔티브(SINGG: Seoul Initiative Network on Green Growth)를 채택하고 같은 해 10월 서울에서 제1차 회의를 개최하였다. 비록 규모는 크지 않지만 아시아 태평양 국가들의 대표들이 우리나라 환경부의 주도하에 매년 10월 서울에 모여 녹색성장에 관련된 국제협력을 계속해 오고 있다(그림 2-12).

이렇게 시작된 녹색성장이 에너지와 기후변화 대책이 강조되면서 강력한 힘을 얻었다. 특히 이명박 대통령이 2008년 8·15 경축사에서 저탄소 녹색성장을 향후 60년의 새로운 국가 비전으로 제시하면서 지금의 녹색 열풍으로 이어지게 되었다. 우리 정부의 저탄소 녹색성장 정책은 기존의 저탄소와 녹색성장 개념에 이것을 국가성장 동력으로 활용하겠다는 새로운 아이디어가 포함된 것이다. 다시 말하면 과

그림 2-12 녹색성장 서울 이니셔티브 회의

거에는 녹색이 비용이고 성장 저해 요인이라는 것이 일반적인 생각이었는데, 녹색이 일자리가 되고 경제성장 동력이 될 수 있다는 역발상을 한 것이다. 미국, 유럽, 일본 등에서도 지난 1997년 교토의정서가 채택된 이후 기후변화 대책 시행, 신재생에너지 기술 개발 등과 같은 노력이 이루어져 왔다. 하지만 정부가 국가 비전으로 제시하면서 저탄소 녹색성장 정책을 주도한 것은 우리나라가 세계 최초다.

곧이어 시작된 미국 금융위기가 전 세계를 휩쓸면서 녹색성장과 녹색뉴딜은 지구촌의 새로운 트렌드가 되었다. 미국, 유럽, 일본 등 대부분의 선진국들이 경제위기 극복을 위해 녹색기술과 산업에 천문학적 예산을 투자했다. 미국의 버락 오바마를 비롯하여 영국의 캐머런, 프랑스의 사르코지 등 세계 각국의 대통령들이 마치 우리 정부를 따라 하듯이 기후변화와 에너지 위기에 대비한 정책들을 내놓았다.

오바마 미국 대통령은 “기후변화에 대한 미국의 리더십에 새 장을 열어 그 과정에서 수백만 개의 새로운 일자리를 만들겠습니다. 청정 에너지에 투자하는 어떤 기업도 워싱턴의 동지가 될 것이며, 기후변화에 대해 행동하는 어떤 국가도 미국이라는 동맹을 얻을 것입니다”라고 선언했다. 데이비드 캐머런 영국 총리는 민간 분야의 성장이 경제회복에 중요하다는 점을 강조하며 영국 경기부양책의 초점이 그린 에너지와 사회기반시설 등 민간 분야에 맞춰져 있다고 설명했다. 또한 사르코지 전 프랑스 대통령은 “이제는 행동해야 할 때입니다. 우리는 너무 오래 기다려 왔고, 더 이상은 기다릴 수 없습니다. 환경정책은 투자정책이며, 이는 미래 성장의 길을 닦는 것입니다”라고 말하며 녹색성장의 필요성을 역설했다.

녹색성장의 원동력

녹색성장은 물질적 풍요로움과 더불어 보다 건강하고 쾌적한 환경을 추구하는 인간의 본능에서 비롯된다. 다시 말하면 환경과 경제라는 두 마리 토끼를 동시에 잡으려는 인간의 태생적 본능이 녹색성장의 원동력이다. 그러나 지난 20세기 세계 환경사를 되돌아보면 인간의 태생적 본능만으로는 녹색성장을 이루어내기가 쉽지 않았다. 오랜 기간 잿빛성장을 경험하면서 값비싼 환경 대가를 지불한 후에

비로소 녹색성장이 가능하게 되었다. 특히 비교적 산업화가 일찍 시작된 유럽, 미국, 일본 등과 같은 국가들은 수많은 환경 재난을 경험하고 엄청난 희생을 치른 후에야 녹색성장기에 접어들 수 있게 되었다.

잿빛성장이 유턴하여 녹색성장이 되기까지는 정치, 경제, 사회, 문화, 기술 등 사회 전반에 걸친 변화와 발전 그리고 이들 간의 조화가 무엇보다 중요한 역할을 했다. 특히 자유민주주의와 시장경제, 환경과학과 기술의 발달, 산업의 친환경적 진화, 그리고 국민의 환경의식 향상과 새로운 삶의 패러다임 개척 등이 녹색성장을 이루어내는데 가장 큰 힘이 되었다.

앞에서 설명하였듯이 자유민주주의는 환경의 수혜자이자 피해자인 국민이 자유롭게 권리를 주장할 수 있고 선거로 민의를 전달할 수 있기 때문에 강력한 환경규제와 정책을 추진할 수 있게 했다. 시장경제는 환경기술의 급속한 발달을 가져왔다. 기술과 제품 경쟁에서 승자만이 살아남는 시장경제가 끊임없는 연구개발을 촉진하였고 이것이 지금과 같은 고도의 환경기술을 이루어낸 것이다. 결과적으로 강력한 환경규제 아래서 시장경제는 빠른 속도로 산업 전반을 친환경적으로 진화시켰다. 그리고 경제성장을 통한 부의 축적이 환경을 보호하고 개선할 수 있는 재원을 제공했다.

그뿐만 아니라 물질적 풍요가 우선했던 잿빛성장기를 거치면서 많은 사람들은 자신들과 다음 세대를 위해 진정한 삶의 질이 무엇을 의미하는지 깨닫게 되었다. 건강과 행복, 자연과의 조화, 안전하고 평화로운 삶, 인간 존엄성의 추구 등과 같은 보편적 가치가 물질적 풍요보다 더욱 중요하다는 사실도 알게 되었다. 그래서 녹색문명이라는 새로운 삶의 패러다임을 개척하고 보급하게 되었다.

바르고 빠른 길

지금 우리 정부가 추진하는 녹색성장은 유턴이론에서 말하는 '환경 개선을 동반한 경제성장'과는 다소 차이가 있다. 정부정책의 핵심은 녹색기술과 청정 에너지를 개발하여 환경오염과 온실가스를 줄이는 동시에 일자리 창출과 경제성장 동력으로 활용하자는 것이다. 그래서 신재생에너지 개발, 에너지 자급률 증대, 건물과 기기의 에너지 효율 증대, 전기차 및 경차 보급 확대, 자동차 연비 향상 등과 같은 기술개발과 산업에 초점이 맞추어져 있다.

특히 저탄소 에너지 기술이 정책의 상당 부분을 차지하고 있다. 세계 8위의 온실가스 배출국이자 세계 9위의 에너지 소비국인 우리나라가 이를 최우선으로 하는 것은 당연하다. 더구나 총 사용 에너지의 97퍼센트를 해외 수입에 의존하고 에너지 수입액이 국가 전체 수입액의 25퍼센트가 넘는 현실을 감안하면 에너지 효율을 증대하고 신재생에너지를 확대 보급하는 것이 무엇보다 중요하다. 여기에 온실가스 저감이 발등의 불이 되었고 언제 다시 엄습해올지 모르는 고유가 시대를 생각하면 더욱 절박하다.

그러나 기술개발 정책들이 가시적인 효과를 보이기까지는 상당한 시간이 걸리기 마련이다. 오래전부터 녹색기술과 청정 에너지 기술을 준비해 온 선진국과 기술 격차를 극복하는 데도 몇 년이 걸릴지 모른다. 우리 경제의 성장동력이 되기까지는 더 긴 시간과 투자가 필요하다.

지금의 상황에서 우리에게는 기술개발이 성장동력이 될 때까지 기다릴 수 있는 시간적 여유가 별로 없다. 경제위기를 극복하고 녹색성장으로 가기 위해서는 현재 활용 가능한 모든 방법을 동원해야 한다. 또한 지금의 위기를 국가의 산업 체질을 바꾸고 녹색문명을 조기에 정착시키는 기회로 활용해야 한다. 이를 위하여 선진산업국들이 유턴 과정을 거치면서 사용한 정책들을 우리의 현실에 맞게 적용할 필요가 있다. 주요 정책으로는 녹색기술 인큐베이터(Green Technology Incubator), 운송수단 전환(Modal Shift), 스마트 성장(Smart Growth), 산업구조 변화, 범국민 녹색운동 등이 있다.

녹색기술 인큐베이터 정책은 경쟁력이 약한 녹색기술을 정부가 보호하고 실용화 과정을 도와주는 제도다. 현재 하이브리드 자동차, 태양광, 풍력발전 등에 적용하고 있는 이 제도를 지금까지 개발된 녹색기술 전반에 대해 검토하고 확대 적용할 필요가 있다. 그중에서도 특히 환경기술은 성능이 인정된다 하더라도 국가제도가 뒷받침되지 않으면 산업화가 어렵다. 따라서 빠른 시일 내에 관련 법규를 개정하고 강력한 인큐베이터 제도를 만들어 새로운 산업 육성과 일자리 창출을 위해 노력해야 한다.

운송수단 전환 정책은 도로를 이용한 화물수송을 철도나 수로로 전환하는 것이다. 도로운송은 에너지 소모와 대기오염 배출이 많을 뿐 아니라 교통 혼잡이나 사고 등 여러 가지 사회간접비용이 지불된다. 수로운송은 에너지 효율이 철도에 비해 2배, 도로에 비해 5~8배 높으나 시간이 느리다는 단점이 있고 철도는 소음진동과 같은 근본적인 문제가 있다. 그러나 가능하면 많은 화물을 수로나 철도로 전환하는 것이 오염 배출을 줄이고 에너지를 절약하는 방법이다. 이 정책은 화물수송뿐만 아니라 도시교통에도 적용되고 있다. 과거 승용차에 의존해 오던 것을 가까운 거리는 걷거나 자전거를 이용하고 대중교통이나 승용차 함께 타기로 전환하여 에너지를 절약하고 교통 혼잡을 줄이며 환경문제도 함께 해결하는 것이다.

스마트 성장 정책은 인간의 토지 이용 효율을 높여 자연 생태계를 보전하려는 것이다. 예를 들어 도시를 설계할 때 대중교통을 편리하게 이용할 수 있도록 하고 가능하면 인간 거주지를 좁은 지역으로 한정하고 압축하는 것이다. 이 정책은 도시 교통체계의 에너지 효율을 높이고 배출되는 오염물질을 쉽게 관리할 수 있게 한다. 또한 저영향 개발(LID: Low Impact Development)을 통해 난개발을 막고 국토를 친환경적으로 관리하며, 에너지 효율이 높은 스마트 빌딩이나 친환경 도시(Eco-Town)를 추구하는 것이 스마트 성장 정책이다.

산업구조 변화 정책은 고에너지 저소득 산업을 저에너지 고소득 산업으로 전환하는 것이다. 우리나라는 고에너지 저소득 산업이 여전히 많고, 특히 제조업의 비중이 지나치게 높아 경제성장과 에너지 사용이 동조화(Coupling)되어 있다. 다시 말해 경제성장이 곧 에너지 사용 증가로 이어진다. 따라서 녹색성장으로 가기 위해 지금의 산업구조를 탈동조화(Decoupling)하는 것이 급선무다. 경기 침체와 에너지 위기가 동시에 밀려온 지금이 우리의 산업구조를 변화시킬 수 있는 절호의 기회다.

현재 이러한 정책들이 일부 추진되고 있으나 앞으로 보다 확대 강화되어야 한다. 이와 함께 해야 하는 것이 범국민 녹색운동을 통한 녹색문명 조기 정착이다. 우리나라는 현재 에너지 과소비, 자원 낭비, 물 낭비, 음식물 쓰레기 등 국민의 환경의식을 개선하지 않고는 해결하기 어려운 난제들이 산재해 있다. 수입에 의존하는 자원 빈국으로서 이러한 문제의 해결은 곧 경제성장으로 이어지기 때문에 녹색문명 조기 정착이야말로 가장 효과적이고 빠른 녹색성장 전략이다. 이를 위하여 그동안 녹색에 목말라 했던 착한 환경단체들과 환경 지식 보급을 열망했던 환경 교육자들이 앞장서서 새로운 문명을 개척하고 보급할 수 있는 제도적 기반을 마련해야 한다.

스마트 성장과 그린벨트 해제, 그리고 수도분할

환경보호와 에너지 절약을 위해 1990년대부터 미국을 중심으로 시작된 도시 계획·도시 설계·건축·조경·교통 정책이 스마트 성장과 신도시주의(New Urbanism)다. 이는 기존의 도시 기반시설 재활용, 고밀도 도시 개발, 주상복합 토지 이용, 환경적으로 민감한 토지 및 농지 보전, 보행 및 자전거와 대중교통 친화적인 교통망 구축 등을 강조하고 있다. 이것은 도시 개발로 초지와 숲이 훼손되는 것을 방지하고 개인 승용차 중심의 교통체계에서 벗어나 에너지 소비를 줄이는 정책이다. 〈그림 2-13〉은 미국연방환경보호청에서 나온 스마트 성장 보고서다. 유럽에

그림 2-13 미국에서 나온 스마트 성장 보고서와 도시 모형

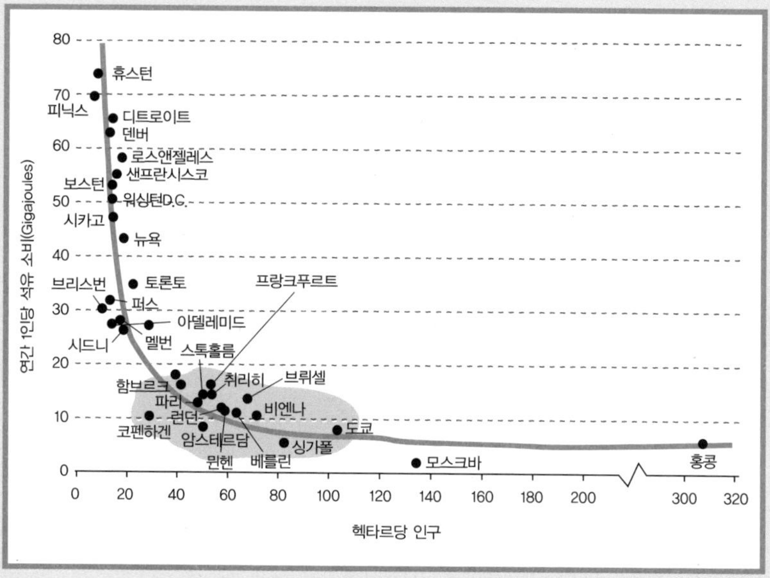

그림 2-14 도시의 인구밀도와 1인당 석유 소비량

서는 압축도시(Compact City) 또는 도시 강화(Urban Intensification) 등으로 표현하고 있다. 도시의 인구밀도와 연간 1인당 석유 소비량은 〈그림 2-14〉에 잘 나타나 있다. 저탄소 시대에 추구해야 할 도시 형태는 색칠한 영역에 속하는 유럽형 도시임을 보여준다.

스마트 성장은 환경보호와 에너지 절약뿐만 아니라 출퇴근에 낭비되는 시간을 절약하여 여가를 즐길 수 있고 상하수도관망, 송전망, 전파통신, 쓰레기 수거 등 여러 가지 도시 기반시설에서 비용이 적게 들고 효율적인 관리가 가능하다. 여기에 교육, 문화, 사회활동 등에도 공간적 이동 거리를 줄여 많은 혜택을 누릴 수 있다. 그래서 선진국에서는 자연을 훼손하면서 신도시를 개발하기보다는 기존 도시를 고밀도로 재개발하는 데 역점을 두고 있다.

지난 1970년대에 실시된 우리의 그린벨트 제도는 스마트 성장과 매우 잘 부합된다. 1971년에는 서울시를 효시로 1977년까지 8차에 걸쳐 전국 14개 도시 주변을 그린벨트로 묶었다. 도시의 확산을 막고 자연을 보호하려는 시도는 다가올 저탄소 시대의 스마트 성장을 마치 예견이나 한 듯하다. 하지만 이 그린벨트는 1996년 김대중 정부에 들어서면서 전면 또는 부분 해제되어 개발을 허용하기 시작했다. 도시는 교외로 확산되고 자연은 훼손되고 있다.

지난 노무현 정부 때는 수도를 분할하고 혁신도시, 기업도시, 신도시 등 수많은 도시 개발을 추진했다. 국가 균형 발전이라는 미명 아래 수천만 평의 산천초목을 밀어내고 아스팔트와 콘크리트로 덮었다. 특히 수도분할은 예정 지역 7,300만 제곱미터, 주변 지역 2억 2,400만 제곱미터만 개발되는 것이 아니라 지금의 수도권 사이에 교통수요 폭증으로 여러 개의 고속도로가 추가로 건설되어야 한다. 여기에 오가는 교통량이 소모하는 에너지와 시간 비용 또한 엄청날 것이다.

이처럼 그린벨트 해제나 수도분할은 이 시대 우리가 가야 할 스마트

그림 2-15 수도분할 반대하는 보수단체(좌)와 촉구하는 환경단체(우)
(지난 2010년 정부가 수도분할 대신 교육과학중심 경제도시를 골자로 하는 세종시 수정안을 발표했을 때 시위 모습)

성장에 역행하는 것이 분명하다. 하지만 우리의 환경단체는 이상하게도 김대중 정부의 그린벨트 해제와 노무현 정부의 수도분할에는 침묵과 지지로 일관했다. 에너지 낭비형, 환경 파괴형, 그리고 여가 시간 축소형 정부정책을 방조한 셈이다.

08

네가와트를 실천하자

지구촌에 도래한 기후변화와 에너지 위기는 인류사회 전반을 혁신하는 새로운 산업혁명을 예고하고 있다. 지난 2007년 10월 스페인 마드리드에서 열린 한 학술대회에서 호세 바로소(Jose Barroso) 유럽연합 의장은 인류가 이제 곧 '새로운 산업혁명'을 경험하고 저탄소 시대를 맞이하게 될 것이라고 했다. 당시 유럽연합을 총괄하는 의장이 한 이 연설은 이후 전 세계적인 반향을 불러일으켰다.

인류문명의 대변화

바로소 의장은 앞으로 다가올 새로운 산업혁명 역시 과거에 있었던 산업혁명처럼 에너지와 새로운 기술이 핵심적인 역할을 할 것이며, 이후 찾아오는 인류의 삶에는 지금 우리가 상상할 수 있는 그 이상의 변화가 일어나게 될 것이라고 했다. 또한 그는 이번 산업혁명이 단순히 에너지와 기술을 바꾸는 것에만 그치지 않고 인류사회 전반을 근본적으로 혁신하는 계기가 될 것이라고 말했다.

영국에서 스팀엔진이 발명되고 석탄이 새로운 에너지원으로 사용되면서 산업혁명이 일어났다. 이로 인해 인류는 석탄과 기계 동력에 힘입어 노동생산성, 생활방식, 교통 등에 큰 변화를 가져왔다. 이후 독일에서 내연기관이 발명되어 석유가 새로운 에너지원이 되면서 시작되었다. 곧이어 미국에서 전기가 발명되어 인류는 역사상 유례없는 과학과 기술의 발전을 이룩하게 되었다.

현재 선진산업국은 산업, 도시, 가정생활에 이르기까지 화석연료 없이는 지속될 수가 없다. 선진산업국의 일반 가정에서 사용하는 모든 에너지는 산업화 이전에 약 30명의 하인이 하는 일의 양과 같다는 계산이다. 조명, 난방, 냉장고, 에어컨, 컴퓨터, 수돗물 등 모든 것들이 에너지를 필요로 한다.

풍부한 에너지 덕에 생활은 편리해졌지만 대기오염이라는 부작용이 발생했고, 지구온난화 원인이 되는 온실가스 증가를 유발하고 있다. 다가올 산업혁명과 저탄소 시대는 새로운 에너지와 기술에 의해 시작된다는 점에서는 과거와 매우 유사하다. 그러나 이번 혁명은 과거 산업혁명으로 인류가 누린 삶에 대한 비용을 지불하기 위해 시작된다는 점에서 큰 차이가 있다. 지금까지 사용한 화석연료가 뿜어낸 온실가스가 대류권에 떠돌며 지구온난화라는 부메랑으로 돌아오기 때문에 새로운 산업혁명이 시작된다는 것이 바로소 의장의 연설 요지다.

새로운 에너지원, 네가와트

세계는 지금 총 사용 에너지의 85퍼센트 이상을 석탄과 석유 그리고 천연가스와 같은 화석연료에 의존하고 있다. 하지만 지금 우리는 화석연료를 버려야 할 운명에 처해 있다. 저탄소 시대에 우리가 해결해야 할 과제는 어떻게 화석연료 사용과 온실가스 배출량을 줄이느냐다. 원자력 발전과 신재생에너지 사용 증대, 화석연료에서 배출되는 이산화탄소를 포집 저장하는 방법(CCS: CO_2 Capture and Storage) 등 다양한 방법이 대안으로 제시되고 있다. 이러한 대안 중 환경적인 측면에서 주목할 만한 것이 네가와트(Negawatts)라는 제5의 연료(The Fifth Fuel)다. 석탄, 석유, 천연가스, 우라늄 다음으로 인류가 찾은 다섯 번째 연료라는 것이다.

네가와트는 에너지의 효율적 사용과 절약으로 생기는 잉여 에너지가 곧 새로운 에너지원이라는 개념이다. 예를 들어 백열등을 형광등으로 바꾸면 에너지의 66퍼센트를, 발광다이오드(LED: Light Emitting

Diode) 조명으로 바꾸면 90퍼센트를 절약할 수 있다. 또한 자전거나 대중교통 이용, 불필요한 전등 끄기, 가전제품 플러그 뽑기 등과 같은 에너지 절약 운동을 통해서도 많은 양의 네가와트를 만들어낼 수 있다. 앞으로는 이렇게 해서 남게 되는 에너지를 사용하자는 것이다.

이것은 지금까지의 에너지 사용이 매우 비효율적이고 낭비적이었음을 의미하기도 한다. 전문가들의 분석에 따르면 보통 선진국에서 한 사람이 하루 동안 2천 와트 정도의 에너지만 있으면 충분히 문화생활을 누릴 수 있다는 계산이다. 그러나 현재 우리나라를 포함한 대부분의 선진국에서 1인당 사용 에너지는 6천 와트가 넘는다. 특히 에너지 소비가 심한 미국 같은 나라에서는 1인당 사용 에너지가 1만 와트도 훨씬 초과한다. 이는 곧 지금 우리의 생활에서 엄청난 네가와트를 찾을 수 있다는 의미다.

네가와트라는 단어는 미국 록키 마운틴 연구소(Rocky Mountain Institute)의 환경학자 에머리 로빈스(Amory Lovins)가 1989년 캐나다 몬트리올에서 열린 그린 에너지 학회에서 처음 사용했다. 그는 학회에서 에너지의 효율적 사용과 절약이 생산연료와 설비에 가져오는 경제적 이익과 환경적 효과를 네가와트로 설명하였고 이를 계기로 세계적인 용어가 되었다.

에너지의 단위인 와트(Watt)는 본래 산업혁명의 원동력이 된 스팀엔진의 발명자 제임스 와트에서 따온 것이다. 산업혁명을 통해 인류는 에너지를 계량화하기 시작했고, 이제 새로운 산업혁명을 맞이하면서 네가(Negative, 마이너스) 에너지라는 개념을 만들게 된 것이다. 흥미로운 것은 로빈스가 이 단어를 착안하게 된 계기다. 일상생활에서 버려지는 에너지에 대해 고심하던

그림 2-16 호세 바로소(좌)와 에머리 로빈스(우)

그는 어느 날 미국 콜로라도 주 공공시설 보고서의 전력 사용량에서 메가와트(Megawatts, 100만 와트)가 오타로 네가와트(Negawatts)로 잘못 기록된 것을 보게 되었다. 그는 곧 네가와트가 메가와트보다 더 많은 양의 전력이라는 생각을 하게 되어 이 단어를 제안하게 된 것이다.

이처럼 오타를 계기로 시작된 네가와트는 이제 저탄소 시대를 맞이하면서 전 세계적으로 대단한 위력을 보이고 있다(그림 2-17). 최근 프랑스에서는 가장 큰 에너지 광맥이 네가와트로 조사되었다. 에너지 1차 소비의 3분의 2를 절약할 수 있다는 것이다. 절약으로 남는 에너지를 늘어나는 수요에 공급하면 화석연료나 핵연료 사용 감소, 에너지 시설 설비 억제, 온실가스 배출 감소 등으로 이어질 수 있기 때문에 프랑스에서 네가와트는 국가 주요 에너지 정책이 되고 있다. 미국 실리콘 밸리에서도 네가와트 투자 열풍이 불고 있다. 에너지 효율을 높이는 기술을 개발하거나 IT기술을 이용하여 송전과 사용을 최적

화하는 스마트 그리드(Smart Grid, 지능형 전력망) 사업에 투자하는 것이다. 지난 2008년 후반기부터 2009년 상반기까지 실리콘 밸리 벤처캐피털은 네가와트 사업에 총 2억 7,200만 달러를 투자했다. 이는 같은 기간 바이오 에너지에 투자한 1억 5천만 달러보다 약 1.8배나 많다.

네가와트의 중요성은 OECD 산하에 있는 국제에너지기구(IEA: International Energy Agency)의 지구온난화 방지 대책에서도 잘 나타나 있다. IEA는 지구온난화 방지를 위해 2050년까지 이산화탄소 배출량 32Gt(Giga ton, 10억 톤)을 줄이는 목표를 세웠다. 이 중 45퍼센트를 네가와트(에너지 효율 증대와 절약)로, 32퍼센트를 저탄소 에너지원(원자력이나 신재생에너지) 사용으로, 나머지 일부를 이산화탄소 포집저장기술로 배출량을 줄여나간다는 계획이다.

이는 곧 네가와트가 이산화탄소 배출량을 가장 크게 줄일 수 있음

그림 2-17 세계 각국의 네가와트: 미국의 잡지(좌), 독일의 전구(중), 프랑스의 주택(우)

을 말해준다. 또한 IEA는 45퍼센트의 네가와트를 건물과 교통 그리고 산업체에서 각각 18퍼센트, 17퍼센트, 10퍼센트 달성이 가능할 것이라 내다보고 있다. 특히 우리 일상생활과 밀접한 관계가 있는 건물과 교통에서 네가와트를 통해 전체 이산화탄소의 3분의 1 이상의 절감이 가능하다는 것이다.

네가와트의 중요성은 〈그림 2-18〉에 제시한 친환경 에너지 피라미드에도 잘 나타나 있다. 환경을 위한 에너지 전략에서 가장 큰 부분을 차지하는 것이 에너지 절약이고 다음은 에너지 효율 증대, 그리고 그다음에 찾아야 할 것이 재생 가능 에너지라는 것을 이 피라미드는 보여준다. 오른쪽에 프랑스어로 된 그림은 온실가스 증가를 네가와트를 통해 감소로 만드는 개념을 보여주고 있다.

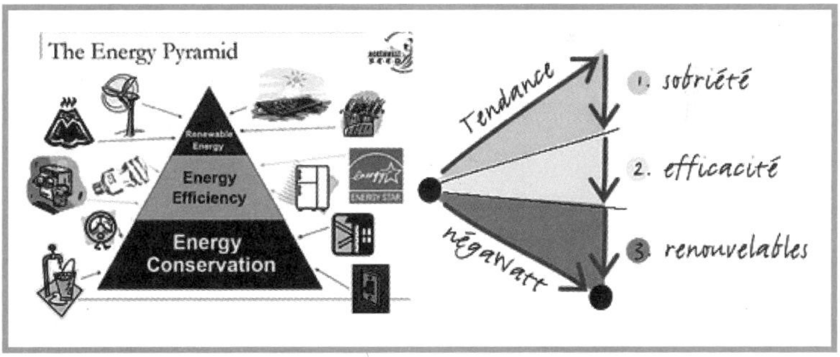

그림 2-18 친환경 에너지 피라미드와 네가와트로 온실가스 배출 줄이기

네가와트를 생활습관으로

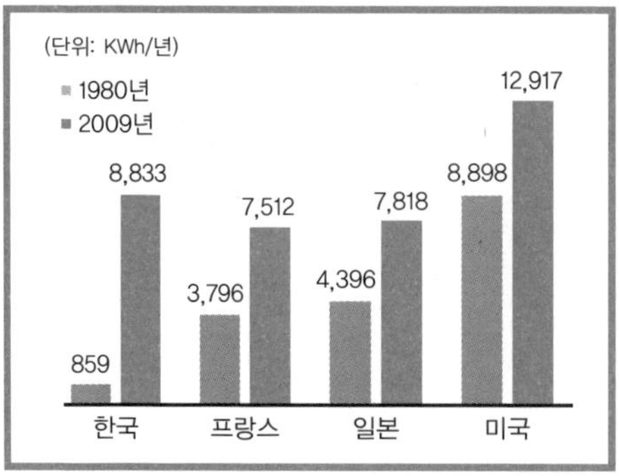

그림 2-19 선진국과 비교한 1인당 전력 소비량(과거와 현재)

우리나라는 지난 1980년대 이후 1인당 에너지 소비가 지속적으로 증가해 왔다. 〈그림 2-19〉에서 보듯이 2009년을 기준으로 하면 1980년에 비해 무려 10배가 넘는다. 현재 1인당 전력 소비량은 미국보다는 적지만 일본이나 프랑스보다 많으며, GDP 대비 최고 수준이다(그림 2-20). 다른 선진국에 비해 전력 소비량이 많다는 것은 그만큼 많은 양을 낭비하고 있다는 의미다. 낭비되는 에너지는 전력만이 아니다. 특히 심한 것은 자동차 연료다. 자동차는 고가의 석유 에너지를 사용하기 때문에 낭비되는 양에 비해 비용이 높다(그림 2-21).

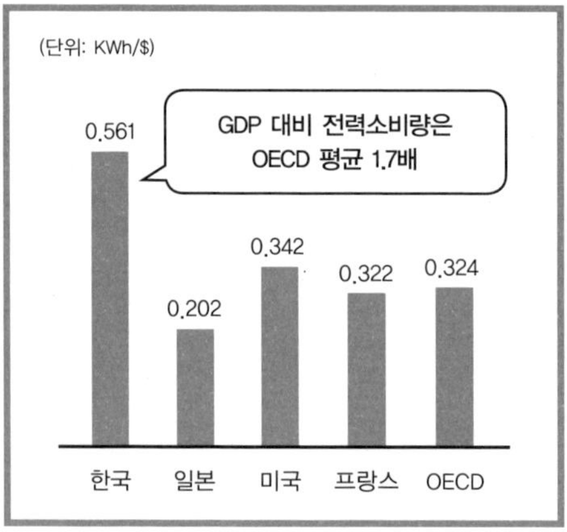

그림 2-20 주요 국가들의 GDP 대비 전력 소비량

저탄소 시대를 맞이하면서 우리가 최우선으로 해야 할 것이 에너지 낭비를 줄이는 것이다. 이를 위해 범국민 녹색운동을 전개하고 네가와트 산업을 육성해야 한다. 에너지 효율을 높이는 기술을 개발하여 실용화하고 에너지 절약을 국민생활습관으로 정착시켜야 한다.

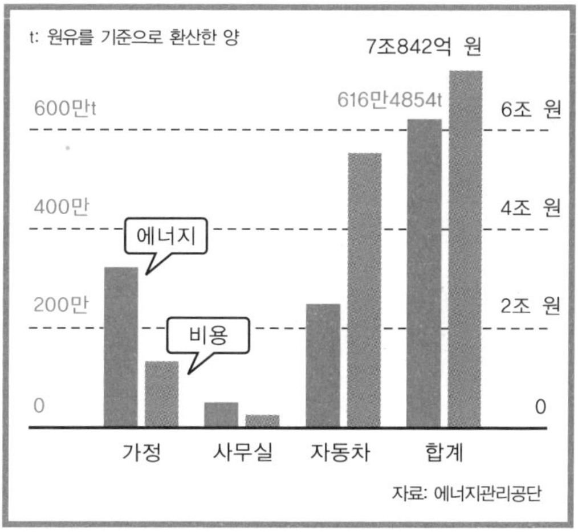

그림 2-21 우리나라 각 분야에서 낭비되는 에너지와 그 비용

프랑스가 소비되는 에너지의 3분의 2를 네가와트로 돌릴 수 있다면 에너지 효율이 매우 저조한 우리나라는 더 많은 네가와트를 찾을 수 있다. 프랑스는 인구가 6천 5백만에 달하고 경제 규모가 세계 5위로 우리나라 3배 가까이 되지만 에너지 소비량은 우리와 유사하며 온실가스 배출량은 우리의 70퍼센트에도 미치지 못한다(표 2-1). 이를 비교해 볼 때 우리나라는 에너지 낭비가 심하고 필요 이상의 온실가스를 배출하고 있음은 누구도 부인할 수 없다. 프랑스보다 더욱 강력한 네가와트 정책을 시행하여 지금의 에너지 체계를 개선해 나간다면 기대 이상의 효과가 나타날 것이다.

화석연료와 함께 한 산업화 과정은 세계를 가난한 나라와 부유한 나라로 나누어 놓았다. 그리고 지금 그 빈부의 두 세계에서 살아가는 인류의 삶은 확연히 다르다. 다가오는 저탄소 시대는 세계를 또 다른 모습으로 바꾸게 될 것이다. 새로운 문명에 순응하는 나라는 부유한 선진국으로 나아가고 그렇지 못한 나라는 가난한 후진국으로 되돌아 갈 것이다. 이 변화의 시기에 우리가 어떻게 대처하느냐에 따라 우리와 미래 세대의 운명이 달려 있다.

표 2-1 세계 경제 규모, 에너지 사용량 그리고 온실가스 배출량(2009)

순위	경제 규모[1]		에너지 사용량[2]		온실가스 배출량[3]	
1	미국	141,191	미국	2,182	중국	6,832
2	일본	50,689	중국	2,177	미국	5,195
3	중국	49,847	러시아	635	인도	1,586
4	독일	33,387	인도	469	러시아	1,533
5	프랑스	26,564	일본	464	일본	1,093
6	영국	21,789	캐나다	319	독일	750
7	이탈리아	21,183	독일	290	캐나다	521
8	브라질	15,740	프랑스	242	한국	515
9	스페인	14,679	한국	238	영국	466
10	캐나다	13,361	브라질	226	멕시코	400
11	인도	12,369	이란	205	사우디	400
12	러시아	12,319	영국	199	호주	395
13	호주	9,943	사우디	196	이탈리아	389
14	멕시코	8,748	이탈리아	163	이란	380
15	한국	8,325	멕시코	163	인도네시아	376
16	네덜란드	7,967	스페인	133	남아프리카	369
17	터키	6,145	인도네시아	128	프랑스	354
18	인도네시아	5,394	남아프리카	127	브라질	338
19	스위스	4,919	호주	119	우크라이나	300
20	벨기에	4,721	우크라이나	113	폴란드	287

단위: 1) 억 달러, 2) 백만 석유환산톤, 3) 백만 CO_2톤 (출처 : IMF(2010), BP(2011))

전기와 수돗물

에너지 절약과 효율적인 사용을 위해 가장 중요하게 생각해야 할 것은 전기다. 그 이유는 전기는 에너지가 아니고 에너지 운반체이기 때문이다. 전기는 곧 에너지 공간이동을 가능하게 해주는 에너지 고속도로와 같은 것이다. 에너지와 에너지 운반체는 자동차와 고속도로와 같은 관계다. 다시 말하면 수력, 화력, 원자력 등의 에너지를 먼 곳까지 이동할 수 있게 해주는 고속도로가 전기라는 것이다.

전기라는 에너지 운반체를 사용하기 위해서는 보통 발전 과정에서 60퍼센트, 송전 과정에서 10퍼센트 정도의 에너지가 손실된다. 송전된 에너지가 빛이나 다른 용도로 전환되는 과정에서도 또다시 손실된다. 예를 들어 백열전구에서 빛으로 만들어질 때에는 95퍼센트가 열로 변해버린다. LED 조명이 백열전구보다 에너지 효율이 좋은 이유가 열로 가는 많은 양을 빛으로 바꿀 수 있기 때문이다. 〈그림 2-22〉는 여러 단계에서 에너지가 손실된 후에 만들어진 빛을 마지막에 우리는 2퍼센트만으로 신문을 읽는다는 것을 보여준다. 사용 단계에서 조금만 낭비해도 발전과 송전, 전환 등을 고려하면 발전에 사용된 많은 에너지가 낭비되는 것과 같다. 다시 말해 불필요한 조명으로 전력을 10퍼센트 낭비하는 것은 잘못된 운전으로 휘발유를 10퍼센트 낭비하는 것보다 훨씬 많

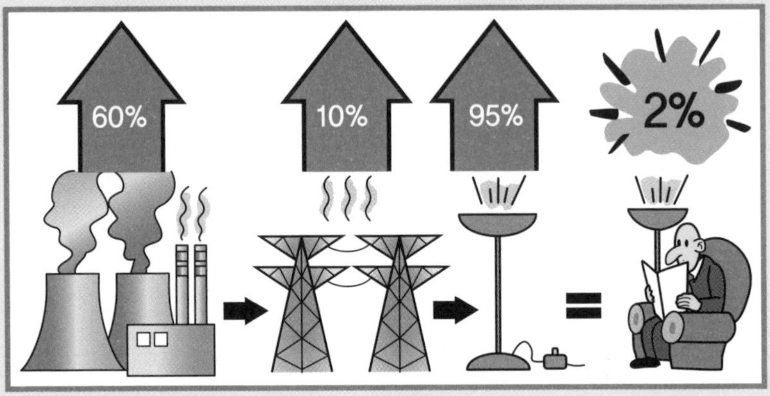

그림 2-22 전기는 발전에서 송전 과정을 거쳐 사용에 이르기까지 많은 낭비가 발생한다.

은 양의 에너지를 낭비하는 것이 된다.

전기만큼 중요한 것이 수돗물이다. 수돗물은 생산에서부터 수요자까지 가는 과정에서 펌프 사용으로 많은 에너지를 소모한다(그림 2-23). 수돗물은 생산과 공급에서 전기사용료가 20~75퍼센트를 차지하기 때문에 수도관 누수는 곧 누전과 같다. 우리나라는 현재 수도관 누수율이 약 18퍼센트로 연간 약 5천억 원의 손실을 보고 있다. 교체해야 할 노후 수도관이 전체 37퍼센트, 4만 4천 킬로미터나 된다. 그뿐만 아니라 불신으로 인해 국민들의 수돗물 이용률이 1~2퍼센트에 불과하기 때문에 이로 인한 국가적 손실은 누수로 인한 액수의 몇 배도 넘는다. 노후 수도관을 정비하는 것은 물과 에너지 낭비를 방지하고 국민의 건강을 위하여 무엇보다 시급한 일이다.

수돗물을 사용하지 않고 생수를 사 먹는 것 또한 많은 에너지를 소모하는 것이 된다. 먹는 샘물의 경우 생산 과정은 수돗물보다 에너지 소모가 적다. 하지만 그것을 담는 페트병은 엄청난 양의 석유를 소모한다. 한 해 국내에서 소비되는 생수용 페트병은 약 8억 개(2007년 기준)로, 이는 원유 약 26만 배럴에 해당하며 자동차 1만 6천 대가 1년간 소비하는 연료와 맞먹는다.

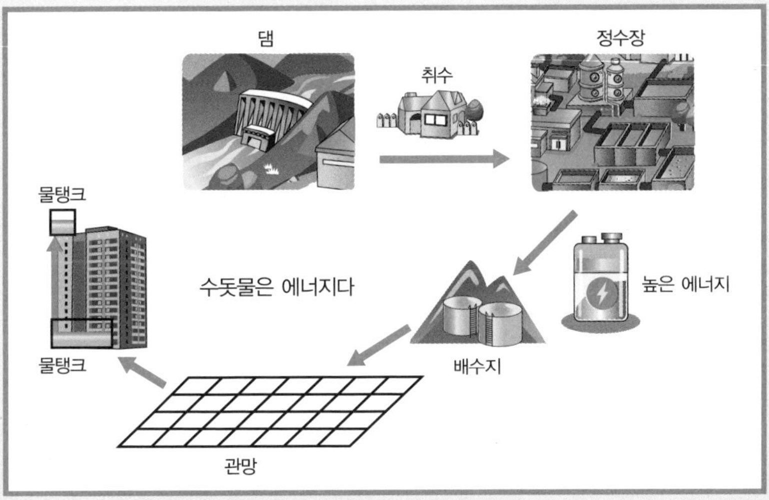

그림 2-23 수돗물은 생산과 급수 과정에서 많은 에너지를 소모한다.

09

음식문화를 바꾸자

저탄소 시대의 기후변화와 에너지 위기는 식량 가격 급등을 예고하고 있다. 지난 2009년 1월에 개최된 다보스 포럼(Davos Forum)은 기후변화로 인해 세계 식량 생산량은 매년 줄어들고, 바이오에너지로 사용하는 곡물의 양은 급속히 늘어날 것이라고 했다. 지구 평균온도가 1℃ 상승할 때 곡물 생산량은 10퍼센트 감소하게 되고, 2025년경에는 지금보다 30퍼센트나 줄어든다는 것이 식량 전문가들의 예측이다.

반면에 인구 증가로 식량 수요는 급증할 것이다. 유엔보고서는 세계 인구가 2009년 68억 명에서 2011년 10월 말 70억 명을 돌파했고, 2050년 91억 명에 달할 것으로 예측하고 있다. 유엔식량농업기구

(FAO)는 이렇게 증가하는 세계 인구를 먹여 살리기 위해서는 2030년까지 식량 생산을 50퍼센트, 2050년까지 2배로 늘려야 한다고 했다. 현재 30여 개 나라가 식량위기를 겪고 있지만 가까운 미래에 지구온난화, 바이오에너지 생산, 세계 인구 증가 등으로 그 숫자는 더욱 늘어날 것이라는 예측이다.

식량쇼크가 왔다

2011년에 접어들면서 우려가 현실로 나타나고 있다. 옥수수, 밀, 콩 등 곡물들의 국제 거래 가격이 천정부지로 올랐다(그림 2-24). 옥수수의 국제시장 가격이 1년 전에 비해 87.68퍼센트, 밀(소맥)은 83.16퍼센트, 콩(대두)은 58.09퍼센트가 올랐고 커피와 오렌지주스의 가격도 1년 전에 비해 각각 88.98퍼센트, 23.55퍼센트 상승했다. 폭등의 주요 원인은 기상이변이다. 가뭄과 폭우, 혹한과 혹서가 미국, 호주, 남미, 러시아, 중국 등 세계의 곡창지대를 덮쳤다(표 2-2).

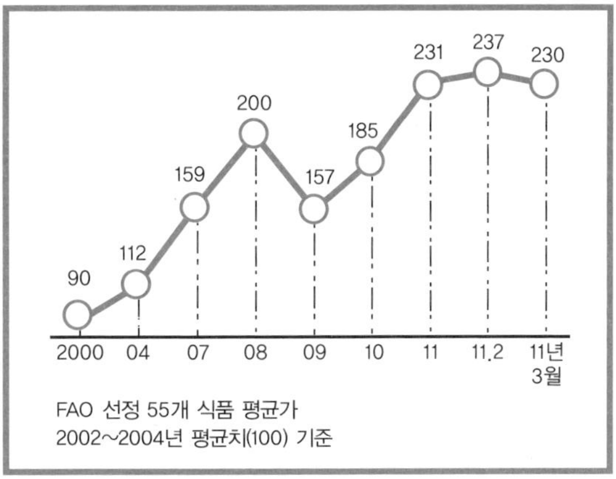

그림 2-24 폭등하는 국제 식량 가격 지수

옥수수와 밀의 세계적 주산지인 미국 중서부 대평원은 긴 가뭄이 계속되고 있다. 밀과 사탕수수 재배지가 몰려 있는 호주 동부지역에는 대홍수로 밀 생산량의 50퍼센트, 사탕수수 생산량의 20퍼센트가 감소할 것이라는 예측이다. 콩과 옥수수의 주산지인 남미 지역은 극심한 가뭄으로 고통받고 있다. 세계 3위의 콩 수출국인 아르헨티나는 가뭄으로 인해 2011년 콩과 옥수수 생산이 각각 20퍼센트, 10퍼센트 줄어들고 브라질 또한 콩과 옥수수 생산이 각각 20퍼센트, 6퍼센트

표 2-2 **세계 각지 기상이변 및 곡물 피해(2011년)**

국가	곡물	피해 현황
미국	옥수수, 밀	• 주요 곡창지대(중서부 대평원)에 가뭄 발생 • 곡물 생산량 전년 대비 2퍼센트 감소. 특히 옥수수 생산은 4.9퍼센트 감소해 15년 내 최저 예상
호주	밀, 사탕수수	• 20일 넘게 비가 내리는 사상 최악의 홍수 및 사이클론 발생 • 밀 50퍼센트, 사탕수수 20퍼센트 생산 감소 우려. 원당 가격 상승
아르헨티나	콩, 옥수수	• 극심한 가뭄과 물 부족 • 콩 20퍼센트, 옥수수 10퍼센트 생산 감소 우려
브라질	콩, 옥수수	• 극심한 가뭄과 물 부족 • 콩 20퍼센트, 옥수수 6퍼센트 생산 감소 우려
중국	밀	• 주요 곡창지대에 100여 일 비가 내리지 않았고 이상고온 현상 지속 • 북부 평원 밀 작황 19퍼센트가량 감소 우려
태국	쌀	• 3개월 이상 지속된 대홍수 • 쌀 25퍼센트 생산 감소 우려
러시아	밀	• 150년 만의 최악의 가뭄 발생 • 곡물 생산 38퍼센트 감소 우려. 밀 수출 중단 결정

감소할 것으로 내다봤다. 중국의 상황도 좋지 않다. 중북부 곡창지대가 300년 만의 최악의 가뭄을 겪고 있다. 러시아는 지난해 150년 만의 가뭄과 사상 최악의 산불로 곡물 생산량이 38퍼센트 가까이 줄어들자 밀 수출을 중단하겠다고 선언했다.

우리의 음식문화

세계는 지금 식량쇼크가 오일쇼크보다 무섭다고 난리인데, 우리의 현실은 천하태평이다. 식품 전문가들에 따르면 전 세계를 통틀어 우리처럼 독특한 음식문화를 가진 민족은 찾아보기 어렵다고 한다. 매우 다양한 식재료와 조리방법으로 수많은 종류의 음식을 만들어 먹는다는 것이다. 이것은 곧 우리 민족이 그만큼 미각이 뛰어나고 음식문화가 발달했다는 것을 의미한다.

하지만 엄청난 양의 쓰레기를 배출하는 것이 우리의 음식문화다. 우리나라에서 발생하는 음식물 쓰레기는 하루 1만 3천 톤(2007년 기준)에 달한다. 이것은 만든 음식물의 4분의 1에 해당하며 북한 주민 절반이 먹는 식품량과 같다. 음식물 쓰레기는 유해폐기물 다음으로 관리가 어렵다. 악취와 해충, 그리고 전염병 등 다른 어떤 생활쓰레기보다 불쾌하고 유해하기 때문에 버려진 순간부터 골칫덩어리가 된다. 퇴비나 사료로 자원화한다 해도 염분과 악취 때문에 농가에서 기피당하고, 처리 시에도 매립지나 소각장에서 환영받지 못한다.

그뿐만 아니라 음식물 쓰레기는 처리 과정에서 많은 양의 이산화탄소를 배출한다. 1톤을 처리하면 이산화탄소가 338킬로그램이나 발생하는 것으로 알려져 있다. 한 해 동안 배출하는 음식물 쓰레기를 이산화탄소로 환산하면 무려 180만 톤에 달하며, 이는 자동차 22만 대가 내뿜는 양과 거의 맞먹는다. 음식물 쓰레기가 총량의 3분의 1 이상이 이산화탄소가 되는 이유는 많은 양의 메탄가스를 배출하기 때문이다. 메탄가스는 이산화탄소에 비해 24배나 강한 온실효과를 내고, 이를 고려하면 이처럼 많은 양의 이산화탄소로 환산되는 것이다.

음식물 쓰레기 문제는 처리 과정에서 발생하는 경제적 손실과 환경적 피해에만 그치는 것이 아니다. 식재료가 생산되기까지 엄청난 환경비용이 지불된다는 점을 감안하면 문제의 심각성은 더 커진다. 채소와 쌀 그리고 과일 등이 생산되는 과정에는 많은 양의 비료와 농약이 자연에 뿌려지고, 축산물 또한 사육 과정에서 다량의 폐수가 배출된다. 해산물도 사료를 바다에 투여하여 양식한 것이 대부분이다. 이것은 결국 수질오염, 토양오염, 그리고 바다오염으로 이어진다.

식량을 생산하는 농경지도 초지나 산림 훼손, 조간대 매립 등과 같은 환경 파괴를 통해 조성된 것이다. 수입한 농수산물이나 식품도 마찬가지다. 수입하기 위해서는 열심히 공장을 지어 뭔가를 생산하고 외국에 팔아야 한다. 이 과정에서도 필연코 산업 쓰레기가 발생하고 수질과 대기 오염물질이 나오게 된다. 이처럼 환경비용을 지불하지 않고 얻어질 수 있는 먹거리는 없다.

음식물 쓰레기의 또 다른 환경비용은 그 속에 내재된 물(Embedded Water)이다. 여기서 내재된 물이란 음식물이 함유하고 있는 수분을 의미하는 것이 아니고, 사용된 식재료를 생산하는 과정에서 사용된 농업용수를 말한다. 〈표 2-3〉는 우리가 일상적으로 먹는 식품을 생산하는 데 사용된 물의 양이다. 소고기나 닭고기와 같은 육식이 채식에 비해 더 많은 양의 물을 소모하며, 우리가 주식으로 하는 쌀 또한 다른 곡물에 비해 물 사용이 많다. 밥 한 공기에 들어간 쌀에 포함된 물은 무려 130리터나 된다. 하루 세끼 공깃밥이 우리나라 사람이 하루 평균 사용하는 물(346리터, 2007년 기준)보다 더 많은 물을 소모한다는 계산이다. 커피 한 잔에 들어가는 원두를 생산하는 데 140리터, 포도주 한 잔에도 150리터의 물이 내재되어 있다. 음식물을 버리는 것은 그보다 수백 또는 수천 배나 많은 양의 물을 낭비하는 것이나 다름없다. 내재된 물은 가상수(Virtual Water)라는 용

표 2-3 식품에 내재된 물

식품 (단위)	물 (Liter)
쌀(1kg)	1,900~5,000
밀(1kg)	900~2,000
보리(1kg)	1,300
콩(1kg)	1,100~2,000
옥수수(1kg)	900
감자(1kg)	500~1,500
설탕(1kg)	1,500
사과(1kg)	700
쇠고기(1kg)	15,000~70,000
닭고기(1kg)	3,500~5,700
계란(1kg)	3,300
커피(1ℓ)	1,120
오렌지주스(1ℓ)	850
사과주스(1ℓ)	950
우유(1ℓ)	1,000
맥주(1ℓ)	300
와인(1ℓ)	960

어로 표현되기도 한다. 이 책의 17장 296쪽에 가상수에 관해 보다 자세하게 설명되어 있다.

먹는 식품의 40퍼센트는 수입

우리의 음식문화를 더욱 걱정스럽게 하는 것은 먹는 식품의 상당 부분을 수입에 의존하고 있기 때문이다. 2007년을 기준으로 우리나라 식품 자급률은 동물성 식품 74.7퍼센트, 식물성 식품 56.5퍼센트로 둘을 합치면 평균 59.9퍼센트다. 곡물만 분리하면 자급률이 25.3퍼센트에 불과하며 경제협력개발기구(OECD) 회원국 가운데 거의 꼴찌 수준이다. 반면 프랑스의 자급률은 320퍼센트, 독일은 147.8퍼센트에 달한다. 우리나라는 쌀(101.2퍼센트)만 자급하고 있을 뿐 콩(8.4퍼센트) 옥수수(1.0퍼센트), 밀(0.5퍼센트) 등은 전적으로 수입에 의존하고 있다(그림 2-25).

또 다른 걱정거리는 우리나라 식품 수입률이 지난 10년간 계속 증가하고 있다는 사실이다. 〈그림 2-26〉은 지난 2000년 이후 OECD 회원국 중에서 식량 자급률이 가장 낮은 한국과 일본의 1인당 식품 수입량을 비교한 것이다. 그림에서 보듯이 일본의 경우 감소하고 있는 반면 우리나라는 꾸준히 증가하여 2007년에는 그 차이가 1인당 120킬로그램에 육박하고 있다.

우리나라가 식량 자급률이 낮기 때문에 연간 농식품 분야 무역

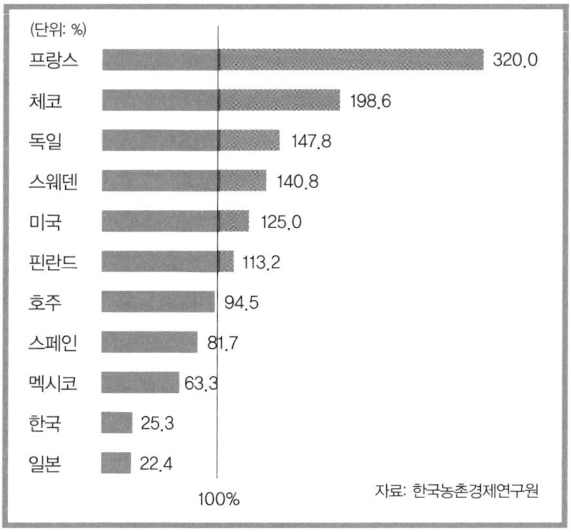

그림 2-25 OECD 주요국 곡물 자급률 비교(2008년 기준)

적자가 60억 달러(약 7조 원)를 넘는다. 앞으로도 별로 나아질 기미가 보이지 않는다. 지금까지 연평균 180제곱킬로미터의 농지가 도로나 도시 용지로 전용되었고, 향후 20년간 3,838제곱킬로미터(여의도의 1,300배)가 추가로 사라질 전망이다(그림 2-27). 여기에 기후변화와 에너지 위기, 그리고 세계 인구 증가 등으로 식량 수입 전망도 그다지 밝지 않다. 지금까지 우리가 많은 양의 식량을 수입할 수 있었던 것은 해외 농산

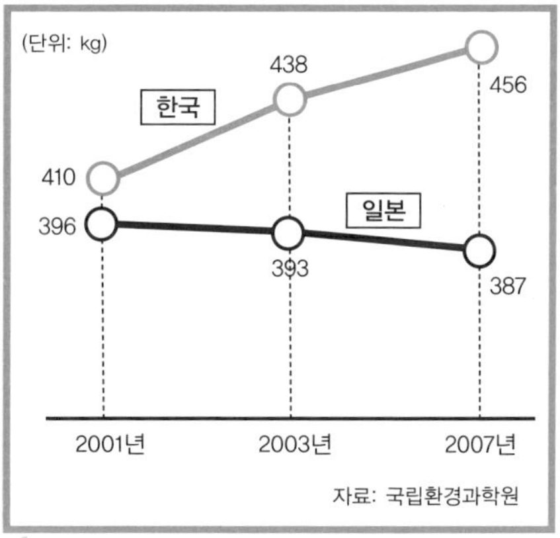

그림 2-26 한국과 일본의 1인당 연간 식품 수입량 변화

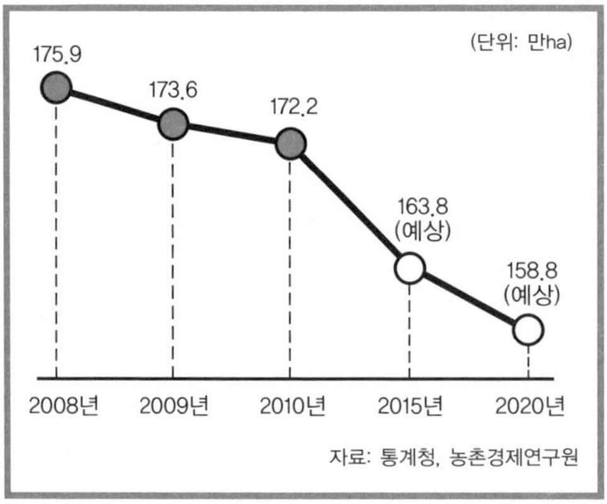

그림 2-27 우리나라 경지면적 변화 추이

물 가격이 비교적 저렴했기 때문이었다.

우리 식품이 수입 의존도가 높다는 것은 또 다른 문제점을 가진다. 생산지로부터 국내로 운송하는 과정에서 많은 온실가스를 배출하고, 방부제가 첨가되어 신선도가 떨어지기도 하며, 유통 비용도 많이 든다. 기후변화로 특히 주목받은 것은 운송 과정에서 배출되는 다량의 온실가스다. 선진국을 중심으로 이를 계량화하기 위해 푸드 마일리지(Food Mileage) 개념이 도입되고, 음식물 쓰레기 줄이기와 근거리 식품(Local Food) 먹기 등이 시도되고 있다(171쪽 박스 글 참고).

강력한 정책이 시행돼야

정부는 지금까지 여러 차례에 걸쳐 음식문화를 바꾸려는 시도를 해 왔다. 지난 1982년과 1988년, 1992년에도 '주문식단제'를 도입하는 등 대대적인 음식문화 개선 작업을 벌였다. 또한 지난 1999년 필자가 한국경제신문사에 제안하여 시작된 '환경사랑음식점' 제도가 지금도 환경부와 YWCA의 주관으로 시행되고 있다. 주문식단제는 결국 이벤트성으로 그쳤고, 환경사랑음식점 역시 초기 의도와는 달리 음식점 홍보용으로 퇴색되어가고 있다.

지난 몇 년간 환경부는 '빈 그릇 운동'을 대대적으로 추진해 왔으며, 올해는 지자체를 대상으로 음식물 쓰레기 감량 및 자원화 공모전을 개최하고 외식업체와 더불어 친환경 음식문화 실천운동인 '빈 그릇 희망 프로젝트'를 전개하고 있다. 그러나 이러한 정부 시책이 우리의 잘못된 음식문화를 근본적으로 바꾸기는 어렵다. 결국 과거의 정책이 그러했던 것처럼 희망사항으로 끝나버릴 공산이 크다.

이는 정책 수단을 잘못 선택하고 있기 때문이다. 환경정책을 추진하기 위해서는 보통 규제적 수단, 경제적 수단, 개입적 수단, 그리고 호소적 수단 등이 사용되는데 이 중에서 가장 효과가 미미한 수단이 호소적 수단이다. 교육과 홍보로 국민의 자발적 동참을 유도해 환경문제를 해결해보려는 것이 호소적 수단이다. 지금까지 정부의 음식물 쓰레기 감량화 정책은 이 호소적 수단에 의존하고 있다. 그러나 오랜 기간 타성에 젖어 있는 음식문화를 호소적 수단으로 바꾼다는 것은 거의 불가능에 가깝다.

최근 시도하고 있는 음식물 쓰레기 종량제 역시 효과가 크지 않을 것 같다. 음식물 쓰레기도 일반 쓰레기와 같이 유료 봉투나 전용 용기를 사용하도록 하여 버린 만큼 돈을 물리겠다는 정책이다. 종량제는 음식점보다 일반 가정에 더 큰 영향을 미치는데, 실제로 잘못된 음식문화의 온상은 음식점들이다. 음식점은 쓰레기 발생을 줄이기보다 건조기나 디스포저 등을 이용하여 자체 처리하는 방향으로 빠져나갈 것이다. 결국 종량제는 주부들을 힘들게 하고 서민 가계에 부담만 줄 것이다.

지난 2010년 영국 정부는 '쓰레기 제로(zero waste)' 정책의 일환으로 음식 쓰레기 무단 투기자에 대해 최대 1천 파운드(약 185만 원)의 벌금을 부과하기로 했다. 환경정책 수단 중에서 가장 강력하고 효과가 뛰어난 규제적 수단을 사용하는 것이다. 우리 정부도 이러한 정책 수단을 사용해야 한다. 예를 들어 음식점을 대상으로 매출액 대비 일정량 이상의 음식물 쓰레기 배출을 금지하는 규제적 수단을 도입하고, 관공서 식당부터 '음식물 쓰레기 제로'를 실천에 옮기는 개입적 수단도 필요하다.

아울러 잘못된 외식문화를 바꿔야 한다. 과도한 식사량, 불필요한 밑반찬, 긴 식사시간 등이 우리의 외식문화 모습이다. 여기에 거의 모든 음식점들에서 밤낮 구분 없이 술을 팔고, 한때 금지됐던 식당 흡연도 슬그머니 공공연하게 이루어지고 있는 것이 현실이다. 이런 문화로 인해 음식물 쓰레기를 비롯해 시간 낭비, 비만, 질병 등 엄청난 사회적 비용을 지불하고 있다. 특히 식당에서 발생하는 음식물 쓰레기는 심각한 수준이다. 현재 우리나라에서 음식물 쓰레기로 인한 비용이 연간 18조 원에 달하며, 상당 부분 잘못된 외식문화로 인한 것이다.

잘못된 외식문화를 바로잡기 위해서는 보다 근본적인 제도 개선이 필요하다. 시도해볼 수 있는 해결책으로 음식점을 사교형과 생활형으로 이원화하는 방법이 있다. 지금과 같은 음식점은 사교형으로 두고 생활형을 새롭게 도입하는 것을 생각해볼 수 있다. 생활형은 인체 건강 칼로리를 정량화·등급화하고 음식물 쓰레기 제로 식단, 식사시간 규제, 주류 판매 금지, 가격 제한 등 필요한 조건을 가하면서 동시에 세제 감면, 친환경·저탄소 혜택 등을 부여하는 것이다. 이는 건강 식단을 저가에 제공할 수 있는 음식점을 제도화하자는 것이다. 생활형 음식점은 저렴한 길거리 구내식당과 같은 것으로 물가 인상을 방지하는 효과도 가져올 것이다.

반면에 사교형 음식점에 대해서는 환경 부담금을 부과해야 한다. 잘못된 외식문화로 인한 사회적 비용을 사용자가 지불하게 하고 이렇게 모인 돈은 우리 사회의 환경 개선, 건강 증진, 음식문화 선진화, 생활형 음식점 정착 지원 등으로 활용할 수 있게 하는 것이다. 이런 제도가 시행되면 사교형은 점차 생활형으로 전환될 수밖에 없을 것이다.

녹색성장을 하려면 밥상부터 바꿔야

지금 우리는 단군 이래 가장 잘 먹는 시대에 살고 있다. 그러나 먹는 식량의 40퍼센트를 수입에 의존하고, 만든 음식의 25퍼센트를 쓰레기로 버리고 있다. 잘 먹는 것은 분명 축복이요, 영광이다. 하지만 우리의 음식문화는 버려야 할 방탕의 문화다. 더욱이 북한 동포를 비롯하여 지구촌 곳곳에서 기아와 가난으로 고통받는 이들을 생각하면 너무 미안하고 부끄러운 문화다.

우리보다 잘사는 유럽, 미국, 일본 등도 이처럼 많은 음식물 쓰레기를 배출하지는 않는다. 최근에는 이런 선진국들도 지구온난화와 에너지 위기로 식생활을 바꾸려는 시도를 하고 있다. 지역에서 생산되는 농작물을 먹는 것이 수송 과정에서 소모되는 에너지를 절약할 수 있고, 육식보다 채식이 환경오염과 온실가스 배출을 줄인다는 이유다. 신토불이와 금육채식이 건강뿐 아니라 환경도 지킨다는 것이 아무도 부인할 수 없는 진리가 되었다. 자전거를 타고 장바구니를 이용하며 내복을 입는 것만이 녹색생활이 아니다. 더욱 중요한 것은 우리의 음식문화를 바꾸는 것이다. 저탄소 시대에 녹색성장하려면 먼저 우리의 밥상부터 바꿔야 한다.

푸드 마일리지와 탄소 발자국

푸드 마일리지는 식품 무게에 생산지에서 소비지까지 이동하는 거리를 곱한 푸드 마일(Food Miles)에 온실가스 배출량 개념을 도입한 것이다. 푸드 마일은 1994년 영국 런던 시티 대학교 팀 랭(Tim Lang) 교수에 의해 식품의 신선도 지표를 위해 처음 도입되었다. 일본 농림수산정책연구소는 2003년 이를 온실가스 배출 지표 개념으로 확대하고 푸드 마일리지라는 단어로 변경했다.

지난 2003년 일본이 전 세계 식품 수입량과 경로(2001년 자료)를 분석하여 푸드 마일리지를 계산한 결과에 따르면 가장 긴 나라는 일본이었고 다음이 한국, 미국, 영국, 독일 순이었다. 일본은 7,100t·km, 한국은 6,000t·km로 나타났으며, 3위인 미국은 일본의 10퍼센트에 불과했다. 이는 일본과 한국이 식품 해외 의존도가 높고 미국이나 호주 등 지리적으로 먼 곳으로부터 수입하기 때문이다.

국내에서는 국립환경과학원에서 지난 2009년 처음으로 푸드 마일리지 연구가 이루어졌다. 지난 2007년 자료를 이용하여 1인당 푸드 마일리지를 계산한 결과 6,143t·km로 나타났다. 이때 함께 계산한 일본(5,760), 영국(3,211), 프랑스(1,468) 중에서 우리나라가 가장 높았다. 이를 1인당 이산화탄소 배출량으로 환산하면 138킬로그램에 달하며 국가 전체로는 총 670만 톤에 해당한다. 우리나라에 수입되는 모든 식품의 운송 과정에서 발생하는 이산화탄소량에 해당하는 이 값은 승용차 175만 대가 1년간 배출하는 양과 같다.

푸드 마일리지는 근거리 식품을 먹는 것이 지구환경에 좋다는 결론에 도달한다. 이에 대해 뉴질랜드나 호주와 같은 농업국가들은 식품의 온실가스 배출이 농축산물 생산과정에서 가장 많이 발생한다면서 반론을 제기한다. 보통 83퍼센트의 온실가스가 식재료 생산에서, 나머지 17퍼센트가 운송과 소비에서 배출되기 때문에 운송 거리를 따지는 푸드 마일리지보다 생산 과정을 먼저 고려한 탄소 발자국(Carbon Footprint)으로 비교하는 것이 보다 정확하다는 주장이다. 탄소 발자국은 개인이나 단체, 상품, 행사에 이르기까지 모든 것들이 처음부터 끝까지 배출하는 온실가스 총량으로 표현된다. 생태 발자국과 유사한 개념이나 단위가 이산화탄소량으로 주어진다. 농축산물 수출국가들은 생산과정에서 비료와 농약 사용 억제 등과 같이 경작방법을 달리하면 배출되는 온실가스를 줄일 수 있기 때문에 근거리 식품이라고 모두 지구환경에 좋다고 할 수 없다는 것이다.

선진국을 중심으로 식품에서 푸드 마일리지와 탄소 발자국을 줄이려는 노력이 계속되고 있다. 최근 주목받고 있는 방법이 도시의 빌딩농업이다. 농축산물 소비지 부근에 고층빌딩을 짓고 각층을 논밭으로 활용하는 방법이다. 물론 층별로 물고기나 가축도 기를 수 있다. 이 경우 생산과 유통 과정에서 발생하는 온실가스를 줄일 수 있으며 농경지로 인한 환경 훼손도 없다는 것이다. 이 방법은 일본이나 미국 등에서 이미 실용화 단계에 들어서 있으며 가까운 장래에 우리나라에서도 볼 수 있을 것이다(그림 2-28).

그림 2-28 신개념 도시 빌딩 농업

10

자원순환사회로 가자

저탄소 시대를 맞이하면서 자원은 그 중요성을 더해가고 있다. 한정된 자원은 에너지, 식량과 더불어 인류의 지속 가능한 삶을 위협하기 때문이다. 지금까지 계속되어온 산업문명은 지구가 제공할 수 있는 자원의 한계를 이미 초과하였고, 멈추지 않는 인구 증가는 더 많은 자원을 요구하고 있다. 또 사용한 자원은 쓰레기로 변해 계속 쌓여만 가는 것이 지구의 현실이다. 저탄소 시대에는 지구와 인류의 지속 가능한 미래를 위해 자원을 아끼고 재사용하고 재활용하는 새로운 삶의 패러다임이 절실하다. 이것은 환경과 부를 함께 얻을 수 있는 가장 현명한 방법이기도 하다.

지구 생태계와 인간의 역할

모든 생물은 지구에 의존하여 살아가고 있다. 그래서 우리는 지구를 만물의 어머니(Mother Earth)라 부른다. 식물은 광합성을 통해 물이나 이산화탄소와 같은 무기물에 태양에너지를 넣어 탄수화물, 단백질, 지방과 같은 유기물을 만들며 살아간다. 동물은 그 유기물을 먹고 에너지를 얻으면서 물과 이산화탄소와 같은 무기물을 다시 자연에 되돌린다. 미생물도 식물과 동물의 유기물에서 에너지를 얻고 자연에 무기물을 내놓는다. 이것이 지구에서 모든 생명체가 삶을 영위하는 생태계의 물질순환 과정이다(그림 2-29).

지구 생태계의 물질순환은 지난 수십억 년 동안 계속되어 왔고 앞으로도 지속 가능하다. 태양이 있고 식물이 광합성을 하여 유기물을 만들며 미생물이 유기물을 무기물로 되돌릴 수만 있다면 지구 생태계는 유지된다. 사실 동물은 없어도 지구 생태계의 물질순환은 계속될 수 있다. 동물의 역할은 단지 물질순환을 가속화하는 것뿐이다. 동물은 유기물이 에너지를 내놓고 무기물로 되돌아가는 과정을 더 빨리

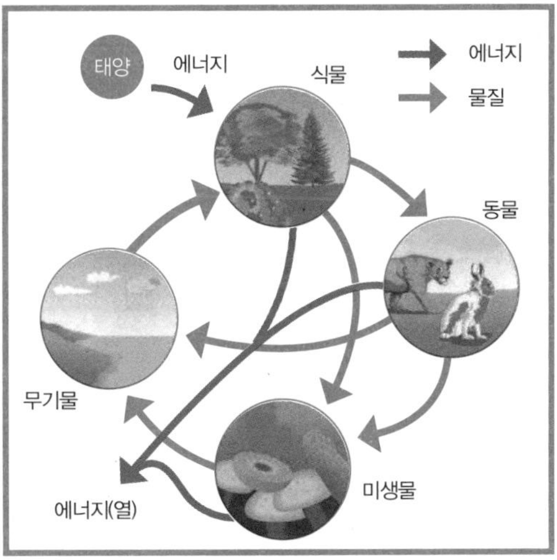

그림 2-29 생태계의 물질순환과 에너지 흐름

이루어지게 한다. 인간이라는 동물도 그 역할을 하면서 지구에서 물질과 에너지를 사용하며 생명을 유지해 왔다.

하지만 인간은 산업화 과정을 거치면서 지구 생태계에서 주어진 물질순환 역할보다 더 많은 일을 하게 되었다. 인간이 지구에 출현하기 훨씬 전에 살았던 생물들이 남겨둔 유기물(석탄, 석유 등)이나 지구 생성과 함께 만들어졌던 철, 구리, 알루미늄 등과 같은 광물들을 지구 곳곳에서 찾아 쓰고 있다. 그뿐만 아니라 식량, 목재, 물 등과 같이 생태계에서 계속해서 생산·순환되는 자원도 더 많이 소비하고 있다.

콘크리트, 아스팔트, 플라스틱, 자동차, TV, 냉장고 등 현대 사회를 살아가는 데 필요한 많은 것들은 지구 생태계의 물질순환 과정에서는 원래 없었던 것들이다. 그래서 이들은 지구 생태계에서 스스로 순환될 수 없다. 만들어 사용하면 할수록 자원은 고갈되고 쓰고 남은 쓰레기는 쌓여만 간다. 인간은 산업화 과정을 거치면서 지구 생태계에서 순환되지 않는 수많은 것을 만들어 내는 유일한 생물 종이 되었다.

그림 2-30 순환되지 않는 쓰레기 더미(산업화는 인간을 생태계에서 순환되지 않는 것을 생산하는 생물 종으로 만들었다)

지구 자원의 현실

우리가 사용하는 자원은 크게 두 가지로 분류된다. 하나는 주인이 있고 돈을 지불해야 얻을 수 있는 경제재이고, 다른 하나는 물이나 공기처럼 누구나 마음대로 얻을 수 있는 자유재다. 경제재는 다시 석유나 석탄, 광물 등과 같은 비재생성 자원과 목재나 식량 등과 같은 재생성 자원으로 나누어진다. 비재생성 자원은 한번 사용하면 지구에서 다시 만들어지지 않는 것이고, 재생성 자원은 자연에서 계속 생산될 수 있는 것으로 생물자원이 이에 해당한다.

미래 세대도 우리와 동일한 혜택을 누리며 살아갈 수 있기 위해서는 자원의 지속 가능성을 보장할 수 있는 제도적·기술적 방안이 마련되어야 한다. 우선 가능한 한 많은 자유재를 경제재로 전환하거나 사용을 규제해야 한다. 예를 들어 과거에는 야생 동식물을 마음대로 포획하고 채집하였으나 이제 그것은 규제 대상이다. 더 이상 자유재가 아니라는 것이다. 수산물의 경우 포획 가능 시기나 최대 허용 어획량을 정해두기도 한다. 앞으로는 더 많은 자유재를 경제재로 전환하고 규제를 강화해야 할 것이다.

재생성 자원은 생태계의 지속성이 유지되는 용량 내에서 사용해야 한다. 인간은 자연의 이자만으로 살아야지 원금에는 손대지 말아야 한다는 말이다. 하지만 현재 세계 곳곳에서 해양 수산자원을 남획하고 산림을 파괴하고 있으며, 생물 종이 사라지고 있다. 이러한 현상은 자연의 원금을 훼손하는 것으로 그대로 두면 생태계의 지속성이 유지될 수 없다. 부유한 나라에서는 이러한 재생성 자원을 비교적 잘 관리하고 있다. 관리가 잘못되면 가까운 시일 내에 환경뿐만 아니라 경제적 피해로 나타나게 된다는 것을 잘 알기 때문이다. 하지만 가난한 나라는 되돌아올 경제적 피해를 생각할 여유도 없이 우선 생존이 급하기 때문에 지속성 유지가 어렵다.

비재생성 자원은 한번 사용하면 자연에서 다시 만들어질 수 없는 것으로 지속 가능이라는 말 자체가 적합하지 않다. 하지만 선진 산업사회에서는 지속 가능성을 높일 수 있는 방안을 강구하고 있다. 우선 비재생성 자원을 재생성 자원으로 대체하는 것이다. 예를 들어 비재생성 자원인 석탄과 석유 대신에 태양광, 풍력, 바이오매스로 대체하는 것이 지속 가능성을 높이는 것이다. 비재생성 자원은 가능하면 사용을 최소화하는 것이 우리가 할 수 있는 방법이다.

자원의 지속 가능성을 높이는 또 다른 방법은 같은 자원을 반복 사용하는 것이다. 한 번 사용한 자원을 다시 사용하고, 그리고 그 과정을 반복하는 것이다. 이 자원순환은 자원의 고갈을 막을 수 있는 동시에 넘쳐나는 쓰레기를 줄이는 방법이다. 과학과 기술의 발달은 자원순환에 크게 기여하고 있다. 재생성, 비재생성 할 것 없이 많은 자원들이 재탄생하고 있다. 종이, 플라스틱, 유리, 철 등의 재활용률은 매우 높다. 쓰레기를 분류하고 새로운 자원으로 만드는 기술이 점점 정교해지고 경제성도 높아지고 있다. 적외선 감지기로 플라스틱을 걸러내고, 자석으로 철을 분리해낸다. 최근 주목받고 있는 도시 광산(City Mining) 산업은 폐기된 컴퓨터, TV, 핸드폰 등에서 고가의 귀금속을 다시 찾아내는 것으로 점점 그 영역을 확대해나가고 있다.

그림 2-31 자원순환의 중요성을 강조한 포스터

지난 몇십 년간 선진산업국을 중심으로 자원을 순환시키려는 제도와 기술이 꾸준히 발전해 오고 있으나 근본적으로 한계가 있다. 지구 자원은 더 많이 소모되고 순환되지 않는 쓰레기가 계속 넘쳐나고 있기 때문이다. 문제의 심각성을 더하는 것은 지구 인구가 계속 증가하고 있으며 1인당 자원 소모량과 쓰레기 배출량도 많아지고 있다는 사실이다. 이제 인류는 이를 해결할 수 있는 방법을 찾아야 한다. 〈그림 2-31〉은 이러한 현실을 잘 나타낸 포스터로 '한정된 자원을 가진 세상에서 살아남기 위해서는 자원을 순환하지 않으면 죽는다(recycle or die)'라고 경고하고 있다.

버리는 습관을 버리자

우리는 매일 버리면서 살아가고 있다. 종이, 페트병, 옷, 책, 전자제품, 가구 등 수많은 종류의 물건을 버린다. 이들 중에는 낡아서 사용하지 못하는 것도 있지만 멀쩡하지만 필요가 없어서 버리는 것도 있다. 조금만 수리하면 사용이 가능한 것도 있다. 그래서 과거에는 이러한 것들을 쓰레기라는 말 대신에 폐품이라고 했다. 다시 사용할 수 있는 상품이 될 수 있다는 의미다. 하지만 지금은 모두가 쓰레기다. 이제 다시 쓰레기가 폐품이 되는 시대로 가야 한다.

우리나라에서 국민 한 사람이 1년 동안 버리는 생활 쓰레기는 384킬로그램 정도다. 하루에 국민 한 사람이 1킬로그램을 버린다는 것이다. 여기에 산업 폐기물, 건축 폐기물 등을 합치면 연간 발생량이 1억 톤이 넘는다. 하루에 1톤 트럭 30만 대 분량의 쓰레기가 나온다는 것이다. 이 어마어마한 양의 쓰레기에서 일부를 재활용하고 가연성인 것은 소각장에서 태우며 남는 것은 매립장으로 간다. 쓰레기를 수거, 운반, 처리하는 과정에서 지불해야 하는 비용도 엄청나지만 매립할 장소도 점점 줄어들고 있다. 다행인 것은 최근에 와서 발생량이 줄어들고 재활용률도 높아지고 있다는 것이다.

고갈되어 가는 지구 자원과 우리의 쓰레기 현실을 보면 개선책이 절실하다. 쓰레기 관리에는 3R(Reduce, Reuse, Recycle)의 원칙이라는 것이 있다. 발생량을 줄이고, 재사용하고, 재활용하라는 것이다. 재사용은 그대로 다시 사용하는 것이고 재활용은 다시 제품 생산 과정을 거치는 것이다. 예를 들어 빈 병을 씻어서 다시 사용하는 것은 재사용이고 유리를 녹여 다른 제품을 만드는 것은 재활용이다. 재사용이 안 되는 것은 재활용으로 간다.

3R의 원칙 중에서 가장 경제적이고 현명한 방법은 발생량을 줄이는 것, 즉 쓰레기가 생기지 않게 하는 것이다. 우리는 경제사정이 조금씩 나아지면서 과잉구매, 불필요한 충동구매, 그리고 쉽게 버리는 습관에 젖어 있다. 하루빨리 이러한 습관을 버려야 한다. 또한 아나바다(아껴 쓰고, 나눠 쓰고, 바꿔 쓰고, 다시 쓰는) 운동에 국민 모두가 동참할 수 있는 사회가 되어야 한다.

우리 정부는 지난 2003년부터 가전제품, 타이어, 윤활유 등을 대상으로 생산자 책임 재활용 제도(EPR: Extended Producer Responsibility)를 시행해 오고 있다. 생산자는 좋은 제품을 만들 책임도 있지만 만든 제품을 다시 회수하여 재활용해야 할 책임도 있다는 것이다. 그래서 생산자에게 만든 제품 폐기물 중에서 일정량 이상을 재활용해야 하는 의무를 부여한 제도로, 앞으로 계속 확대하고 강화해야 할 제도다. 이는 재활용도를 높일 수 있을 뿐만 아니라 유해물질을 관리하는 데도 매우 효과적이다. 현재 건전지나 형광등 등에 적용하고 있지만, 가까운 시일 내에 가정에서 사용하는 의약품이나 살충제 등과 같이 관리가 잘못되면 환경문제로 이어질 수 있는 모든 제품에도 적용해야 한다. 예를 들어 유효기간이 지난 의약품은 약국에 반납하고 사용한 건전지, 살충제, 형광등, 페인트 등도 가까운 편의점이나 구매한 곳에 되돌려주는 제도가 시행되어야 한다.

우리나라는 외국에 비해 유난히 건축 폐기물이 많고 생활이나 산업에서 발생하는 양을 훨씬 능가하고 있는데, 이는 우리나라만의 독특한 현상이다. 이유는 도로, 교량, 건축물 등을 만들 때 부실공사가 많아 수명이 짧기 때문이다. 이를 막을 수 있는 제도가 하루빨리 마련되어야 한다. 또한 산업 폐기물을 줄이기 위해서는 폐기물 거래 제도를 보다 활성화해야 한다. 한 업체에서 버리는 것이 다른 업체에서는 자원으로 활용될 수 있기 때문에 이를 거래할 수 있는 정보 시스템을 구축하고 자원순환 산업체 클러스터를 만들어 거래가 쉽게 이루어질 수 있도록 해주는 것도 좋은 방법이다. 건축 폐기물이나 산업 폐기물을 다시 자원으로 사용할 수 있는 기술적·제도적 방안이 모색되어야 한다.

절약과 나눔의 사회로 가자

인간이 살아가면서 사용하는 자원과 배출되는 쓰레기의 양을 지구 생태계의 물질순환 용량과 비교한 개념이 생태 발자국(Ecological Footprint)이다. 이에 따르면 현재 지구 인구의 삶은 생태계 용량을 초과했다고 한다. 다시 말해 현재 우리의 삶은 지구가 제공하는 생태계의 한계를 넘었다는 것이다. 그리고 그 한계에서 점점 멀어져가기 때문에 지구의 자원 문제는 더욱 심각해지고 있다. 〈그림 2-32〉에 지적한 바와 같이 2007년에 이미 지구 용량 한 개 반에 근접했으며, 지금처럼 계속된다면 2050년에는 용량 두 개를 초과하게 된다. 이것을 한 개로 되돌리려면 획기적인 대책이 요구된다.

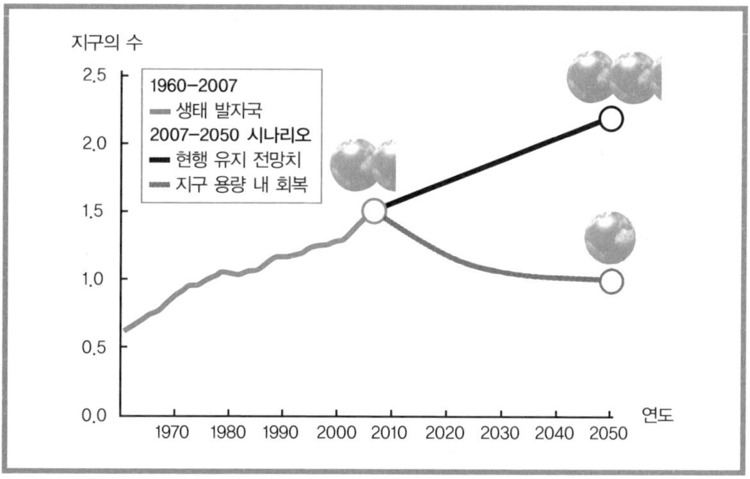

그림 2-32 생태 발자국 이론에 따른 인류가 필요로 하는 지구의 수

현재 한계를 초과한 이유는 부자 나라에서 너무 많은 자원을 소모하고 있기 때문이다. 현재 부자 나라에 거주하는 20퍼센트의 인구가 지구 자원의 86퍼센트를 소모한다는 조사 보고가 있다. 여기에 걱정스러운 것은 가난한 나라를 중심으로 인구가 급속히 증가하고 있고, 이들도 점점 더 많은 자원을 소모하게 될 것이라는 사실이다(그림 2-33). 생태 발자국 분석에 따르면 현재 지구의 인구 모두가 미국인처럼 살아가려면 지구가 5개나 필요하고, 유럽인들처럼 살아가려면 3개가 필요하며, 파키스탄인들처럼 살아가려면 지구가 1개로도 충분하다는 것이다(그림 2-34).

현재 지구 상에 살고 있는 18세 이전의 청소년은 20억 명이 넘는다. 이들 중 90퍼센트 이상이 가난한 나라에서 살고 있다. 또 현재 신

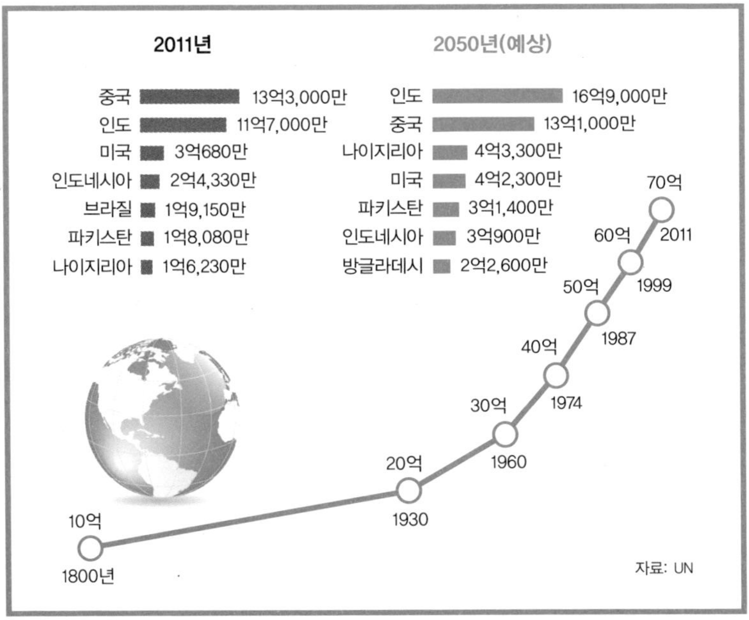

그림 2-33 세계 인구 증가 추이와 인구 대국

생아 100명 중 97명이 가난한 나라에서 태어나고 있다. 이들 모두가 미국인이나 유럽인처럼 살아가려고 한다. 어느 누구도 파키스탄인들처럼 살고 싶어 하지 않는다. 그리고 지금은 가난한 나라의 사람들도 부자 나라 사람들이 어떻게 살아가는지 잘 알고 있다. 다 쓰러져가는 판잣집에 사는 사람들도 이제는 자신들의 물질적 삶과 비행기를 타고 자신들의 머리 위를 날아다니는 사람들의 삶을 비교할 수 있다. 더구나 같은 나라, 같은 도시 내에 사는 가난한 사람들은 이웃 부자들이 누리는 풍요의 삶을 더욱 잘 알고 있다.

가난한 사람들이 잘살기 위해 꿈을 꾸고 노력하는 것은 아름다운 일이다. 특히 전 세계에서 자라나고 있는 수십억 명 청소년들의 잘살고 싶다는 꿈은 어느 누구보다 크다. 이들에게 지구는 하나밖에 없으니 그 꿈에서 깨어나라고 할 수는 없다. 방법은 새로운 발전 모델을 찾는 것이다. 모든 사람이 잘살고 건강한 지구 생태계를 유지할 수 있는 모델이 필요하다.

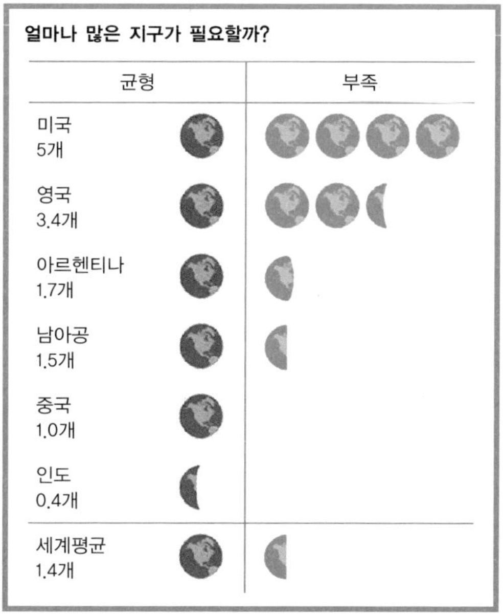

그림 2-34 국가별 생활방식에 따른 필요한 지구의 수

그 모델이 저탄소 녹색성장이라면 그 속에는 자원순환 사회로 가는 방안이 포함되어야 한다. 그 순환은 생태계의 원활한 물질순환뿐 아니라 지구촌 곳곳에서 풍요로운 삶이 돌아갈 수 있게 하는 것이다. 지금 부자 나라, 부자 동네는 넘쳐나는 쓰레기가 걱정이고 가난한 나라, 가난한 동네는 생필품마저 부족한 것이 현실이다. 이 문제를 해결할 방법은 잘사는 곳에서 절약하고 남는 것은 가난한 곳에 나누는 것이다. 저탄소 시대에 우리가 추구해야 할 녹색문명의 중심에는 절약과 나눔이 자리 잡고 있다. 아울러 자원순환으로 가는 생활방식과 녹색기술 개발이 절실하다.

생태 발자국

생태 발자국은 1996년 캐나다의 마티스 웨커네이걸(Mathis Wackernagel)과 윌리엄 리스(William Rees)가 개발한 개념으로, 인간이 살아가는 데 필요한 의·식·주 등을 제공하기 위한 자원의 생산과 처분에 드는 비용을 토지로 환산한 지수를 말한다. 그들에 따르면 지구에서 인간이 지속 가능한 자연을 유지하려면 1만 9천 제곱미터 정도의 땅에서 나는

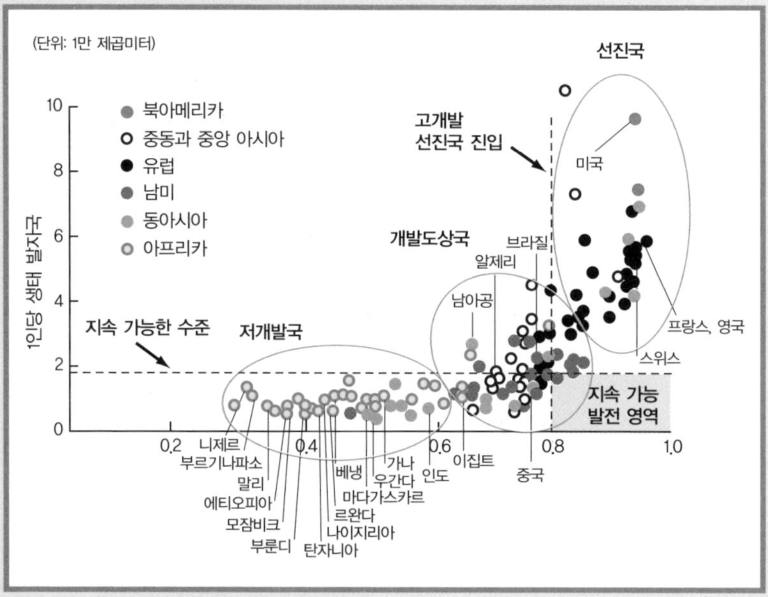

그림 2-35 국가별 생태 발자국

자원으로 살아가야 한다. 하지만 현재 우리는 그 용량을 초과하여 2만 2천 제곱미터를 사용하고 있다는 것이다.

이 이론에 따르면 생산과 소비가 많은 선진국일수록 1인당 생태 발자국이 크고 지구에 더욱 많은 부담을 주고 있다는 것이다. 저개발국 또는 일부 개발도상국을 제외한 대부분의 국가가 지구 용량을 초과하고 있다(그림 2-35). 우리나라도 1995년에 지구 용량 초과 기준점을 넘었고, 2005년에는 3만 제곱미터에 이르렀다.

하지만 이 이론은 과학과 기술의 발달로 인한 자연자원의 효율적 생산, 재활용 및 처리기술 등에 관한 고려가 들어 있지 않다. 예를 들어 선진국은 농업기술의 발달로 단위면적당 곡물 생산량이 후진국에 비해 5~6배나 높고 사용한 자원을 재활용하며 폐수 처리, 소각, 매립 등과 같은 환경기술을 활용하고 있다는 사실을 무시하고 있다. 단순히 소비하는 자원만으로 지구에 미치는 영향을 계산함으로써 후진국의 가난한 사람들이 지구를 위해 좋은 삶을 살고 있는 것처럼 표현되고 있다. 환경의 중심에는 인간이 있는데, 이 이론은 그 중심에 지구를 두고 있다. 지구를 위하여 인구가 줄어야 하고 소비를 줄여야 한다는 주장이다. 지구 생태계를 위하여 사람이 죽고 인구가 줄어야 한다는 생태근본주의의 이념과 매우 유사하다. 하지만 지구 생태계와 인류의 조화로운 삶과 자원의 소중함을 일깨워주는 자료로 참고할 필요가 있다.

제3부

부국환경의 길 II
진보적 환경주의

Progressive Environmentalism

이상적 환경주의와
오도된 환경논리에서 벗어나자

11

토목건설은 환경의 적이 아니다

환경이 중요한 시대가 되면서 삽질 공화국, 토건 공화국이 환경을 망친다는 주장을 자주 듣게 된다. 불행하게도 우리 국민들은 정상적인 환경교육을 받을 기회를 갖지 못했기 때문에 이런 선동적인 말이 잘 먹혀 들어간다. 그래서 과거 국가 발전의 핵심 동력이었던 토목건설 산업이 이제는 환경 죄인으로 취급되기도 한다.

환경 지키는 핵심 기술

하지만 토목건설만큼 환경을 지키는 데 중요한 역할을 하는 것은 없다. 일례로 강에 맑은 물이 흐르게 하는 데 가장 크게 기여하는 것이 토목건설 산업이다. 여기에 종사하는 자들이 열심히 환경기술을 연구·개발하여 전국 곳곳에 수많은 하수처리장을 건설했기 때문에 지금의 수질이 유지되는 것이다. 만약 하수처리장 가동을 단 며칠만 중단해도 우리의 강에는 악취가 진동하게 될 것이다. 또 복개되고 파괴된 하천을 자연형으로 복원하여 맑은 물과 건강한 생태계를 되찾는 사업도 토목건설 업체들이 하고 있다. 서울의 청계천과 울산의 태화강 등 전국의 수많은 하천과 강들이 토목건설의 힘으로 생명이 살아 숨 쉬는 공간으로 다시 태어나고 있다(그림 3-1).

그뿐만 아니라 수돗물을 생산하는 정수장, 쓰레기를 처리하는 소각장과 매립지, 그리고 도시 지하에 있는 상수도관과 하수도관 등 이 모든 것들이 토목건설 기술로 가능하게 된 환경기초시설이다. 이러한 시설이 없으면 우리는 살아갈 수도 없고 환경도 지켜질 수 없다. 도로나 철도, 공항 등과 같은 사회간접시설을 만드는 토목건설도 환경의 적이 되면 지금은 생존이 불가능하다. 왜냐하면 모든 개발사업은 사전에 자연생태계와 우리의 생활환경에 미치는 영향을 예측하여 이를 최소화하는 환경영향평가제도에 의해 규제되기 때문이다.

좁은 국토에 많은 사람들이 모여 살며 활발한 산업활동을 하면서도 그나마 지금의 환경을 유지할 수 있는 것은 환경기초시설을 계속 확충하고 환경영향평가제도를 강화해 왔기 때문이다. 이러한 과정에서 발전을 거듭해 온 것이 환경산업과 기술이며, 상당 부분이 토목건설 산업과 기술에 기반을 두고 있다.

그래서 우리의 환경을 지키겠다는 일념으로 공부하는 전국 환경공학과 학생들이 꿈꾸는 로망이 대형 토목건설회사의 환경사업부에서 일하는 것이다. 보다 효율적인 환경시설을 연구·개발하고 설계·시공하며, 개발사업으로 인한 환경피해를 최소화하여 환경을 지키겠

그림 3-1 토목건설 기술로 다시 태어난 서울의 청계천과 울산의 태화강

다는 것이다. 환경보호만을 외친다고 해서 환경이 지켜지는 것이 아니라, 환경과학과 기술이 발전해야 하고 이를 현장에 적용할 수 있는 재원이 필요한 것이다.

누가 환경을 지키나?

삽질 공화국, 토건 공화국 운운하며 사사건건 반대하는 그룹들은 자신들이 우리의 금수강산을 지키는 파수꾼임을 자처한다. 하지만 우리의 산을 지금처럼 수목이 울창하게 한 것은 그들이 아니라 바로 이 땅에서 가난을 몰아낸 산업 역군들이라는 사실을 알아야 한다. 수출로 외화를 벌어들이고, 그 외화로 에너지를 수입할 수 있기 때문에 우리의 국토가 지켜지는 것이다.

우리가 가난했다면 지금처럼 산에 나무가 무성할 수 없다. 97퍼센트의 에너지를 수입하는 우리나라가 만약 외화 부족으로 에너지 수입을 중단하게 되면 몇 년 내에 우리의 산은 벌거벗은 민둥산으로 변할 것이다. 현재 전 세계적으로 심각한 숲 파괴가 일어나는 곳이 모두 가난한 나라라는 사실이 이를 잘 말해주고 있다.

우리나라는 현재 가구나 건축용 목재 99%를 외국에서 수입하고 있다. 만약 우리가 쓰는 목재를 국내에서 충당한다면 강원도의 숲은 2년 안에 사라지고, 한반도 전체의 숲도 15년을 버티지 못할 것이라는 것이 산림 전문가들의 공통된 생각이다. 여기에다 광물자원 90%

를 수입하고 있는데, 만약 더 이상 광물자원을 수입하지 못한다면 우리의 산은 광산으로 전국 곳곳이 파헤쳐질 것이 뻔하다.

그뿐만 아니라 우리나라는 현재 약 40퍼센트의 식량을 수입에 의존하고 있다. 만약 외화 부족으로 식량 수입을 중단하게 된다면 초지나 산림을 훼손하고 바다를 매립하여 더 넓은 농지를 만들어야 하고, 더 많은 강물이나 지하수를 농업용수로 사용해야 한다. 전 세계적으로 강물이 마르고 지하수가 고갈되어 심각한 환경문제가 야기되는 곳은 대부분 과도한 농업용수 사용으로 인한 것이다.

에너지와 목재, 광물자원 그리고 식량만 보더라도 사정이 이러한데, 여기에 의류나 생활용품 등 모든 것을 이런 식으로 따져보면 우리 국토에는 어떤 일이 일어날 것인지 생각만 해도 끔찍하다. 하지만 우리나라를 경제대국으로 만든 산업 역군들은 우리의 금수강산을 지킨 공로를 인정받기는커녕 오히려 환경 죄인 취급이나 당하는 것이 지금의 현실이다.

지난 2010년 한 해 동안 우리 건설업체의 해외건설 수주 실적이 사상 최대인 716억 달러를 기록했다. 제조업 분야 최대 수출액을 보이는 반도체(515억 달러)나 2010년에 호황을 누린 선박(471억 달러)과 자동차(318억 달러)를 능가한다. 해외 토목건설은 제조업 수출보다 환경 측면에서 월등하다. 이 땅에 폐수 한 방울, 폐기물 한 점 남기지 않기 때문이다. 이렇게 벌어온 돈이 우리의 금수강산을 지키는 것이다.

이율배반적인 환경이념을 버려라

현대인들은 이율배반적 환경이념에 사로잡혀 있는 경우가 많다. 콘크리트로 된 집과 사무실에서 생활하고, 아스팔트 도로 위를 쇠로 만든 자동차를 굴리며 살아가면서도 콘크리트와 아스팔트, 자동차 등을 환경의 적으로 여기며 혐오하는 경향이 있다. 특히 자신은 도시에 살면서 원시적인 자연을 꿈꾸는 생태근본주의에 사로잡힌 일부 과격한 환경운동가들은 그 정도가 매우 심각하다. 지난 1970년대 미국에서 환경운동가들이 모여 당시 대기오염의 주범이었던 자동차를 부수는 퍼포먼스를 하고, 돌아갈 때는 모두 자동차를 타고 간 코미디극을 벌인 적도 있었다. 이것은 환경운동가들의 이율배반적인 행동을 잘 보여주는 유명한 일화다. 이러한 행동은 우리 사회에서도 흔히 볼 수 있다.

자기모순과 착각 속에 살아가는 것은 어쩔 수 없다. 하지만 문제는 잘못된 환경이념이 국가 정책을 오도하고 국민들을 혼란에 빠뜨린다는 것이다. 토목건설은 잘못된 환경이념으로 큰 피해를 보는 분야 중 하나다. 이제 토목건설인들은 지금처럼 침묵만 지킬 것이 아니라 자신들의 역할을 바로 알리려는 노력을 해야 한다. 필요할 때는 하수처리장 가동을 중단하는 시위도 하고, 잘못된 환경이념에 사로잡힌 자들을 무인도에 보내 토목건설의 소중함을 체험하게 해야 한다. 아울러 모든 사업은 기획 단계에서부터 시공에 이르기까지 환경을 최우선으로 하는 보다 철저한 노력을 해야 한다.

청계천 복원에서 배우는 환경 교훈

서울의 청계천 복원은 우리 환경사에 중요한 이정표가 되었다. 지금까지 수많은 인파가 청계천을 찾아 찬사를 아끼지 않았고 해외 언론은 특집 방송을 보도하기도 했다. 그 열기는 지금도 남아 전국 곳곳에서 하천 복원 사업이 계속되고 있다.

청계천 복원이 이처럼 폭발적인 인기를 누리게 된 것은 맑은 물과 아름다운 조경 때문만은 아니다. 더 큰 이유는 도심의 잿빛 공간이 생명이 살아 숨 쉬는 자연으로 다시 태어났기 때문이다. 오랜 기간 아스팔트와 콘크리트에 묻혀 있었던 시궁창이 맑은 하천이 되어 시민의 품으로 돌아왔기 때문에 모두가 감동하고 세계가 주목하는 것이다.

청계천 복원을 보면서 지금 우리의 국토 계획을 돌아볼 필요가 있다. 국가균형발전이라는 미명 아래 행정도시, 혁신도시, 기업도시, 신도시 등 각종 도시 개발로 수천만 평의 산천초목이 사라지고 있다. 진정한 국가균형발전을 위해서는 각종 도시 만들기에 급급할 것이 아니라 피폐해진 옛 고장을 되살리고 황폐해진 국토를 복원해야 한다. 지금 우리 국토의 가장 큰 불균형은 농촌과 도시의 심각한 격차다. 가난이 싫어, 더 나은 교육과 문화를 찾아 도시로 몰려들어 농촌은 쇠락의 길로 가게 되었다. 그래서 수년 동안 아기 울음소리를 듣지 못한 읍면이 전국에 산재하고 버려진 마을과 학교가 계속 늘고 있다.

그뿐만 아니라 지난 세기 이 땅에 저소득 산업사회가 지속되면서 생존을 위한 무모한 국토개발이 계속되어 왔고 그 흔적은 그대로 남아 있다. 과거 우리는 식량 증산을 위하여 산을 깎아 논과 밭을 만들었고 하천 부지에 자갈밭을 일구었다. 또한 연료와 자원을 얻기 위하여 전국 곳곳을 광산으로 파헤쳤다.

산비탈에 만들어진 논과 밭은 약한 비에도 토사가 유실되고 많은 양의 비료가 살포되어 수질오염의 원인이 되고 있다. 현재 우리나라는 OECD 가입국 중 단위 농지면적당 가장 많은 양의 비료를 사용하는 국가로, OECD 국가의 평균치보다 10배나 많은 비료를 살포하고 있다. 또한 전국에 방치된 수백 개에 달하는 폐광산은 주변 토양과 지하수, 하천을 오염시키고 있다. 여기에 우리의 농촌은 생계를 위하여 축산업과 같은 저소득 고오염 산업을 계속하고 있다. 그 결과 축산폐수는 현재 우리나라 하천의 최대 오염원이 되었다.

국가균형발전을 위해서 먼저 해야 할 일은 훼손된 국토를 복원하고 낙후된 옛 고장을 다시 살려내는 일이다. 각종 도시 개발에 투자되는 수십조 원의 예산을 피폐해진 읍면을 되살리는 데 사용해야 한다. 가장 낙후된 군 단위를 중심으로 일군일사(一郡一社) 정책을 추진하여 지식기반, 고부가 가치 산업으로 전환하고 선진 교육과 문화를 정착시켜 나가야 한다. 산비탈에 만들어진 한계농지를 산림으로 전환하고 훼손된 국토를 다시 자연으로 되돌리며, 피폐해진 농촌을 고소득 저오염 사회로 만드는 국토 복원 운동이 국가균형발전을 위해 지금 우리가 해야 할 일이다.

청계천 복원은 21세기 환경의 키워드가 재활용이라는 사실을 다시 한 번 확인시켜 주고 있다. 모든 자원을 재활용하고 국토도 재활용하는 것이다. 옛 땅을 버리고 새로운 곳을 찾아가는 것이 아니라 그 땅을 복원하고 재활용하는 것이 우리가 가야 할 길임을 보여주고 있다. 산천초목을 불도저로 밀어내는 일은 이제 그만하고 황폐화된 국토와 피폐해진 읍면을 찾아서 다시 살려야 한다는 것이 우리가 청계천 복원에서 배워야 할 환경 교훈이다.

12

과학적인 환경사랑을 하자

미국 역사상 최초의 흑인 대통령 버락 오바마의 당선으로 그의 정치적 고향인 시카고가 세계적인 주목을 받고 있다. 아프리카 케냐의 염소지기 아들 오바마가 40대의 나이로 중앙 정계에 진출한 지 단 4년 만에 미국 대통령이 된 기적 같은 사건이 이곳 시카고에서 시작되었기 때문이다. 시카고는 앞으로 한동안 오바마의 드라마 같은 인생역정과 정치활동이 인구에 회자되면서 세계 정치사에 유명 도시로 남게 될 것이다.

환경 재난 도시 시카고

시카고는 세계 환경사에서도 유명 도시로 알려져 있다. 영국 런던이나 일본 미나마타보다 더 참혹한 환경 재난이 일어났던 이곳이 성공적인 생존전략으로 세계 최대 호반도시가 되었기 때문이다. 호숫가에는 수질 문제로 대도시가 들어설 수 없지만, 시카고는 현재 인구와 경제 규모 면에서 뉴욕과 로스앤젤레스 다음 가는 미국 제3의 도시가 되어 있다.

시카고는 1803년 포트 디어본(Fort Dearborn)이라는 군사기지가 들어서면서 사람이 살기 시작한 곳이다. 1825년에 오대호와 허드슨 강을 연결하는 이리 운하(Erie Canal)가 개통되어 뉴욕까지 배가 드나들 수 있게 되었고 1834년에는 시카고 시(市)가 만들어졌다. 1848년에는 일리노이 미시간 운하(Illinois and Michigan Canal)가 건설되어 미시간 호수와 미시시피 강 지류인 일리노이 강을 연결하게 되었다. 같은 해 이곳에 철도 건설이 시작되면서 시카고의 도시 규모는 점점 커져갔다.

1864년 미국 남북전쟁이 끝나자 많은 사람들이 한꺼번에 시카고로 몰려들었다. 그러나 1871년 10월 8일, 27시간에 걸친 대화재로 도시 대부분이 불타버렸다. 이 화재로 300여 명이 사망하였고 10만여 명이 집을 잃었다. 그 후 시작된 재정비 사업과 더불어 도시는 더욱 빠르게 성장했다. 도심에 마천루가 들어섰고 인구가 급속히 증가하여 화재 당시 30만에 불과했던 시민이 1885년에는 100만을 돌파했다.

인구가 늘어나면서 도시는 남쪽 칼루메(Calumet) 강 유역까지 확대되었고 거리는 마차에서 나오는 배설물과 쓰레기로 넘쳐났다. 그리고 더 많은 생활하수가 시카고 강과 칼루메 강에 방류되었고 두 강은 다시 미시간 호로 흘러들어가 물은 썩고 쓰레기로 범벅이 되었다. 시카고 시민들은 악취와 질병으로 고통당하고 깨끗한 식수를 더 이상 구할 수가 없었다(그림 3-2).

1885년과 1886년에 이곳에서 장티푸스가 창궐하여 9만여 명이 사망했다. 100만 인구의 생활하수와 쓰레기가 버려진 미시간 호의 물을 식수로 사용하다 빚어진 대참사였다. 지금까지 기록된 환경 재난 가운데 가장 많은 사망자를 낸 사건이었다. 그 후에도 오염된 하천과 호수로 인하여 시카고의 전염병은 계속되었다. 미시간 호의 물을 식수로 사용하고 하수를 다시 이곳에 버리는 한 시카고는 계속해서 장티푸스, 콜레라, 이질 등과 같은 수인성 전염병으로 고통받을 수밖에 없었다.

세계 최대 호반도시로 태어나

대참사를 겪은 시카고는 당시로서는 엄청난 토목공사를 계획하게 되었다. 미시간 호로 흘러가던 시카고 강과 칼루메 강의 유역을 변경하여 미시시피 강의 지류인 데스 플레인즈(Des Plaines) 강으로 흐르게 하는 대역사였다. 시카고의 하수로 오염된 두 강의 흐름을 역류시키고 이곳에 배가 다닐 수 있게 한 것이다. 이것이 1887년부터 1922년 사이에 건설된 시카고 운하(CSSC: Chicago Sanitary and Ship Canal)다. 1900년에는 시카고 강과 데스 플레인즈 강을 연결하였고 그 후 칼루메 강을 잇는 칼색 수로도 완공했다(그림 3-2).

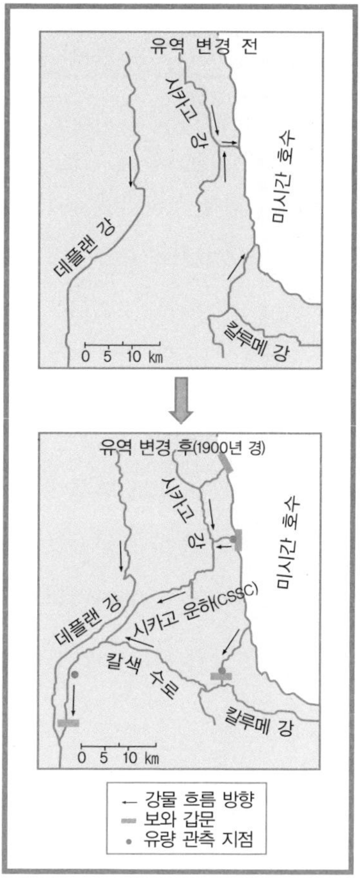

그림 3-2 시카고 운하 건설로 이루어진 유역 변경

시카고의 하수는 더 이상 미시간 호로 들어가지 않고 미시시피 강을 따라 대륙의 남쪽으로 흘러가게 되었다. 공사가 마무리되자 미시간 호의 수질은 한결 좋아졌고 반복되던 전염병도 멈추게 되었다. 그뿐만 아니라 시카고 운하는 오대호와 미시시피 강을 연결하는 물류 동맥 역할을 하게 되었다.

시카고 운하는 1870년에 완공된 대륙횡단철도와 더불어 이곳을 내륙교통의 최고 요지로 만들었다(그림 3-3). 그 결과 세계 최대 곡물시장(시카고 선물거래소)이 만들어졌고 미국 중서부의 대평원에서 생산되는 농산물은 이곳을 통해 팔려나가게 되었다. 특히 1959년에 캐나다를 통해 오대호와 대서양을 연결하는 세인트 로렌스 운하(Saint Lawrence

그림 3-3 시카고 시내 운하 전경 및 교외에 위치한 갑문

Canal)가 건설되면서 시카고에는 대형 선박이 들어올 수 있게 되었다. 현재 미국은 전체 물동량 중 6.2퍼센트가 내륙주운에 의존하고 있으며, 그 대부분이 시카고가 중심이 되는 미시시피 강과 오대호를 통해 이루어지고 있다.

시카고에서 처음 시도한 유역 변경은 그 후 다른 여러 곳에서도 행해졌다. 1930년경에 미국 시애틀의 생활하수가 인접한 워싱턴 호로 흘러들어가 심각한 수질악화를 야기하자, 시애틀 시는 1936년에 워싱턴 호로 흘러가던 생활하수의 흐름을 태평양 연안 푸젯 만으로 변경시켰다. 1940년경에는 도시가 교외로까지 팽창하면서 1955년 무렵에는 워싱턴 호의 수질이 다시 문제가 되었다. 1963년 시애틀 시는 교외 지역의 생활하수도 푸젯 만으로 흐르게 하여 호수의 수질을 개선했다. 1950년대 말 당시 비누 사용이 일반화되면서 심각한 부영양화를 겪게 된 스위스의 레만 호도 유입 하천의 유역 변경을 통하여 수질개선을 이루었다.

인간 생명과 삶의 질을 최우선으로

시카고는 환경 재난을 슬기롭게 극복하여 맑은 물과 물길을 얻어낸 전화위복의 도시다. 그래서 시카고는 운하 건설과 유역 변경으로 세계 최대 호반도시가 된 사례로 환경사에 남게 되었다. 운하를 파고 강물을 거꾸로 흐르게 하는 것은 맹목적인 환경사랑에 도취된 자들에게는 절대로 용납될 수 없는 일이다. 하지만 시카고 운하는 시민의 생명과 호수의 수질을 지키기 위한 현명한 선택이자 과학적인 환경사랑의 결과였다.

과학적인 환경사랑은 인간의 생명과 삶의 질을 최우선으로 한다. 환경이 소중한 이유는 세대를 초월하여 인간에게 돌아올지 모르는 부메랑 효과 때문이다. 그러나 맹목적인 환경사랑은 간혹 문제의 본질을 망각하고 환경에만 집착하는 과오를 범한다. 과학적인 환경사랑은 이러한 과오를 막아주고 건강하고 쾌적한 환경, 풍요롭고 윤택한 삶, 그리고 지속 가능한 발전이 함께 이루어질 수 있게 해준다.

시카고는 바람의 도시(Windy City)라는 애칭으로 불릴 만큼 바람이 잦고 강한 곳이다. 이는 미국 중서부의 대평원과 거대한 미시간 호수가 만나는 지리적 특성으로 인한 국지적 기상현상이다. 이 바람의 도시에서 시작된 오바마의 돌풍이 일시에 미 대륙을 휩쓸었다. 이제 이 돌풍이 9·11 테러, 이라크 전쟁, 금융위기 등으로 고전을 면치 못하는 미국을 살리고 아울러 오래전 이곳 시카고에서 시작된 과학적인 환경사랑을 지구촌 곳곳에 심어주길 바란다.

거시적 환경 시각

부강한 환경선진국으로 가기 위해서는 국민들의 거시적 환경 시각이 요구된다. 보다 넓은 관점에서 환경을 봐야 바른 판단을 할 수 있다는 것이다. 예를 들어, 지금까지는 석탄과 석유 문명이 대기오염의 주범이고 지구를 병들게 했다고 주장해 왔다. 하지만 가난한 나라의 현실을 보면 석탄과 석유가 없으면 결국 산이 황폐화될 수밖에 없다. 화석연료가 산림을 살린 것이다. 미국은 화석연료 덕에 지금이 건국 이래 가장 넓고 울창한 산림을 가진 시기가 되었다고 자랑하고 있다. 우리나라 역시 산의 나무를 살린 일등공신은 무연탄이라는 의견이 지배적이다.

비슷한 예를 자동차 문명에서도 찾아볼 수 있다. 자동차가 매연과 소음 등 여러 가지 환경문제를 야기한다고 주장하지만, 만약 자동차가 없었다면 도시의 거리는 우마차의 배설물로 악취가 진동하고 전염병이 창궐해 더 큰 고통을 줄 수밖에 없다. 이것은 지난 19세기 말 미국이나 유럽의 도시에서 오랫동안 경험한 일이다.

중국의 만리장성, 이집트의 피라미드 등과 같은 세계 도처에 남겨진 수많은 거대 문화유산들도 보는 관점에 따라 환경 파괴가 될 수도 있고 후손들에게 남긴 위대한 건축물이 될 수도 있다. 그 한 예로 미국 사우스 다코다 주 마운트 러시모어에 있는 대통령상은 환경 파괴 논쟁에서 자주 등장한다. 미국 국립공원의 바위산에 네 명의 위대한 대통령(조지 워싱턴, 토머스 제퍼슨, 시어도어 루스벨트, 에이브러햄 링컨)의 얼굴을 조각했는데, 이는 아파트 7층 높이(18미터)에 달하는 거대한 조각상이다.

1927년부터 1934년까지 45만 톤의 다이너마이트로 바위를 부수고, 그 후 구촌 보르그룸(Gutzon Borglum)이라는 조각가가 자신이 죽을 때까지 대통령의 얼굴을 바위에 새겼다. 그가 마치지 못한 것은 그의 아들 링컨 보르그룸(Lincoln Borglum)이 대를 이어 계속했고 1941년에 마무리했다. 작업의 90퍼센트는 다이너마이트로 이루어졌고, 나머지는 수작업이었다.

마운트 러시모어의 대통령상은 미국 역사 교육과 애국심 고취의 현장이 되고 있다. 역사가 짧고 유물이 많지 않은 미국에서 연간 300만 명의 관광객이 이곳을 다녀가고 있다. 이것이 환경 파괴인지 아니면 위대한 문화유산인지는 보는 관점에 따라 달라질 수 있다.

그림 3-4 마운트 러시모어의 대통령상(왼쪽은 상을 조각하기 전 국립공원이었던 바위산)

13

에너지 딜레마에서 벗어나자

기후변화가 금세기 최고의 환경 이슈로 등장하자 환경운동가들은 딜레마에 빠졌다. 지금까지 자신들이 그토록 철저히 반대했던 원자력이 새로운 에너지 대안으로 떠오르기 때문이다. 게다가 그동안 원전 건설이 참혹한 환경재앙으로 이어질 것이라고 주장했는데 지금까지 우리나라에서는 별다른 사고가 없어 매우 난처한 입장에 처하게 되었다.

재미있는 것은 기후변화가 핵전쟁보다 더 무서운 재앙이 될 것이라며 또다시 공포감 조성에 앞장선 사람들 역시 환경운동가들이라는 사실이다. 자신들의 원전 반대가 결국 온실가스를 다량 배출하는 화력발전을 늘린 것에 대한 죄책감 때문인지, 아니면 양치기 소년 놀이를 계속 즐기는 것인지 모르겠다. 우리나라는 2009년을 기준으로 세계 8위의 온실가스 배출국이고, 전체 배출량의 33.7퍼센트가 전력생산에서 나온다.

화석연료의 종말과 원자력의 부활

지난 1997년 교토의정서가 나온 지 15년이 지난 지금, 기후변화는 때마침 찾아온 고유가에 탄력을 받아 조만간 화석연료의 종말을 고할 것 같은 기세다. 산업문명의 원동력이었던 화석연료가 지구환경을 위기에 몰아넣고 이제는 세계경제까지 뒤흔들고 있다. 세계 곳곳에서 화석연료를 대체할 수 있는 새로운 에너지 기술을 개발하고 저탄소 녹색문명을 찾아 나서고 있다.

화석연료를 새로운 에너지로 대체해보려는 시도는 이미 오래전에 있었다. 계기가 된 것은 석탄 연소로 인한 대기오염 사건과 원자력 기술의 발전이었다. 지난 1948년 펜실베이니아 주 도노라 시에서 석탄 연소로 인한 역사상 최악의 대기오염 사건을 경험한 미국은 원전 개발을 시작했다. 1942년에 원자로를 만들어 우라늄과 플루토늄을 생산했고, 1945년에는 일본 히로시마와 나가사키에 원자폭탄 투하를 성공한 미국은 상당한 기술이 축적되어 있는 상태였다. 여기에 일시에 8천여 명이 사망한 1952년의 런던 스모그 사건은 화석연료의 환경문제를 더욱 크게 부각시켜 원전 개발에 대단한 추진력을 주었다. 연

그림 3-5 유엔에서 원자력의 평화적 이용을 처음으로 제안한 미국 제34대 아이젠하워 대통령

이은 대기오염 사건에 고무되어 미국 아이젠하워 대통령은 1953년 12월 유엔총회에서 처음으로 원자력의 평화적 이용(원자력발전)을 세계 각국에 제의하기도 했다.

미국이 1957년 최초의 원자력발전소를 건설하면서 장소를 펜실베이니아 주 쉬핑포트(Shippingfort)로 택한 것은 도노라 사건을 염두에 둔 것이었다(그림 3-6). 미국 역사상 최악의 대기오염 사건이 일어난 펜실베이니아 주에 원자력발전소를 건설함으로써 화석연료를 친환경에너지로 대체한다는 의미를 부여했다. 미국 펜실베이니아 주는 세계 최초의 석유 시추가 이루어진 곳이기도 하다(그림 3-7).

쉬핑포트 원자력발전소 이후 1960~1970년대를 거치면서 미국은 100기가 넘는 원자력발전소를 건설하여 세계 최대 원전 보유국이 되었다. 그러나 공교롭게도 1979년에 같은 펜실베이니아 주에 위치한 스리마일 아일랜드 원자력발전소에서 방사능물질 누출 사고가 일어났다. 인명피해가 없었던 경미한 사고였지만 미국인들에게는 엄청난 충격을 주었고, 그 후 원자력은 미국에서 침체기로 들어서게 되었다. 여기에 더욱 쐐기를 박은 것은 1986년 구소련 체르노빌에서 일어난 지구촌 최악의 원전 사고였다. 친환경 에너지로 시작된 원자력이 이러한 사건들을 거치면서 위험한 에너지로 변해버렸다.

그림 3-6 미국 도노라 사건 당시 대기오염이 자욱한 거리(좌)와 최초의 쉬핑포트 원전(우): 대기오염으로 환경 재난이 발생한 펜실베이니아 주에 최초의 원전을 건설했다.

지난 반세기 동안 원자력발전에 관한 환경 논쟁은 끊임없이 계속되었다. 그리고 그 논쟁에서 원자력은 환경적인 우수성을 인정받지 못했다. 방사능 누출 사고, 핵폐기물 처리, 핵무기 개발 등과 같은 문제 때문에 값은 싸지만 위험한 에너지라는 것이 지금까지의 결론이다. 특히 환경운동가들은 원자력은 지구 상에서 더이상 용납되지 않아야 할 에너지로 간주하고 있다. 그러나 최근 심화된 기후변화로 원자력은 개발 초기에 꿈꾸었던 친환경 에너지라는 역할을 다시 찾아가고 있다.

일본 지진해일로 인한 후쿠시마 원전 사고가 있었지만 지금의 에너지 현실로는 원자력을 포기하기 어렵다는 것이 지배적인 의견이다. 에너지 전문가들은 후쿠시마 사고가 원자력의 안전성을 높이는 새로운 기술을 개발하는 계기가 될 것이라고 전망하고 있다. 특히 지난 2009년 47조 원에 달하는 아랍에미리트연합 원전 건설을 수주한

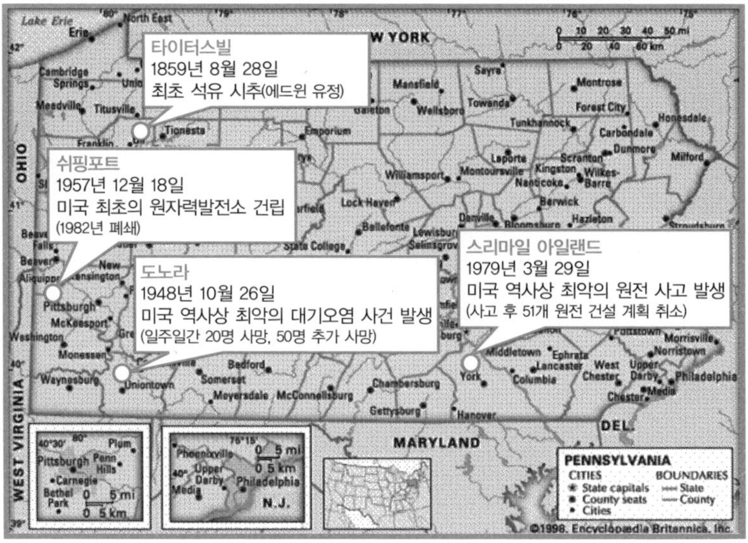

그림 3-7 공교롭게도 미국의 주요 에너지 역사가 펜실베이니아 주에서 일어났다.

우리나라는 원전 기술을 저탄소 시대의 새로운 국가 성장 동력으로 육성하고 있다.

재생 가능 에너지의 현실과 앞날

인류문명은 재생 가능 에너지에서 시작했다. 수십만 년 동안 재생 가능한 나무를 연료로 사용하였을 뿐만 아니라, 지금의 전기문명도 원래 재생 가능 에너지로부터 출발했다. 전기를 발명한 토머스 에디슨은 1882년 미국 위스콘신 주 애플턴에 수력발전소를 건설하여 처음으로 실용화했다. 지난 20세기 초에는 수력이 전력의 대부분을 차지하며 지구촌 곳곳에 전기문명을 보급했다. 지금도 수력발전은 재생 가능 에너지 중에서 가장 경제성이 뛰어난 것으로 인정받고 있다.

그러나 환경운동가들은 원자력만큼이나 수력을 싫어한다. 댐 건설로 인한 환경문제와 붕괴 위험, 그리고 수몰지역 주민들의 이주 등 여러 가지 폐해 때문이다. 개발도상국에서는 값싸고 안정적인 전력 공급과 홍수 방지, 수자원 확보 등을 이유로 지금도 많은 댐을 건설하고 있지만, 선진국에서는 1980년대 이후 대규모 댐 건설을 거의 중단하고 있다.

환경운동가들은 풍력, 태양전지, 생물연료 등과 같은 신재생에너지를 선호한다. 화석연료나 수력, 원자력보다 환경친화적이라는 것이다. 지금 이용하는 어떤 에너지보다 친환경 이미지가 강한 것이 신재생에너지다. 흥미로운 것은 신재생에너지의 초기 개발 동기는 환경을 위한 것이 아니라 고유가 해결책이었다는 사실이다.

신재생에너지에 대한 연구개발 사업은 대부분 1970년대에 발생한 제1차 석유파동 직후에 시작되었다. 1973년 10월에서 1974년 1월 사이에 국제 석유 가격이 4배로 폭등하자 미국을 비롯한 주요 에너지 소비국들은 고유가에 대비하기 위하여 막대한 연구자금을 신재생에너지 개발에 쏟아부었다. 그러나 석유 가격이 안정되자 생산비용이 너무 비싸다는 이유로 연구개발 열정은 금방 식어버렸다.

1979년에 제2차 석유파동이 닥치자 에너지 전문가들은 거의 만장일치로 신재생에너지의 전성기가 도래할 것으로 예상했다. 당시 배럴당 30~40달러에 달한 국제 유가는 계속 오를 것이고 곧 100달러를 넘을 것이며, 이 정도 가격이면 신재생에너지가 화석연료와 경쟁이 될 수 있다고 판단했다. 그러나 결과는 반대의 상황으로 나타났다. 1980년대 이후 유가는 계속 오르기는커녕 배럴당 10달러로 가파르게 하락했다(그림 3-8). 이후 지금까지 신재생에너지는 가격 경쟁력 부족으로 활용도가 매우 저조했다.

이제 저탄소 시대가 도래하면서 신재생에너지는 새롭게 도약하고 있다. 하지만 신재생에너지 또한 환경문제로부터 완전히 자유로울 수 있는 것이 아니다. 풍력발전이나 태양전지, 생물연료 등도 경제성과 실제 규모를 비교해보면 크게 환영받을 친환경에너지가 아니다. 예를 들어, 신재생에너지 기술로 원자력발전소 하나 정도의 전력을 생산하려면 엄청난 규모의 땅이 필요하다(그림 3-9). 바람이 많거나

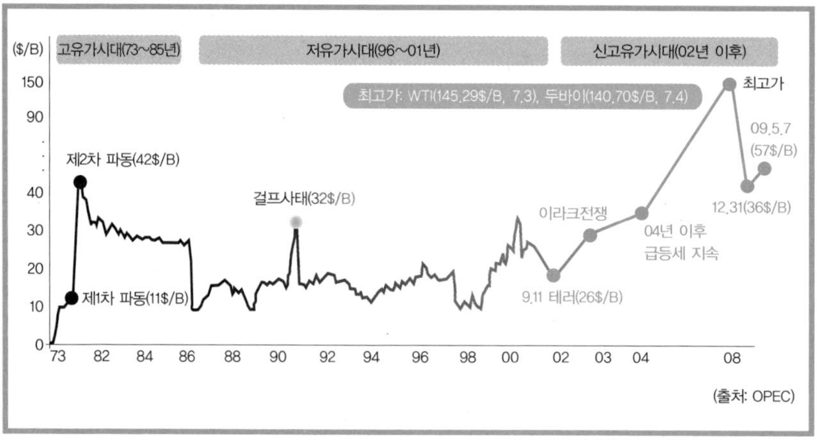

그림 3-8 국제 유가 변동 추이($/B: 배럴당 달러)

그림 3-9 대표적인 친환경 에너지 태양광과 풍력(넓은 면적의 땅을 필요로 한다)

강렬한 태양이 내리쬐는 산 몇 개를 깎아야 같은 양의 전력을 얻을 수 있다는 계산이다. 또한 대규모 풍력발전은 조류 보호에 문제가 되고, 태양열 전지판에는 비소, 카드뮴, 갈륨과 같은 맹독성 중금속이 들어가는 것도 있으며, 수명이 15~25년 정도이기 때문에 폐기할 때 또 다른 환경문제를 야기할 수 있다.

생물연료는 지구 상의 물 부족을 더욱 심화시킬 것이라는 예측이 나오고 있다. 바이오디젤이나 알코올 등을 생산하기 위하여 많은 양의 농업용수가 필요하고, 이를 확보하는 과정에서 새로운 환경문제를 야기한다는 것이다. 더욱 심각한 것은 곡물 파동까지 가져와 세계 식량난을 초래하고 있다는 사실이다.

신재생에너지가 현재 전 세계 에너지 공급의 85퍼센트 이상을 차지하고 있는 화석연료를 대체하지는 못할 것이다. 하지만 온실가스 감축 효과, 소량 발전 가능 등과 같이 그것만이 갖는 독특한 장점으로 활용도는 크게 증가할 전망이다. 가까운 장래에 유망할 것으로 보이

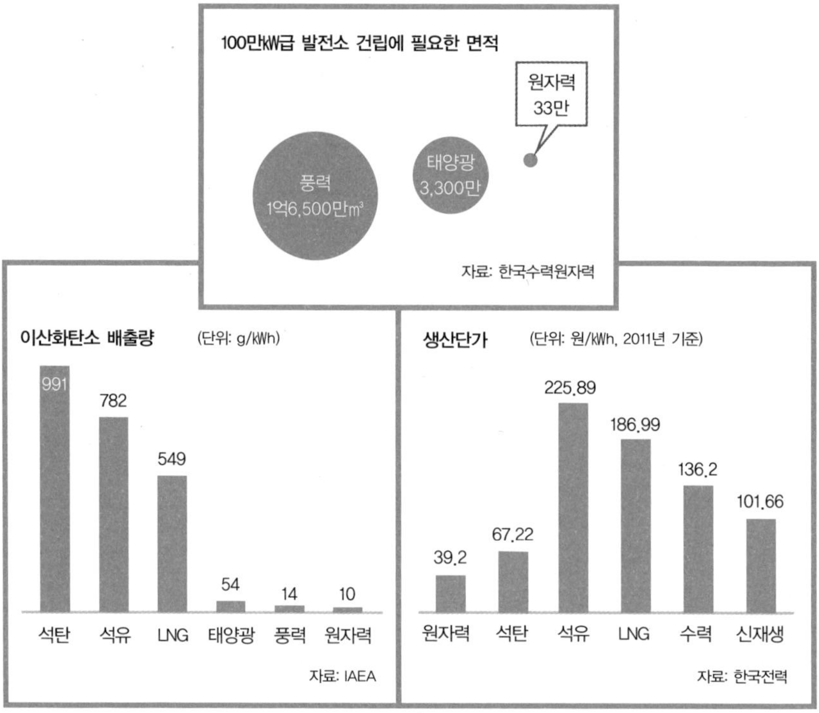

그림 3-10 에너지 종류에 따른 발전소 면적, 이산화탄소 배출량, 그리고 생산단가

는 기술은 태양전지, 소수력발전, 풍력발전, 생물연료, 지열 등이다. 이러한 기술은 효율적인 생산 적지가 있는 곳이나 섬 지방, 사막, 고산지대 등과 같이 송전이 취약한 에너지 틈새시장에 파고들어 그 영역을 점점 확대해 나가고 있다.

과학적인 안목으로 현실을 직시해야

모든 에너지는 정도의 차이가 있지만 어떠한 형태로든 환경비용을 지불해야 한다. 여기서 언급되지 않은 천연가스나 가스 하이드레이트도 기후변화 관점에서 보면 석탄이나 석유와 별반 차이가 없다. 메탄이 주성분인 이 연료들은 동일한 열량을 생산할 때 석유에 비해 이산화탄소 발생량은 절반에 불과하지만, 생산과 운송 그리고 사용 과정에서 누출되는 메탄이 2~4퍼센트(천연가스의 경우)가 되고, 메탄은 이산화탄소에 비해 단위 분자당 온실효과가 24배나 강하다. 그나마 환경성이 가장 뛰어난 것은 방사능 누출이나 핵폐기물이 없는 핵융합에너지인데, 언제 어떤 형태로 실용화될지 지금으로서는 알 수 없다.

과거 환경운동가들이 반핵운동을 전개해 온 데에는 나름대로 이유가 있었다. 냉전시대에 강대국들의 핵실험이 계속되고, 체르노빌이나 스리마일과 같은 크고 작은 원전 사고들이 있었다. 또한 대부분의 원전 보유국들이 핵폐기물로 난항을 거듭했고, 인도나 파키스탄과 같은 국가들은 원전 폐연료를 농축하여 핵무기를 제조했다. 여기에 히로시마와 나가사키에 투하된 원폭은 전 세계인들에게 원자력에 대한 엄청난 공포감을 각인시켜 놓았다.

그러나 지금은 상황이 다르다. 유엔 기후변화협약 비준으로 온실가스 감축이 시급하게 되었고 국제 유가 등락에 국가경제가 휘청거리고 있다. 여기에 지난 몇십 년간 원전의 안전성은 크게 향상되었고 우리의 기술은 그 선두에 섰다. 이러한 현실에서 원자력 발전은 보다 친환경적이고 안전한 에너지 기술이 나올 때까지 어쩔 수 없는 선택이다. 이제 과학적인 안목으로 현실을 직시하고 에너지 딜레마에서 벗어나야 한다.

청정 에너지의 오해와 진실: 망국적 선동에 속지 마라

지난 2011년 9월 15일 우리나라에서 처음으로 전국적인 정전 대란이 발생했다. 이상기온으로 전력소비가 급증할 것이라는 예측만 사전에 했더라면 충분히 막을 수 있었던 사태다. 14일 저녁에 나온 일기예보를 보고 다음 날 낮에 에어컨 사용을 자제해달라고 방송만 했었다면 국민의 협조로 이런 후진국형 정전 대란은 일어나지 않았을 것이다. 무사안일주의가 화를 부른 것이다.

댐을 건설하면 환경이 파괴된다고 해서 지난 20~30년 동안 거의 짓지 못했다. 이번 여름비가 예년에 비해 2.5배나 많이 왔다는데 전기 한 번 생산하지 못하고 다 바다로 내보냈다. 수자원 이용률이 유럽 75퍼센트, 북미 69퍼센트인데 한국은 25퍼센트에 불과하다. 그러니 선진국보다 못 사는 것이다. 이번에 그나마 오후 3시까지 버틸 수 있었던 것도 양수발전이 있었기 때문이다. 물만 있으면 언제든지 전기를 생산할 수 있는 수력발전 여력이 더 있었다면 이런 문제는 없었을 것이다. 현재 우리나라에서 수력발전은 전체 전력 생산량의 1.3퍼센트에 불과하다. 수자원 이용률을 높여야 한다.

매스컴에서는 '오스트리아는 1978년부터 원자력 발전을 금했고, 독일도 지난 5월에 2022년까지 모든 원자력발전소를 폐쇄하겠다고 선언했으며, 덴마크는 전체 전력의 20퍼센트를 풍력에 의존한다'면서 환경단체와 함께 반원전, 신재생에너지 논리를 펴고 있다. 하지만 이 논리의 허점을 잘 알아야 한다.

오스트리아는 알프스와 다뉴브 강에 수백 개의 댐과 보를 건설해 수력발전으로 60퍼센트에 가까운 전기를 생산하고 있으며 제조업체가 많지 않아 원자력이 없어도 살 수 있다. 독일은 7개의 원자력발전소 폐쇄 이후 전력의 80퍼센트와 25퍼센트를 원자력발전으로 생산하는 프랑스와 체코에서 각각 수입하고 있다. 원전 폐쇄로 인해 전기료가 23퍼센트 상승했다. 자국의 원전은 폐쇄하고, 사고가 나면 지리적으로는 같은 피해를 볼 이웃 국가의 원전에서 전기를 받고 있다(그림 3-11). 정치놀이에 '눈 감고 아웅' 하는 격이다. 덴마크는 20퍼센트를 풍력에 의존하고 있지만 바람이 안 부는 날에는 42퍼센트를 원자력, 47퍼센트를 수력발전에 의존하는 스웨덴에서 전기를 수입하고 있다. 기댈 곳이 있기 때문에 탈원전과 신재생에너지가 가능한 것이다. 우리가 이들 국가를 따라 한다면 어디서 전기를 가져올 것인가? 환경단체와 매스컴은 자신들의 짧은 지식으로 얼마나 큰 잘못을 저지르고 있는지도 모르고 국민을 오도하고 있다.

태양광 발전은 집광판 제조 과정에서 에너지가 많이 소모돼 건설 후 약 11년이 지나야 전기를 실제로 생산하는 셈이며 매우 비경제적이고

그림 3-11 유럽의 원자력 발전소 위치(국가는 다르지만 지리적으로는 가까이 위치해 있다)

15~25년 수명이 지나면 다시 설치해야 한다. 더구나 우리는 태양광 발전에 최상의 조건이 아니다. 풍력도 소음·미관·생태계에 미치는 악영향뿐만 아니라 필요할 때 바람이 안 불면 무용지물이다. 우리가 태양광과 풍력에 20퍼센트 이상 발전을 의존하더라도 화력이나 원자력 등으로 이에 상응하는 예비 용량을 갖춰야만 한다.

에너지 문제는 단순히 무엇이 좋고 나쁘다고 할 수 없으며 그 나라의 자연적·지형적 상황에 따라 개발 가능한 모든 것을 이용해야 한다. 조력은 우리나라가 세계에서 최적의 조건을 갖추고 있다. 원자력발전은 위험하나 한국의 원자력발전 기술은 세계에서 인정할 정도로 안전하다. 만일 우리의 기술력을 믿고 수력·조력·원자력발전에 치중한다면 21세기에 한반도를 청정 에너지 강대국으로 만들 수 있다. 그런데 환경단체들은 화석연료를 이용하는 화력은 물론 조력·풍력·수력·원자력발전 모두 반대한다. 특히 강화도와 인천만 조력발전은 30퍼센트

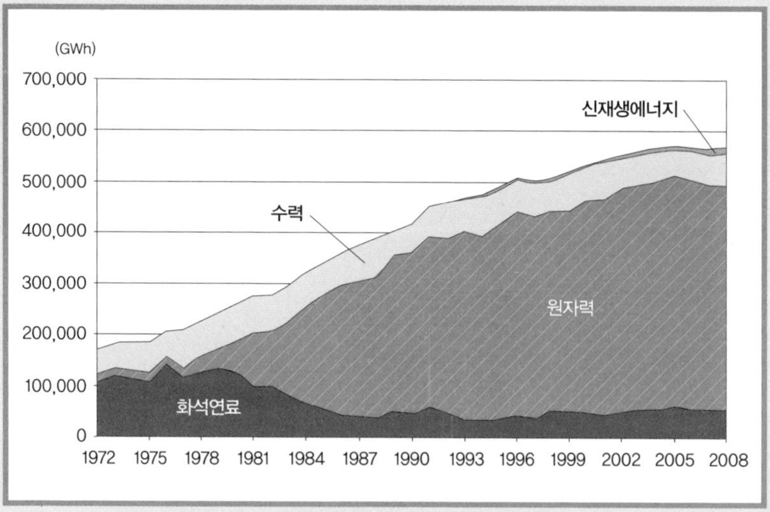

그림 3-12 유럽 최대 전력 수출국인 프랑스의 원자력 발전 증가 추이

갯벌 면적이 감소해 안 된다는 주장 때문에 무산 위기에 있다.

정치인들은 국민의 눈치만 살피고, 선동꾼들은 책임도 지지 않을 주장만 하고, 순진한 청년들은 부화뇌동한다. 지금 우리는 선진국과 뒤쫓아 오는 나라들 틈에서 반짝거리다 사라지느냐, 강대국이 되느냐의 기로에 서 있다. 일본에서는 후쿠시마 원전 사고 이후 전력 부족으로 기업들이 해외로 이전한다고 한다. 한국인의 근면성, 우수성과 함께 저렴하고 안정된 청정 에너지를 제공한다면 전 세계의 기업들이 몰려들 것이다. 선택은 국민의 몫이다. 사실을 다 모르면서 한쪽만 침소봉대하는 망국적 선동에 절대 넘어가선 안 된다.

—박재광 미국 위스콘신대 교수

2011년 9월 22일 문화일보 칼럼

14

위선의 환경주의자를 경계하자

2007년 노벨평화상은 『불편한 진실(An Inconvenient Truth)』이라는 저서와 다큐멘터리 영화로 잘 알려진 앨 고어(Albert Gore) 전 미국 부통령과 유엔 '기후변화에 관한 정부 간 패널(IPCC)'이 공동 수상했다. 노벨위원회는 이들의 수상 공적은 지구온난화의 심각성을 전 세계에 알리고 문제 해결을 촉구하는 데 기여한 것이라고 밝혔다. 또한 노벨위원회는 "지구의 자원을 차지하려는 과도한 경쟁이 지구온난화를 초래하며 그 결과 폭력적인 갈등과 전쟁의 위험이 높아진다"며 이들의 노력을 세계 평화 유지 활동과 연계시켰다.

지난 2004년 케냐의 환경부 차관 왕가리 마타이가 아프리카 사막화 방지를 위한 노력으로 노벨평화상을 수상한 지 3년 만에 다시 환경 분야에 노벨평화상이 주어진 것은 환경인으로서 매우 환영할 일이다. 그러나 노벨평화상이 앨 고어와 IPCC에게 주어진 것을 보고 불편해하는 사람들이 너무 많다. 2001년 교토협약으로부터 미국 탈퇴를 주도한 부시 전 대통령을 비롯하여, 지구온난화의 원인과 그것이 인류에게 미치는 영향을 다른 시각에서 바라보고 있는 사람들이 바로 그들이다. 그뿐만 아니라 앨 고어를 대표적인 위선의 환경주의자로 보는 사람들도 이 대열에 함께 한다.

앨 고어와 '불편한 진실'

앨 고어는 자신이 환경문제에 처음 관심을 갖게 된 것은 대학 재학 중이던 1960년대 후반부터라고 밝히고 있다. 그는 하버드 대학 은사인 로저 리벨(Roger Revelle) 교수의 영향으로 환경문제에 심취하게 되었다. 그는 대학 졸업 후 베트남 전쟁에 참전하고 돌아와 고향 테네시에서 테네시안이라는 지방신문의 기자로 일하다 1976년 하원의원에 당선되면서 정계에 진출했다. 1984년에는 상원의원이 되었고, 1992년에는 부통령에 당선되어 2000년까지 8년간 재임했다.

미국 정계에 있었던 24년 동안 앨 고어는 환경 분야에서 활발한 의정활동을 펼쳤다. 하원의원 시절에는 미국 의회 역사상 최초로 환경청문회를 개최하였으며, 상원의원과 부통령 시절에는 1992년 리우

회의와 1997년 교토협약 등 주요 국제환경회의를 주도했다. 1992년에는 저서 『균형 잡힌 지구(Earth in Balance)』를 출판하여 미국 정계에 새로운 환경 바람을 불러일으켰다. 2000년 대선에서 낙선하게 되자 앨 고어는 세계적인 환경운동가로 변신했다.

세계 각국을 돌면서 지구의 환경위기에 관해 지금까지 1천여 회의 강연을 하였고, 그 내용을 2006년 『불편한 진실』이라는 책으로 출판하고 강연과 영상자료를 동명의 다큐멘터리 영화로 제작하여 2007년 2월 아카데미상을 수상했다. 2007년 7월에는 5대륙 7개국에서 24시간 이어진 초대형 환경 콘서트 「살아 있는 지구(Live Earth)」를 개최하였다. '병든 지구를 살리자'는 이 캠페인에는 전 세계 유명 스타들이 대거 출연하여 '환경운동가 앨 고어'의 이미지를 지구촌 곳곳에 확실히 심어놓았다.

「불편한 진실」에는 환경운동가 앨 고어의 생각과 주장이 그대로 담겨 있다. 주요 내용은 지구의 평균기온이 지난 50년간 급속히 증가하였고, 그것은 앞으로도 계속될 것이며, 이는 주로 인간이 배출한 온실가스 때문이라는 것이다. 그 증거로 킬리만자로의 만년설이 줄어들고 차드 호의 물이 마르며 빙하가 녹아 북극곰이 죽고 지구 곳곳에서 바다의 산호초가 죽어가고 있다고 설명한다. 또한 태평양의 산호섬이 물에 잠겨 주민들이 이주하고 있으며 2005년 미국 뉴올리언스를 강타한 허리케인 카트리나도 지구온난화로 인한 것이라는 내용도 담고 있다. 그는 가까운 미래에 해수면이 6미터 이상 상승하고 멕시코 만류의 흐름이 정지되며, 이러한 기후변화가 계속될 경우 인류는

그림 3-13 앨 고어와 「불편한 진실」 영화 포스터, 그리고 그의 이중성을 조롱하는 가면

대재앙을 겪게 될 것이라고 주장한다.

지구온난화, 진실인가 사기극인가

지난 2007년 3월 8일, 영국 TV 방송국 채널 4는 「지구온난화는 대형 사기극(The Great Global Warming Swindle)」이라는 다큐멘터리를 방영했는데, 앨 고어가 만든 「불편한 진실」과는 완전히 반대되는 내용이었다. 이 프로는 지구의 기후변화를 직간접적으로 이끄는 것은 태양이라고 주장하며 세계 유수 대학에 있는 과학자들의 말을 인용하여 지구온난화는 인재라는 이론에 정면으로 도전하고 있다. 지금까지 어떤 연구도 지구온난화가 인간의 화석연료 사용으로부터 배출되는 온실가스가 원인이라는 사실을 명백히 밝히지 못했다는 것이다. 지구온난화의 원인이 인간에 있다는 것은 과학적 진실이 아니고 정치적 의도로 보는 것이 이 다큐멘터리의 주요 내용이다.

이러한 언론 매체의 영향인지 모르지만 영국에서 지구온난화에 관한 재미있는 사건이 벌어졌다. 한 학부모가 학교에서 앨 고어가 만든 「불편한 진실」을 상영하려 하자 '정치적으로 일방적인 주장을 담은 「불편한 진실」을 영국의 중학교에서 상영하도록 한 정부의 조치는 잘못'이라며 정부를 상대로 향후 이를 학교에 배포하는 것을 금지하는 소송을 낸 것이다. 판결을 맡은 런던 고등법원은 「불편한 진실」에 담긴 앨 고어의 주장에 관한 과학적 진실을 조사하게 되었고, 공교롭게도 앨 고어의 노벨상 수상 발표 하루 전인 10월 10일에 아홉 가지 과학적 오류를 규명하여 발표하게 되었다. 이 오류들은 가까운 미래에 해수면 6미터 상승, 멕시코 만류 흐름의 정지 등 온난화가 지구에 대재앙을 가져온다며 앨 고어 자신이 영화에서 직접 강의하는 내용들이다.

재판부는 이 영화는 '기우와 과장의 맥락'에서 제작되었고, 과학이 정치가와 홍보전문가의 손에서 정치적 선전 목적으로 가공되었다고 지적했다. 특히 아홉 가지 오류 중 일부는 과장의 정도를 넘어 허위사실에 가까운 것으로 규명하고 있다. 「불편한 진실」을 학교에서 교재로 활용하는 것은 가능하지만, 일방적인 주장에 그치지 않도록 반대편의 목소리도 함께 다루어야 한다는 단서를 달았다. 2007년 6월에는 캐나다 브리티시 콜럼비아 주의 한 고교 이사회에서도 「불편한 진실」을 학생들에게 보여줄 때 영국에서 만든 「지구온난화는 대형 사기극」 다큐멘터리도 함께 방송해야 하는 조건으로 교내 상영을 승인하기도 했다.

「불편한 진실」에 대해 심기가 불편한 사람들은 이들만이 아니다. 기후학자들로 구성된 '과학의 친구들(FOS: Friends of Sciences)'이라는 단체는 노벨평화상 수상자가 발표된 지 나흘 후인 10월 16일, 앨 고어와 IPCC의 노벨상 수상으로 '기후변화를 둘러싼 과학적 논의'가 막대한 피해를 입었다는 성명을 발표했다. 이들은 IPCC를 주도하는 관료들이 결론을 먼저 내고 이를 뒷받침하는 정보만을 선별해서 사용하고 과학적 데이터를 처리하는 과정에서 의도적인 오류를 범하고 있다고 주장했다. 그리고 이들은 진실이 결여된 지구온난화에 관심이 집중되고 과도한 환경 예산이 사용되면서 수질이나 대기와 같은 직접적인 환경문제를 도외시하는 점을 우려했다.

『회의적 환경주의자』의 저자로 유명한 비외른 롬보르도 앨 고어가 지구에 대재앙이 온다고 외치며 세계 각국을 돌아다니는 것을 보다 못해 2007년 9월 『진정하라(Cool It)』라는 저서를 발간하여 앨 고어의 주장을 비판하기 시작했다. 그는 과학적 근거와 통계자료를 인용하며 「불편한 진실」에서 주장하는 많은 내용이 거짓이라고 반박하고 있다. 또한 선진국이 교토협약을 지키기 위해 지불해야 하는 많은 비용을 더 급한 곳에 써야 한다고 주장한다. 질병, 영양결핍, 물 부족 등으로 죽어가는 수천만 명의 인류 생명을 구하는 데 온난화 비용을 써야 하고 후진국이 가난에서 벗어나도록 도와주어야 한다는 것이다. 미국 버클리대학교 잭 홀랜드 교수도 『환경과 빈부의 두 세계』에서 이와 동일한 주장을 하고 있으며, 기후 분야의 세계적인 석학으로 불리는 매사추세츠 공대(MIT)의 석좌 교수 리처드 린젠(Richard Lindzen)도 이러한 주장을 적극 지지하고 있다.

지구온난화에 관한 과학적 논란들

지난 100년간 지구의 평균온도가 0.74°C 상승했다는 점에는 대부분 동의하고 있다. 그러나 문제는 그 원인과 인류에 미치는 영향에 관한 주장이다. 예를 들어 '온난화가 대재앙을 몰고 올 것인가, 아니면 단순한 기후변화로 그칠 것인가', '과연 인간이 온난화를 일으킨 것인가, 아니면 불가피한 자연현상인가'. 이러한 문제는 지금의 과학으로 결론을 내리기란 거의 불가능에 가깝다는 것이 일부 학자들의 주장이다. 과학적 진실 규명이 어렵다 보니 주장이 센 측이 그럴듯해 보이고 여론을 일방적으로 주도해나가고 있다는 것이다.

과학자들은 지구온난화의 원인을 온실가스 외에도 태양 활동 변화, 10만 년 주기의 지구 자전축과 공전궤도의 변화, 화산활동과 비산먼지, 태양 흑점 변화 등에서 찾고 있다. 특히 태양 활동은 지구 온도에 가장 직접적인 영향을 미치고 관측 자료에 대한 과학적 신뢰가 가능하기 때문에 매우 설득력이 있다. 그뿐만 아니라 온실가스 증가 이론이 미치지 못하는 부분까지 설명해주고 있다. 〈그림 3-14〉에서도 볼 수 있듯이 지난 120년 동안 북극의 기온 변화는 이산화탄소 농도보다 태양의 활동에 더욱 밀접한 상관관계를 보인다. 특히 1940년부터 1970년까지 이산화탄소는 급속히 증가하는데 기온은 감소하는 역상관을 보면 기온이 이산화탄소에 의한 것이라는 주장은 설득력이 떨어진다.

밀란코비치 이론으로 불리는 10만 년 주기의 지구 자전축과 공전궤도 변화는 과거 지구 상에 존재했던 네 번의 빙하기와 네 번의 해빙기를 설명해준다. 이 이론에 따르면 지구의 태양 공전궤도가 10만 년을 주기로 원에서 타원으로 바뀌며, 지구 자전축이 4만 년을 주기로 22.1~24.5도(현재는 23.5도) 사이에서 변하는 것이 기후변화의 주요 요인이라는 것이다. 지구의 공전궤도가 태양에 가까워지고 지구 축이 많이 기울어지면 온도가 올라간다는 것이다. 다시 말하면 지구는 원래 더워졌다가 추워지는 것이 반복되며, 지금 우리가 더워지는 시기에 살고 있고 지구온난화는 자연현상의 일부라는 이론이다.

일부 학자들은 인간이 기후라는 거대한 지구 대류권의 활동에 어떤

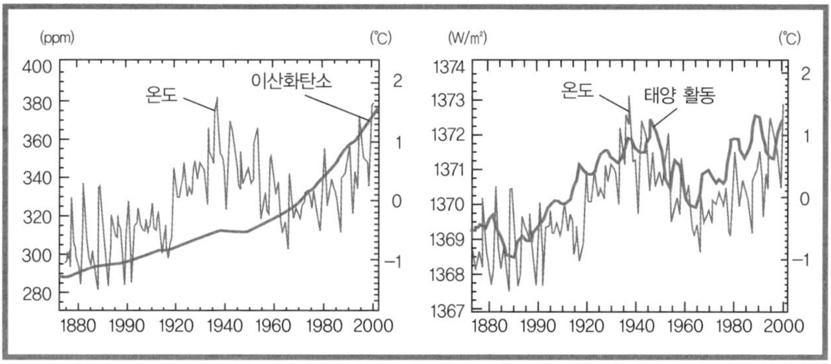

그림 3-14 지구온난화는 이산화탄소보다 태양 활동에 의한 것이라고 주장하는 자료(Horner, 2007)

형태로든 영향을 미칠 수 있다고 생각하는 것 자체가 너무 순진한 발상이라며 온실가스 이론을 일축하고 있다. 실제로 대기에 존재하는 이산화탄소의 97퍼센트는 인간과 무관하게 자연이 배출하는 것이며, 인간에 의한 3퍼센트도 화석연료에만 의한 것도 아니다. 태양 활동을 비롯한 모든 요인을 고려한 다음, 여기에 화석연료에서 배출된 이산화탄소가 온난화에 기여한 정도를 따져보면 거의 무시해도 될 정도라는 것이다.

지구온난화의 영향에 관해서도 반론이 많다. 많은 전문가들은 가뭄이나 홍수, 그리고 태풍 등이 지구온난화 탓이라고 돌리기에는 아직 과학적인 근거가 충분하지 않다는 주장을 하고 있다. 또한 2007년 4월에 발간된 IPCC의 지구온난화 보고서에서 예측한 '2050년경에 가면 지구 동식물의 20~30퍼센트가 멸종할 것'이라는 내용에 관해서도 일부 전문가들은 허구에 불과하다는 주장을 하고 있다. 지난 2005년 1월에는 IPCC의 제4차 보고서 허리케인 분야 작성 책임자가 기자회견을 통해 온난화로 인해 허리케인이 잦아지고 거칠어진다는 견해를 밝히자 그 연구를 담당했던 과학자는 '아무 과학적 근거가 없는 말'이라는 공개서한을 발표하고 사퇴하는 일이 벌어지기도 했다.

노벨상이 노별(No★)상으로

지구온난화의 원인과 피해에 관해서는 학계에서 여전히 논쟁 중이다. 그러나 세계 곳곳에서 온난화는 현실로 나타나고 있고, 기여도가 미미하다고 할지라도 화석연료로 발생하는 온실가스가 원인이 되는 것만은 사실이다. 또한 화석연료는 온난화를 차치하더라도 산성비, 광화학스모그, 오존, 미세먼지, 해양오염, 토양오염 등 수많은 환경문제의 원인이 되고 있다. 그래서 화석연료가 더 이상 지속 가능한 에너지가 아니라는 것은 이미 '불변의 진리'가 되어 있다. 지구와 인류의 미래를 위해 에너지 절약과 효율 향상을 도모하고, 빠른 시일 내에 실용 가능한 대체에너지를 개발하여 현재 세계 에너지의 85퍼센트 이상을 차지하는 화석연료 의존도를 줄여나가야 한다는 것에는 아무런 이견이 없다.

그런데 문제는 해결 방법에 있다. 「불편한 진실」은 엄청난 대재앙이 우리를 기다리고 있으니 화석연료 사용을 줄여야 한다고 외치고 있다. 줄이고 싶지만 방법이 없어 고민하고 있는데 과장과 거짓으로 대재앙 공포감을 조성하는 것은 많은 사람들의 심기만 불편하게 할 뿐이다. 특히 개인으로서 할 수 있는 일은 별로 많지 않기 때문에 더욱 그렇다.

모든 재해가 지구온난화로 인한 것이고 온난화가 100퍼센트 온실가스에 의한 것이라 해도 전 세계적인 에너지 전환이 없으면 개선 효과는 극히 미약하다. 그뿐만 아니라 지구온난화 문제는 원인을 줄이는 예방보다 우선해야 할 것이 피해 대책이다. 현재 지구 곳곳에서 일어나고 있는 가뭄, 홍수, 태풍, 해수면 상승 등으로 인한 피해를 막는 것이 급하다. 앨 고어는 지구온난화의 원인에 관한 '숨겨진 진실'을 알기 때문인지 지난 2006년 방 20개와 화장실 8개나 되는 테너시 주 내슈빌 시에 있는 자신의 저택에서 미국 평균 가정의 20배나 되는 전기를 사용했다가 호된 비판을 받았다. 이것도 부족해서 그는 버지니아 주 알링턴 시와 테네시 주 카에지에 시에도 대저택을 가지고 있는 것으로 알려져 있다.

앨 고어가 「불편한 진실」을 통해 궁극적으로 달성하려는 것은 미국이 교토협약에 가입하는 것이라 짐작된다. 그는 지난 2000년 대선에서 득표수에서는 이기고 선거인단 수에서는 진, 미국 역사상 가장 억울한 낙선을 경험했다. 그리고 승자가 된 부시는 취임하자마자 자신이 부통령 시절 애착을 가지고 추진했던 교토협약에서 탈퇴해버렸다. 이것이 앨 고어의 분노로 이어졌고 지구온난화는 심한 과장으로 정치 도구화되었을 것이라는 추측이다. 노벨평화상도 교토협약을 탈퇴하고 전쟁이나 일삼는 부시에 대한 미움이 한몫했을 것이라는 의견도 있다. 어쨌든 2007년 노벨평화상은 과학적 논쟁을 무시하고 정치적 목적만 추구했다는 비난을 면하기 어렵게 되었다. 실제로 지난 2010년 노르웨이 변호사이자 평화운동가인 프레드릭 헤프멜(Fredrik S.

그림 3-15 앨 고어의 노벨평화상 부적합 수상을 지적한 프레드릭 헤프멜과 그의 저서

Heffermehl)은 저서 『노벨평화상(The Nobel Peace Prize)』에서 1946년 이후 노벨평화상 수상자의 절반 이상이 불법적으로 수여됐다는 주장 하면서, 앨 고어 전 미국 부통령(2007)을 부적합한 수상자로 지목하고 있다(그림 3-15). 이러다 세계에서 가장 명예로운 노벨상이 받아도 별 볼 일 없는 노별(No★)상이 되지 않을까 염려된다.

위선의 환경주의자들

지금 우리나라에서는 앨 고어를 능가하는 위선의 환경주의자들이 거짓과 선동을 일삼고 있다. 자신은 서울에서 배불리 먹고 잘살면서 전국을 돌아다니며 개발은 안 된다고 외치고 있다. 개발은 악이요, 자연은 자손만대 그대로 물려주어야 하는 것이니 '나는 도시에서 잘 먹고 잘살고 너희들은 자연과 더불어 가난하게 살라'는 것이다. 새만금 갯벌에서 백합조개를 캐 먹는 것이 가장 경제성이 뛰어나다고 하면서도 자신이나 자식들은 갯벌에서 살아가기를 원하지 않는다.

인천공항은 비행기 착륙 시 침하하고 새와 비행기가 충돌한다고 철저히 반대해놓고 그 공항에서 비행기 타고 해외여행을 다니고 있다. 서울에서 부산까지 2시간 만에 가서 뭐하느냐고 고속철도를 반대해놓고 그 철도를 타고 전국을 돌아다니고 있다. 자신은 도시를 절대 떠나지 않으면서 '원시적 자연'을 고집하고 물고기, 개구리, 도롱뇽이 죽는다고 눈물을 흘리고 있다. 지난 2008년 미국 쇠고기 광우병 난동 때 '미친 미국 쇠고기 너나 처드세요'라고 난리를 치던 자들이 미국 가서 햄버거를 즐겨 먹고 있다.

지구온난화로 엄청난 기후 재앙이 온다고 외치면서, 4대강 사업은 절대 반대라고 못 박는다. 4대강 사업은 기후변화로 인한 재해를 막기 위한 것이라 해도 믿지 않고 반대한다. 대책 없는 환경 양치기 소년들이 사라져야 대한민국이 부강한 환경선진국이 될 수 있다. 다음은 김성욱 기자가 쓴 『억지와 선동으로 날아가는 국민세금』(2010)에 나오는 글이다. 국민 모두가 꼭 한번 읽어보아야 할 책이다.

> 한국의 반(反)개발운동이 갖는 사기성과 선동성은 2008년 촛불난동으로 만개(滿開)한다. 종북(從北)세력이 가세하여 미국산 쇠고기 위험성을 과장·날조·조장하면서 온 나라는 100일 넘게 무정부 상태가 되어버렸다. 이후 한국은 상습적 거짓의 나라, 일상적 폭력의 나라로 전락해가고 있다. 국책(國策)사업 반대의 흐름을 취재하면서 진실과 정의(正義)가 반드시 승리하는 것은 아님을 깨닫는다. 새만금 사업 반대, 부안 등 방폐장 건설 반대, 인천공항 건설 반대, 천성산 터널 반대, 그리고 2008년 미국산 쇠고기 수입 반대 등 각종 안티(anti) 투쟁은 거짓과 불의(不義)에 기초한 측면이 많지만 승승장구해 왔다. 진실(眞實)을 알리고 정의(正義)를 지키기 위한 지도자의 결단과 의인(義人)들의 헌신이 없다면 한국은 동남아나 중남미(中南美)와 같은 낙후(落後)의 땅이 될지 모른다.
>
> —머리글 중에서

웃지 못할 기후변화 사기극: 히말라야 빙하 게이트

지난 2007년 앨 고어와 노벨평화상을 공동 수상한 유엔 '기후변화에 관한 정부 간 패널(IPCC)'은 1990·1995·2001·2007년 1~4차 보고서를 발표했으며, 이것이 세계 각국 온난화 대책의 근거가 됐다. 기후 전문가도 아닌 앨 고어가 전 세계를 돌아다니며 '기후변화는 불편한 진실'이라고 주장하는 것도 이 보고서에 근거하고 있다.

하지만 제4차 보고서(2007년)에서 주장한 "히말라야 빙하가 2035년까지 소멸할 가능성이 매우 크다"라는 것은 거짓임이 드러났다. 빙하 녹은 물은 히말라야 주변 약 20억 인구의 생명수이기 때문에 지구온난화의 심각성을 알리는 단골 소재로 부각됐다.

보고서가 나온 후 학계와 언론이 줄기차게 의혹을 제기했고, IPCC는 지난 2010년 1월 20일 급기야 "증거가 빈약했다. 수백 년 뒤에도 안 없어질 수 있다"는 취지로 잘못을 시인했다. "후회한다"고도 했다. 문제를 제기한 인도의 시예드 하스나인 교수나 캐나다의 그레이엄 코글리 교수는 모두 지구온난화 지지론자다. 애초 이들도 IPCC에는 우호적이었다. 그러나 이들은 '우호'보다 '진실'을 택했다.

제4차 보고서에 이 같은 허위 주장이 실리게 된 경위는 더욱 어처구니없다. 인도의 빙하 전문가 시예드 하스나인 교수가 1999년 영국 『뉴

사이언티스트』지와의 이메일 인터뷰에서 "30~40년 내 히말라야 빙하가 상당량 녹을 수 있다"라고 한 말을 세계야생기금(WWF)이 2005년 인도 빙하 보고서를 작성하면서 인용했고, IPCC가 4차 보고서에서 WWF 보고서를 재인용해 "히말라야 빙하가 2035년까지 녹는다"고 적은 것이다. 과학 잡지 발표 논문이 아니라 언론 인터뷰에서 한 말이 인용·재인용되면서 과학계에서 검증받은 주장인 것처럼 IPCC 보고서에 오른 것이다. 과학자들은 히말라야 빙하가 다 녹으려면 300년은 걸릴 것이라고 말하고 있다.

웃지 못할 코미디 같은 일도 벌어졌다. 문제를 제기한 코글리 교수는 IPCC 보고서의 잘못된 점을 조목조목 지적하는 〈사이언스〉 인터넷판 글에서 "IPCC가 해빙 시점을 2035년으로 언급한 것은 러시아의 한 연구논문이 제기한 2350년이란 숫자를 뒤바꿔 쓴 것으로 보인다"라고 변명했다. 진실을 밝히면서도 IPCC에는 우호적인 처사다.

IPCC도 오류 가능성을 몰랐던 것 같지는 않다. 보고서에 관여했던 호주의 조지 케이저 박사는 보고서가 나오기 몇 달 전 동료들에게 '큰 실책'이라고 경고했다고 한다. 하지만 IPCC는 무슨 연유에선지 외면했고, 그 결과 신뢰감이 추락하는 부메랑으로 돌아왔다.

하지만 이 코미디 같은 사기극이 연구비를 타내는 데 크게 도움이 되었다. IPCC의 라젠드라 파차우리(Rajendra Pachauri) 의장이 운영하는

그림 3-15 앨 고어와 IPCC의 라젠드라 파차우리 의장

인도 뉴델리의 에너지자원연구소(TERI)가 '히말라야 빙하 오류'를 인정하기 직전, 뉴욕 카네기 그룹 등에 제출한 연구기금 지원서에 같은 주장을 적어내 거액의 연구비를 타냈다. 연구비 규모는 카네기 그룹으로부터 받은 31만 파운드(약 5억 7천만 원), 유럽연합(EU)으로부터 받은 250만 파운드(47억 원) 등이다.

특히 EU 연구비 250만 파운드는 인도와 주변 지역이 히말라야 빙하의 급속한 퇴조에 어떻게 적응해야 할지를 연구하도록 책정된 기금이다. 잘못된 주장으로 있지도 않을 결과에 대비하는 데 EU 납세자들의 돈이 쓰이게 된 것이다.

15

환경교육에 앞장서자

산업화는 지구촌을 빈부의 두 세계로 나누어놓았다. 부유한 나라는 물질적 풍요를 누리는 반면 가난한 나라는 여전히 궁핍과 기아 속에 머물러 있다. 물질적 풍요는 너무 많은 에너지와 자원을 소모하고, 궁핍과 기아는 생존을 위한 생태계 파괴로 이어지고 있다. 그 결과 지금 세계는 지구온난화, 자원 고갈, 생태계 파괴에 직면해 있다. 저탄소 시대는 이를 극복하기 위한 새로운 녹색문명을 요구하고 있다. 한쪽에서는 너무 많은 에너지와 자원을 소비하는 방탕의 문명을 종식시키고, 또 다른 한쪽에서는 가난을 몰아내어 지구와 인류를 살리는 것이다. 녹색문명 보급을 통해 저탄소, 자원순환, 자연공생의 사회로 가는 것이 지금 우리에게 주어진 사명이다.

녹색문명 보급 창구

녹색문명을 보급하는 가장 효율적인 방법이 환경교육이다. 그뿐만 아니라 환경교육은 지구와 인류의 지속 가능한 미래를 위한 핵심 전략이다. 환경교육을 통하여 인류가 추구해야 하는 진정한 삶의 질이 무엇이며, 우리와 다음 세대를 위하여 어떻게 자연과 공존하고, 금수강산을 지키기 위하여 우리가 해야 할 일은 무엇인지 배울 수 있다. 아울러 환경교육은 국민의 의식을 변화시켜 환경문제의 원인을 줄이고 해결에 동참하게 할 수 있다.

환경교육의 중요성은 국제사회에서도 이미 오래전부터 제기되어 왔다. 1972년 스톡홀름에서 개최된 세계 최초의 국제환경회의인 '유엔인간환경회의'에서도 환경교육을 26개 핵심과제 중 하나로 선정했고, 그 후 1975년 '베오그라드 국제환경교육회의', 1977년 '트빌리시 환경교육에 관한 정부 간 회의'가 연이어 개최되면서 환경교육의 개념과 목표 등이 정립되고 독일, 미국, 일본 등을 중심으로 지금까지 매우 활발하게 이루어지고 있다. 특히 미국에서 저탄소 정책을 주도해 온 예일대학교 제임스 스페치(James G. Speth) 교수는 2004년 미래 사회를 위한 8대 전환 중에 '학교에서 배출되는 모든 학생들은 환경 지식을 학습해야 한다'를 포함시켰다. 유엔도 2005년부터 2014년까지를 '유엔 지속가능발전교육 10년'으로 선포하고 국가별 이행계획 수립을 권고했다. 환경교육은 이제 저탄소 시대를 맞이하여 그 중요성이 더욱 강조되고 있다.

해외 사례

저탄소 시대를 맞이하면서 환경교육이 강화되기 시작한 좋은 사례는 일본에서 찾아볼 수 있다. 지구온난화 방지를 위한 교토의정서가 채택되었던 지난 1997년에 일본 정부는 문부과학성, 농림수산성, 경제산업성, 그리고 환경성 4개 부처 합동으로 에코스쿨 제도를 초·중·고에 보급하기 시작했다(그림 3-16). 학교를 저탄소 녹색문명 체험장으로 활용하여 미래 세대에게 지구촌이 직면한 온난화, 자원 고갈, 생태계 파괴를 알리고 이를 극복하기 위해 저탄소, 자원순환, 자연공생 사회로 가는 교육을 하기 시작했다. 또한 학교 건물을 친환경적으로 개·보수하여 에너지를 절약하고 생물 서식공간을 확보하는 등 다양한 노력을 기울여왔다(그림 3-17).

그림 3-16 일본의 에코스쿨 제도 관련 보고서와 주요 내용을 알리는 도표

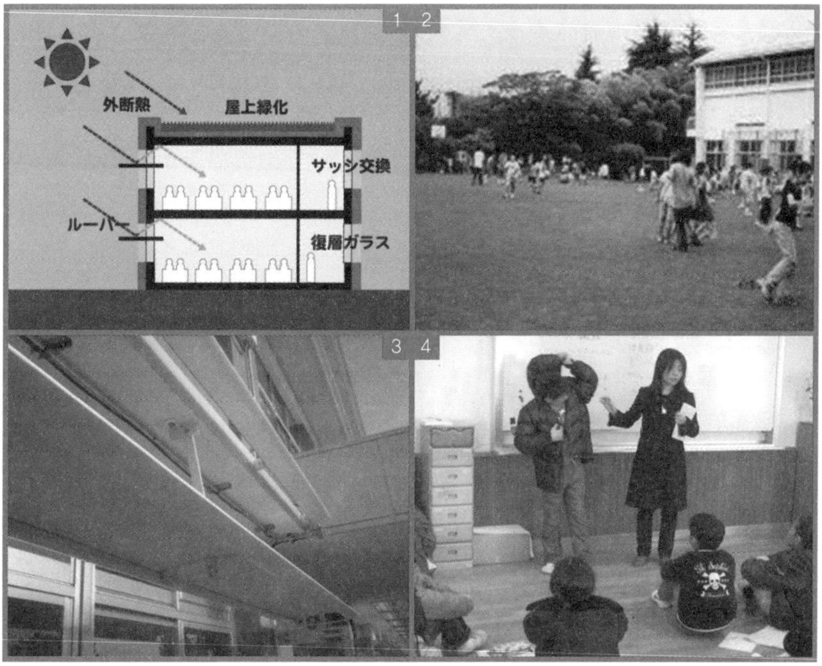

그림 3-17 일본의 에코 스쿨 시설과 활동: ❶ 옥상 녹화, 외벽 단열, 샤시 교환, 이중 유리, 루버 설치 ❷ 교정을 잔디로 교체 ❸ 태양광 반사를 위해 설치한 루버 ❹ 환경실에서 온난화 체험 교육을 하고 있는 학생들

일본은 에코스쿨과 같은 학교 환경교육 외에도 저탄소 시대를 대비해 다양한 사회 환경교육을 실시해 오고 있다. 이러한 노력의 결과로 현재 일본은 GDP 대비 1인당 에너지 소비가 가장 뛰어난 국가로 인정받고 있으며 저탄소 녹색기술 또한 상당한 수준에 도달해 있다. 〈그림 3-18〉은 지난 27년 동안(1980년부터 2006년까지) 세계 주요 국가들의 1인당 국민소득과 에너지 효율(사용 에너지 대비 국민소득)을 그린 궤도다. 일본은 스위스와 더불어 국민소득과 에너지 효율이 꾸준히

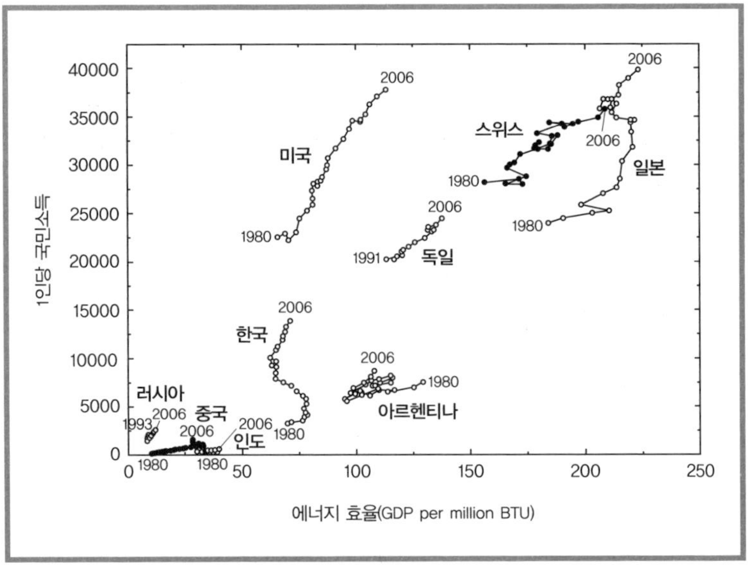

그림 3-18 세계 주요 국가들의 성장과 에너지 효율 궤도(이재영, 2009)

증가해 왔으며 현재 세계 최고 수준에 와 있다. 우리나라는 국민소득이 계속 증가해 왔지만 에너지 효율은 그대로다. 대표적인 에너지 과소비 국가인 미국보다 에너지 효율선의 기울기가 떨어진다. 중국, 인도, 러시아 등은 사용 에너지 대비 국민소득이 매우 낮고 아르헨티나는 잘못된 국가 정책으로 에너지 사용은 늘어나지만 국민소득은 그대로 머물러 에너지 효율은 역행하고 있다.

일본의 에코스쿨과 같은 제도는 다른 많은 국가에서도 시행되고 있다. 미국, 영국, 스웨덴, 노르웨이, 벨기에, 이탈리아, 그리스, 아일랜드 등 대부분의 유럽 국가들이 참여하고 있으며 뉴질랜드, 호주, 중국, 남아프리카공화국 등에서도 비슷한 제도를 시행하고 있다. 대부분은 에코스쿨(Eco School)이라는 명칭을 사용하고 있으며 일부 국가에서는 '그린스쿨(Green School)', '환경학교(Enviro School)', '지속 가능한 학교(Sustainable School Initiative)' 등으로 부르고 있다(그림 3-19).

이들 대부분은 ENSI(Environment and School Initiative)나 FEE(Foundation for Environmental Education)와 같은 국제 환경교육 네트워크에 참여하고 있다. ENSI는 OECD 산하 CERI(OECD's Centre for Educational Research and Innovation)에 소속된 정부 기반 환경교육 국제 네트워크로 유럽 국가들과 우리나라, 호주, 일본 등이 회원으로 있으며 FEE는 환경교육을 통해 지속 가능한 발전을 증진시키려는 비영리, 비정부 기구로서 현재 42개국을 회원조직으로 갖고 있다. 〈그림 3-20〉은 2000년부터 그린스쿨을 시작한 아일랜드에서 매년 그린스쿨

그림 3-19 세계 각국에서 사용하고 있는 마크와 홍콩의 우수 그린스쿨 시상 장면

로 등록한 초중등 및 특수학교 숫자다. 그린스쿨에 참여하는 학교는 10년간 급속히 증가하여 2010년에는 총 3,500개 학교 중 83퍼센트 이상에 달했다.

지난 2011년 8월 15일 『뉴욕타임즈』지는 미국 학교에서 벌어지고 있는 에너지 절약 운동을 대대적으로 보도했다(그림 3-21). 뉴욕 시의 경우 지난 2008년 이후 3년 동안 교실 전등에 절전 센서를 부착하고, 사용하지 않는 가전제품에서 플러그를 뽑는 것과 같은 활동으로 1,245개 학교에서 에너지 소비를 11퍼센트가량 줄였다고 보고하고 있다. 뉴저지 주 홈델타운에서는 학교 에너지 절약 운동으로 연간 100만 달러(12억 원)의 전기료와 가스비를 줄이는 효과를 얻고 있다.

뉴욕 주 동남부에 있는 롱아일랜드의 마운트 시나이 학군에서는 "사용하지 않을 때 전기를 꺼요"라는 쪽지를 교내 컴퓨터, 프린터, 에어컨 등에 붙이고 에너지 매니저를 활용하여 연간 35만 달러(4억

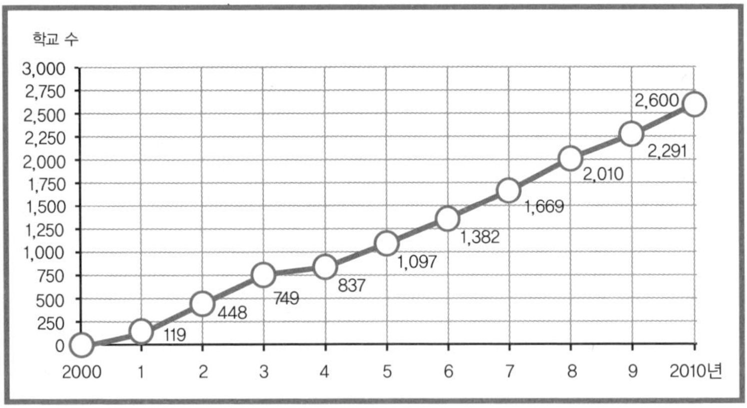

그림 3-20 아일랜드의 그린스쿨 증가 추이

2천만 원)의 전기세를 절약했다. 에너지 매니저는 하루 100여 교실을 감독하게 하며, 에너지를 낭비하면 노란색 위반 딱지를 붙이는 활동을 한다. 또한 학교 당국은 에너지 컨설팅 업체의 자문을 받으며 수영장 온도나 카페테리아 오븐의 전기 사용량 등을 구체적으로 파악하고 효율이 높은 모델로 교체했다. 롱아일랜드의 125개 학교 중에서 60개교가 연간 에너지 20~40퍼센트 줄이기 운동에 참여하고 있다.

"All the News That's Fit to Print"

The New York Times

VOL. CLX . . . No. 55,498 · © 2011 The New York Times · MONDAY, AUGUST 15, 2011

THE NEW YORK TIMES, MONDAY, AUGUST 15, 2011

Schools Move to Conserve Energy as Budgets Tighten

From Page A1

servation efforts and to create local contracting jobs. Most recently, Oregon passed legislation in June to provide school districts with low-interest loans and grants for school efficiency improvements; Washington State started a similar grant-based program in 2009.

In some instances, districts like Mount Sinai have appointed an official energy manager — in its case, Chris Heil, an assistant high school principal — to police hallways and classrooms to root out energy waste. Armed with yellow notes, he inspects 100 classrooms a day and "tickets" violators. Teachers have been known to run back to their classrooms when they see him coming. When one instructor refused to shut down his classroom computers at night, Mr. Heil sent him an e-mail calculating how much money was being wasted, and promised to share the next message with the superintendent.

"I'm kind of like the cop who walks around and makes sure people are doing what they're supposed to be doing," Mr. Heil said. "As soon as you take me away, people will start their bad habits again."

Mr. Heil sometimes shows up at schools at 4 a.m. to make sure the custodial staff remembered to turn off the lights. He has rummaged through storage closets to locate switches to shut down rooftop exhaust fans that ran nonstop. Such vigilance has reduced the district's utility costs by 30 percent since 2007, Mr. Heil said.

As part of the Bloomberg administration's campaign to reduce the municipal government's

PHOTOGRAPHS BY OZIER MUHAMMAD/THE NEW YORK TIMES

William Balicki oversees a New Jersey district's energy-saving efforts. Stickers offer reminders.

SHUT OFF LIGHTS WHEN YOU LEAVE THE ROOM

Paying for new boilers, windows and other improvements with money saved.

"Anything that consumes energy, natural gas or water is going to get evaluated," said Larry Wash, Trane's president of global services.

In New Jersey, the schools in Holmdel Township have lowered their electric and gas bills by about half since 2009, to $1 million annually. In environmental terms, that breaks down to 3.5 million fewer kilowatts of power

efforts through so-called energy ... included replacing Lincoln High

그림 3-21 미국 학교의 에너지 절약 성공을 보여주는 언론 기사

그 외에도 캘리포니아, 뉴저지, 뉴햄프셔, 버지니아 등 미국의 20여 개 주가 2009년 이후 학교에서 실시하는 에너지 절약과 효율 사용 운동에 적극 동참하고 있다. 전기설비 교체, 태양전지판 확대, 지열 냉난방 시스템 도입 등도 학교에서 먼저 추진하고 있다. 이유는 에너지 절약을 통한 경제적 효과와 미래 세대들의 의식과 행동을 바꾸는 교육적 효과를 동시에 얻을 수 있기 때문이다.

국내 현황과 전망

우리나라는 1982년 제4차 교육과정부터 환경교육을 교과 내용에 포함시켰다. 그러나 독립 과목으로 시행되기 시작한 것은 1995년 제6차 교육과정부터다. 이때 중학교에서는 '환경' 과목으로, 고등학교에서는 '환경과학' 과목으로 독립되었다. 초등학교에서는 지금까지 독립 과목으로 시행된 적은 없다. 제7차 교육과정에서도 초등학교는 '과학', '사회', '도덕', '슬기로운 생활' 등 여러 과목에 분산된 내용으로 환경교육을 실시하고 있다.

중고등학교에는 환경교육이 독립 과목으로 주어졌지만 필수가 아니라 선택이기 때문에 많은 학생들이 중요한 시기를 환경 문외한으로 지나치기 쉽다. 중학교의 경우 한문, 컴퓨터, 제2외국어와 함께 4개 선택과목 중 하나로, 고등학교는 2002년도부터 '생태와 환경' 과목으로 변경되어 한문, 생활경제, 심리학 등 11개 선택과목 중 하나로 되어 있다. 지난 2009년에 개정된 미래형 교육과정에서도 여전히 교양 선택과목에 머물러 있게 되었다.

환경 과목이 필수가 아니라 선택으로 주어진 것도 문제지만 지도하는 교사의 자격이 더욱 심각하다. 정부는 1995년에 시작된 제6차 교육과정의 독립 환경 과목의 교사를 확보하기 위하여 1994년부터 환경교사 양성을 시작하였다. 주요 대학을 환경교사 연수기관으로 지정하여 1천여 명의 현직 교사에게 환경 부전공 과정을 이수시켰다. 이와 동시에 대학에 환경교사 교직과정을 설치하여 1998년부터 졸업

생을 배출하고 있다. 현재 20여 개의 일반대학과 5개의 사범대학이 정규 교직과정을 거친 환경 전공 교사를 배출하고 있다.

그러나 환경교사 제도는 별로 성공적이지 못하다. 초등학교는 교사 양성 제도에서 제외되어 아예 환경을 전공하지 않은 교사가 가르치고 있고, 중고등학교에서도 급조된 환경 부전공 교사가 대부분의 학교에서 환경 과목을 지도하고 있다. 이들은 예체능 계열이나 한문, 기술, 가정 등 환경과는 비교적 거리가 먼 과목을 가르치다 방학을 이용하여 몇 시간 환경 연수를 받은 이들이다. 속성으로 양성된 환경 부전공 교사들 때문에 대학에서 정규 교직과정을 이수하고 환경교사 자격증을 받은 이들은 갈 곳이 없어져 버렸다. 악화가 양화를 구축한 것이다.

저탄소 녹색성장이 새로운 국가 비전으로 제시되면서 그린스쿨이 녹색뉴딜 사업 중 하나로 추진되고 있다. 그린스쿨은 초·중·고등학교의 건물을 개·보수하고 생태녹지공간 조성, 빗물 이용 시설, 에너지 절약 시설 등을 설치하여 녹색문명의 체험장으로 활용하려는 사업이다. 2009년부터 2012년까지 총 1조 원을 투자하여 200여 개 학교 건물을 지역과 학교 특성에 맞도록 다양한 유형의 그린스쿨로 조성할 계획이다. 이 사업으로 학교가 환경교육의 장으로 거듭나게 되어 학생들의 정서함양과 인성교육은 물론, 인근 주민들에게는 휴식공간이 제공되며, 일자리 창출을 통해 경제 활성화에 기여하고, 낙후된 지역의 균형 발전을 도모하여, 학생·학부모·주민들의 교육·생활 만족도를 높이게 될 것이다.

정부는 그린스쿨 사업과 더불어 '환경' 과목을 에너지, 기후변화, 녹색문명 등을 강조하는 '환경과 녹색성장'으로 개정했다. 최근 정부가 추진해 오고 있는 이러한 환경교육 관련 사업들은 우리 사회가 지구와 인류의 지속 가능한 미래로 나아가기 위한 전략으로 높이 평가받을 만하다. 또한 그동안 침체된 우리의 환경교육에 활기를 불어넣을 수 있는 좋은 계기가 될 수 있다.

그러나 지금과 같이 환경교육이 교양선택과목으로 남아 있고, 타 전공 교사가 환경 과목을 지도하는 한 큰 효과를 기대하기는 어렵다. 중요한 것은 학교에서 배출되는 모든 학생들에게 환경 지식을 학습할 기회가 주어지고, 검증된 환경교사가 올바른 환경교육을 실시하는 것이다. 그렇지만 이것 또한 쉬운 일은 아니다. 교과과정에 얽힌 복잡한 이해관계 때문에 환경이 필수과목으로 지정되고 필요한 교사를 모두 환경 자격교사로 채용하기는 거의 불가능하다.

그림 3-22 부국환경포럼 호남본부의 1교 1환경교사 제도 실현을 위한 전국 서명운동 발대식

해법으로 제안하는 것이 1교 1환경교사 제도다. 현재 초·중·고에서 실시하고 있는 양호교사와 같이 한 학교에 한 명의 환경 자격교사를 배치하여 학생들의 먹는 물, 실내공기 오염, 에너지 절약, 자원 재활용, 녹지관리 등과 같은 그린스쿨도 관리하고 정기적인 특강 형식으로 환경교육을 실시하는 것이다. 이 제도는 에너지와 자원 절약, 학생들의 건강 증진 등을 통한 경제적 효과와 일자리 창출은 물론, 미래 세대들이 친환경 사회를 만들어가는 데 크게 기여할 것이다. 미국 학교에서 에너지 절약을 통해 얻은 경제적 효과를 따져보면 분명 1교 1환경교사 제도는 공짜로 녹색 일자리를 만들어 낼 수 있을 것이다.

미완의 기후총회, 한국의 과제: 환경교육으로 녹색문명 보급하자

덴마크 코펜하겐에서 2009년 12월에 개최된 제15차 유엔기후변화 협약(UNFCCC) 당사국 총회가 막을 내렸다. 전 세계 192개국의 대표들이 12월 7일부터 18일까지 장장 12일간에 걸쳐 온실가스 감축을 논의하였고, 마지막에는 118개국 정상들까지 참석했지만 핵심 쟁점에 대한 합의 도출에는 실패했다.

지난 2007년 인도네시아 발리에서 개최된 제13차 총회에서 '교토의정서 체제가 끝나는 2012년 이후 새로운 기후변화 체제(포스트 교토)' 구축을 2009년 12월 코펜하겐에서 최종 결정하기로 하고, '발리 로드맵'이라는 일정까지 만들어 2년 동안이나 국제협상을 벌여왔지만 결국 약속을 지키지 못했다.

코펜하겐 기후총회에서 상당한 성과도 있었다. 지구 평균기온 상승폭을 산업화 이전 대비 2℃ 이하로 제한하고 이를 위해 2050년까지 선진국은 80퍼센트, 개도국은 15~30퍼센트의 온실가스 감축을 합의한 코펜하겐협정을 채택한 것이다. 또 협정에 선진국의 개도국 지원 규모를 구체화함으로써 향후 협상이 보다 안정적인 기반에서 열릴 수 있도록 했다. 가장 큰 성과는 화석연료가 이제 더 이상 인류에게 지속 가능한 에너지가 아니며 '저탄소 시대'가 도래했음을 전 세계에 확실히 알렸다는 점이다.

우리 정부는 코펜하겐 기후총회에서 대단한 외교적 성과를 올렸다. 그동안 추진해 온 저탄소 녹색성장 정책 홍보, 선제적인 온실가스 감축안 제시, 글로벌 녹색성장연구소 설립 제안 등과 같은 뛰어난 그린 리더십을 보여 국격을 높이고 세계 중심 국가의 위치를 확고히 했다. 또한 국가 GDP의 2퍼센트를 녹색기술 개발과 인프라 구축에 투자할 것을 천명하고 세계 녹색성장 싱크탱크와 허브 역할을 자처했다. 특히 대통령의 '나부터 먼저(Me First)' 연설은 꽁무니 전략으로 일관된 총회 분위기를 일신하기에 충분했다.

그림 3-23 코펜하겐 기후변화 총회에서 이명박 대통령이 '나부터 먼저' 연설을 하고 있다.

앞으로 우리가 해야 할 일은 국제사회에 공언한 것을 실천하고 그 효과를 입증하는 것이다. 그러나 이는 결코 쉬운 일이 아니다. 정부 주장대로 저탄소 녹색기술 개발과 산업 육성을 통하여 일자리를 창출하고 새로운 성장동력을 만들어낼 수도 있지만, 과도한 온실가스 감축은 자칫 산업활동을 위축시켜 일자리를 잃게 하고 경제성장을 멈추게 하여 사회불안을 야기할 수도 있다. 난항을 거듭한 협상 과정에서 알 수 있듯이 온실가스 감축은 오랜 기간 화석연료에 의존하며 고도성장을 거듭해 온 국가에는 많은 고통을 요구한다. 특히 개발시대 중화학공업 육성 정책의 영향으로 철강, 석유화학 등과 같은 에너지 다소비 업종 비중이 큰 우리 산업에 미치는 영향은 클 수밖에 없다.

현명한 방법은 산업규제보다 우리의 생활 개선에서 온실가스 감축 방안을 먼저 찾는 것이다. 모든 국민이 함께 힘을 모아 저탄소 녹색문명을 정착시켜나간다면 경제와 환경, 그리고 사회 전반에 엄청난 긍정적 변화를 가져올 수 있다. 이를 위해 범국민 녹색운동을 전개하고 환경교육을 강화해야 한다. 특히 학교를 녹색문명 보급 창구로 활용하는 것이 효과적이다.

정부는 지난 2008년에 녹색뉴딜 사업 중 하나로 학교를 녹색문명 체험장으로 활용하는 그린스쿨 제도를 도입하였고, 지난해부터 '환경' 과목을 '환경과 녹색성장'으로 개정하는 작업을 해 오고 있다. 앞으로 이

과목을 필수로 이수하게 하고 전국의 모든 초·중·고에 그린스쿨 제도를 도입하여 녹색문명을 보급하는 것이다. 학교가 바뀌면 가정이 바뀌고, 가정이 바뀌면 지역사회가 바뀌게 된다.

미완의 코펜하겐 기후총회를 보면서 지구촌 그린 리더를 자임한 우리의 책임이 더욱 무거워짐을 느낀다. 우리의 성공이 세계를 움직이고 보다 나은 지구와 인류의 미래를 만들어갈 수 있게 되었다. 이제 하루 빨리 이 땅에 녹색문명을 정착시키고 국제사회가 주목하는 정책들을 차질 없이 추진해나가야 하겠다.

제 4 부

부국환경의 길 III
물 관리 선진화
Advanced Water Management

물은 생명의 원천이요 인류문명의 모태이자
부국환경의 원동력이다

16

물과 위대한 국가 건설

물은 생명의 원천이요 인류 문명의 모태다. 고대 인류의 4대 문명은 큰 강(황하, 티그리스-유프라테스 강, 인더스 강, 나일 강)을 끼고 발전했다. 물이 주는 풍요와 기름진 땅을 얻기 위해 제방을 축조하고 저수지를 만들었다. 그래서 인류 역사는 고대문명을 물의 문명, 수리 문명(Hydraulic Civilization)이라 부르고 있다. 하지만 과도한 벌채, 농경활동으로 인한 염분 축적, 가뭄 등으로 사막화와 물 부족이 발생하고 이것은 식량 부족과 질병의 만연으로 이어져 고대문명은 외세의 침략도 없이 스스로 사라지게 되었다.

물 관리 실패로 몰락한 문명

그리스, 로마, 페르시아, 마야, 잉카, 크메르 등 지금까지 수많은 인류문명들이 흥망성쇠를 거듭해 왔다. 고대 4대 문명에서처럼 이들 문명에서도 물의 역할은 절대적이었다. 의식주를 자연에 의지하며 살아야 했던 농경사회에서 물은 곧 신의 축복이자 저주였다. 그래서 가뭄이나 홍수와 같은 자연의 힘은 이러한 문명들이 역사에서 사라지게 하는 중요한 원인이 되었다.

물 관리 실패로 몰락한 대표적인 문명이 바로 마야 문명이다. 지금의 중남미 멕시코, 과테말라, 온두라스 지역에 기원전 2600년부터 서기 900년 사이에 발달했던 마야 문명은 결국 가뭄으로 몰락했다(그림 4-1). 당시 이곳에는 1,500만 명에 달하는 거대한 인구가 농업, 건축, 직조, 예술 등 다양한 분야에서 탁월한 업적을 이룩하며 살고 있었다. 특히 대규모 치수사업을 실시하여 복잡하게 얽힌 저수지와 수로, 댐과 제방 등을 건설했다. 그런데 이 문명은 서기 750년부터 850년 사이에 극심한 가뭄이 계속되면서 사라지게 되었다. 가뭄으로 식량 생산이 줄어들고, 이것은 영양실조, 전염병 창궐 등으로 이어졌다. 그뿐만 아니라 가뭄이 야기한 식량 부족이 당시 지배층과 피지배층 간의 갈등을 심화시키고 부족 간 전쟁을 촉발시킨 것이다. 약 3천년 동안 지속된 인류사에서도 보기 드문 이 경이로운 마야 문명이 자연의 힘 앞에서 무력하게 사라졌다. 가뭄이 계속될 때 저수지를 만들어 수자원을 비축하는 노력보다 어린아이를 산 채로 제물로 바치는

그림 4-1 마야 문명이 번성했던 중미 지역과 그 유적

미신에 의존했기에 문명 몰락은 더욱 가속화되었다.

마야 문명의 지구 반대편을 지배했던 크메르 문명도 물 관리 실패로 몰락했다. 지금의 캄보디아 정글 깊숙한 곳에 인구 100만의 도시가 9세기부터 15세기까지 존재했다(그림 4-2). 이 크메르 문명도 뛰어난 물 관리로 번영을 누렸지만 예상하지 못한 자연의 힘에 의해 결국 멸망했다. 건기와 우기가 반복되는 아시아 몬순 지역인 이곳에서 크메르 문명은 탁월한 물 관리 기술을 가지고 있었다. 대형 저수지를 만들어 건기에 대비하여 물을 모으고 수로를 만들어 우기에 넘쳐나는 물을 다른 곳으로 돌렸으며 튼튼한 댐과 제방을 축조했다. 당시 세계 최대의 사원이었던 앙코르와트를 건설하고 범람하는 물을 막기 위해

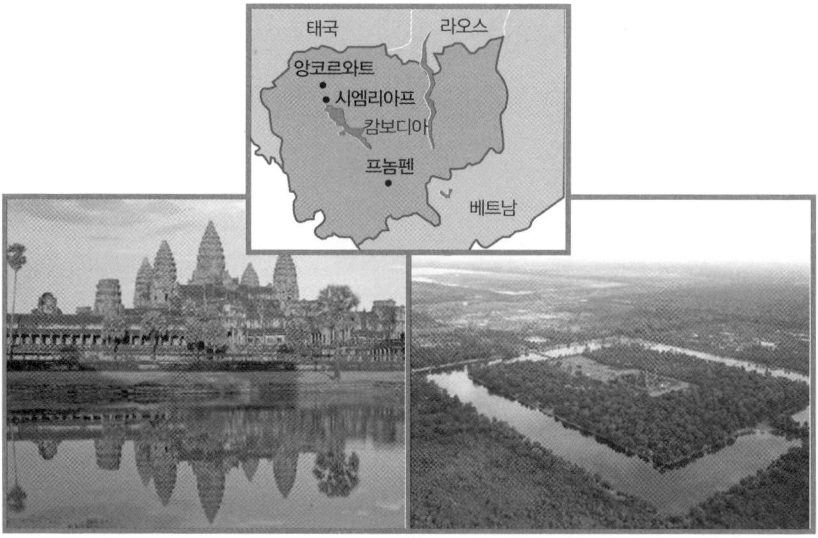

그림 4-2 크메르 문명이 번성했던 지역과 그 유적(앙코르와트 사원과 주변 해자)

주변에 해자를 팠다. 크메르 문명이 가진 물 관리 기술은 실로 놀라운 것이었다. 600년간 성공적인 물 관리로 홍수를 막고 안정적인 식량 공급이 가능했다. 하지만 이후 대재앙이 일어났다. 예상 밖의 대홍수가 오자 크메르의 물 관리 시스템은 완전히 붕괴됐다. 댐과 수로를 설계할 때 대홍수의 발생 가능성을 생각하지 못한 것이다. 물 관리 시스템이 붕괴된 상태에서 1362년부터 1392년 사이, 그리고 1415년부터 1440년 사이에 연이은 가뭄과 초대형 폭우가 온 것이다. 이렇게 해서 크메르 문명은 결국 흔적만 남긴 채 사라졌다.

한반도의 가뭄

우리 역사에서도 가뭄은 무서운 존재였다. 삼국시대의 기록인 삼국사기와 삼국유사를 보면 〈春夏 旱: 봄과 여름에 가뭄이 왔다〉, 〈春夏 旱 年荒民飢: 봄여름 가뭄으로 흉년이 들어 백성들이 굶주렸다〉 등 가뭄, 흉년, 굶주림 등에 관한 기록은 수없이 많다. 그리고 다음과 같은 충격적이고 상상하기 조차 싫은 기록도 몇백 년에 걸쳐 계속 나오고 있다.

- 春夏 大旱 民饑相食: 봄과 여름에 크게 가물어 백성들이 서로 잡아먹었다(백제 온조왕 33년, 서기 15년).
- 春夏 大旱 年饑 民相食: 봄여름 가뭄으로 흉년이 들어 백성들이 서로 잡아먹었다(백제 기루왕 32년, 서기 108년).
- 春饑 人相食: 봄에 흉년이 들어 사람들이 서로 잡아먹었다(고구려 고국양왕 6년, 서기 389년).

고려시대에도 가뭄은 계속되었다. 공민왕 때 가뭄으로 백성의 절반이 죽고, 살아남은 자들은 그 인육을 먹었다는 기록도 있다. 조선왕조는 왕조 멸망 원인 중 하나가 가뭄이었다. 조선왕조 490년 동안 100여 차례의 심각한 가뭄이 있었던 것으로 실록은 기록하고 있다. 1442년, 서양보다 200년이나 앞서 세계 최초로 측우기를 발명한 것도 한반도의 열악한 물 관리 여건을 극복하기 위한 것이었다. 측우기를

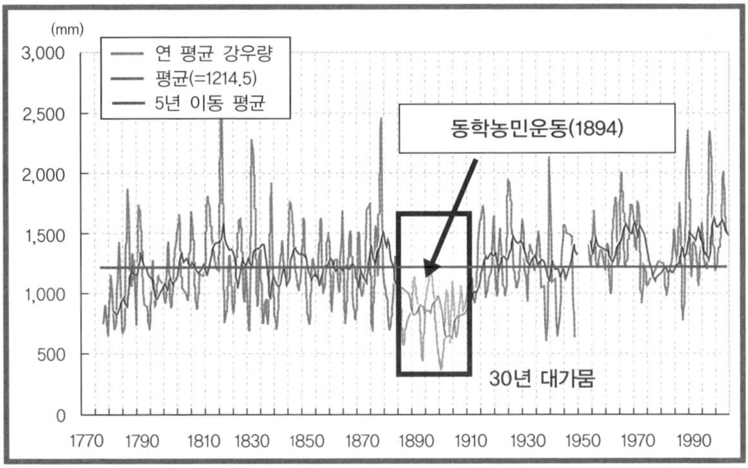

그림 4-3 한양에서 관측된 강우량과 조선 말 대가뭄

이용해 한양에서 관측한 강우량을 보면 계속되는 가뭄과 홍수의 반복이 잘 나타나 있다(그림 4-3). 특히 눈에 띄는 것은 1875부터 1905년에 이르는 30년간의 대가뭄이다. 대가뭄은 백성들의 궁핍한 삶과 민란으로 이어졌고 결국 왕조 멸망의 중요한 원인이 되었다. 1894년에 일어난 동학 농민의 난도 가뭄 때 물싸움으로 시작된 것을 보면 당시의 상황을 추측해볼 수 있다.

대가뭄으로 국력이 쇠약해지자 조선 왕조는 전쟁 한 번 해보지 못하고 나라를 통째로 일본에 넘겨주었다. 이렇게 시작된 일제 강점기에 한반도의 열악한 물 관리 여건을 극복하기 위해 한 일이 바로 저수지 건설이었다. 〈그림 4-4〉를 보면 지금 우리 국토에 있는 농업용 저수지의 반 이상이 이때 만들어졌음을 알 수 있다. 그리고 나머지 상당

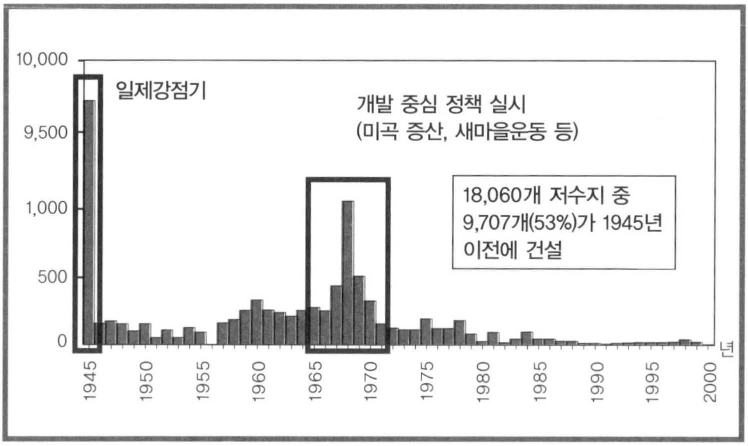

그림 4-4 우리나라 농업용 저수지 건설

수는 박정희 대통령 시절에 추진한 미곡 증산, 새마을운동 등에 의해 건설되었다.

물길로 성장한 세계 초강대국

미국은 지난 20세기 후반부터 지금까지 세계에서 유일한 초강대국으로 남아 있다. 인구는 약 3억에 불과하고 역사는 250년도 되지 않지만 경제 규모는 세계 2위, 3위인 중국과 일본을 합한 것보다 크다. 세계 최고의 경제력뿐만 아니라 민주주의, 사회제도, 과학기술, 군사력 등 여러 분야에서 세계 어느 나라보다 앞서 있다는 사실은 누구도 부인할 수 없다. 미국이 건국 이후 오늘날과 같이 위대한 국가로 성장하기까지 물의 역할은 매우 중요했다.

그 중요성은 3대 도시(뉴욕, 로스앤젤레스, 시카고)의 성장 과정에 잘 나타나 있다. 현재 뉴욕, 로스앤젤레스, 시카고와 그 주변 경제권에서 살아가는 인구는 각각 약 4,600만 명, 3,400만 명, 2,100만 명이며 이는 미국 전체 인구의 3분의 1에 달한다. 항구도시 뉴욕, 사막의 도시 로스앤젤레스, 그리고 호반의 도시 시카고는 물길의 힘으로 미국 내 1, 2, 3위의 도시로 성장했다.

그림 4-5 건국 초기 13주(애팔래치아 산맥이 서쪽 경계를 이루고 있다)

물길로 세계 최대 도시 탄생(뉴욕)

1776년 미국 동부 13개 주를 영국 식민지로부터 독립하고 건국을 선언한 초기 정치지도자들은 '물길은 통합을 이루고 산맥은 국가를 나눈다'는 정치지리학적 교훈을 잘 알고 있었다. 조지 워싱턴 초대 대통령은 독립 이전부터 동부 13개 주를 둘러싼 애팔래치아 산맥 너머에 있는 서부 대평원이 언젠

가는 다른 나라가 될지 모른다는 생각을 하고 있었다. 그래서 그는 독립 선언과 함께 서부 대평원을 물길로 연결하기 위하여 파토우맥사(Patowmack Company)를 설립했다.

파토우맥사는 메릴랜드 주와 버지니아 주 경계(지금의 워싱턴 D.C.)를 흐르는 포토맥 강 상류의 애팔래치아 산맥을 뚫어 서부 대평원으로 넘어가려고 공사를 시작했다. 워싱턴 대통령의 강력한 의지로 공사가 추진되었지만 당시의 토목 기술로는 불가능에 가까웠다. 1799년 워싱턴 대통령이 사망하자 포토맥 운하는 역사의 흔적만 남기고 중단되었다. 그 후 몇 번의 시도가 있었지만 논쟁뿐이었고 공사 진척은 없었다. 특히 제3대 토머스 제퍼슨 대통령은 운하를 뚫어 서부로 넘어가는 것은 '정신 이상에 가까운 일'이라고 혹평했다.

이렇게 해서 운하로 미국 동부와 서부를 연결하려는 시도는 중단되는 듯하였으나 이 계획은 당시 뉴욕 주에서 다시 추진되었다. 뉴욕 주에서는 허드슨 강 상류를 뚫어 이리 호와 연결하면 동부와 서부가 물길로 통할 것이라는 이리 운하 안이 가능성을 보였다. 오랜 기간 논란 끝에 당시 뉴욕 주지사 드위트 클린턴이 1817년 이리 운하를 착공하여 1825년에 완공했다. 운하를 건설하는 과정에서 많은 새로운 토목 기술들이 개발되었고, 완공 후에는 서부 대평원에서 생산되는 많은 농산물이 뉴욕으로 수송될 수 있었다(그림 4-6).

뉴욕에 온 농산물은 다시 미국 동부 지역으로 공급되고 또 유럽으로 수출되었다. 당시 유럽은 산업화가 시작되고 있었지만 많은 노동

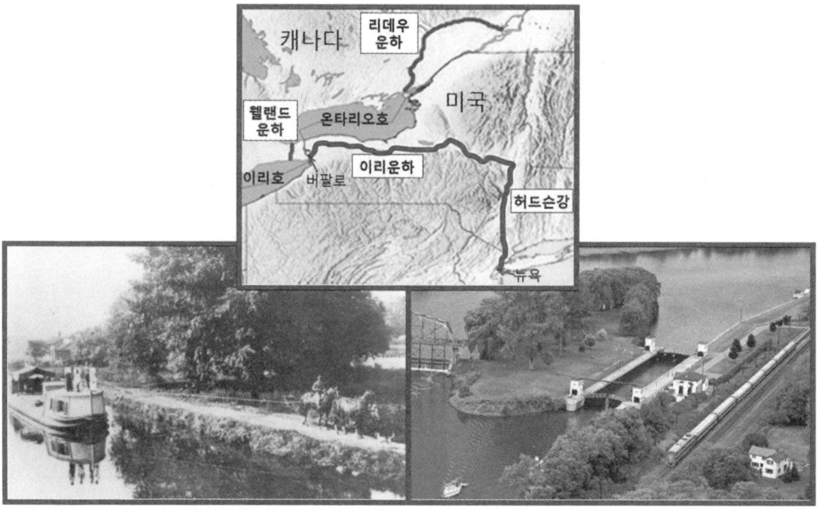

그림 4-6 뉴욕을 미국 제1의 도시로 만든 이리 운하

력이 생존에 필수인 식량 생산을 위해 1차 산업에 속박되어 있었다. 이러한 시기에 뉴욕에서 공급되는 값싼 농산물은 유럽 노동력을 2차 산업으로 이동할 수 있게 했다. 그래서 역사학자들은 이리 운하는 유럽 산업화를 가속화시킨 매우 중요한 촉매제가 되었다고 평가하고 있다. 또한 뉴욕은 이리 운하로 인해 미국 최대의 항구도시로 발달하게 되었다. 이리 운하라는 물류 경로가 대륙을 연결하는 실크로드가 되어 미국과 유럽에 엄청난 부와 문명 발전을 가져다준 것이다.

건국 초기 애팔래치아 산맥 동쪽에 머물렀던 작은 국가가 이리 운하를 통하여 북미 대륙 중서부로 진출하고 뉴욕이 세계 최고의 도시로 발전하는 과정은 미국 건국사에서 큰 부분을 차지하고 있다. 이 이

야기는 9·11 테러 이후 국가의 미래 비전과 국제사회의 역할에 대해 갈피를 잡지 못하는 미국인들에게 들려주기 위해 지난 2005년 베스트셀러 작가 피터 번스타인이 『Wedding of Waters: The Erie Canal and the Making of a Great Nation』이라는 책으로 저술했으며, 국내에서 『물의 결혼: 이리 운하와 위대한 국가 건설』이라는 제목으로 번역 출간되었다(그림 4-7).

그림 4-7 미국 역사의 중요한 부분을 차지하고 있는 이리 운하 이야기

물길로 환경재앙 극복(시카고)

북미 대륙의 중부 미시간 호반에 위치한 시카고 또한 성공적인 물 관리를 통해 미국 제3의 도시로 성장했다. 1885~1886년에 이곳에 장티푸스가 창궐하여 100만 인구 중 약 9만 명이 사망했다. 생활하수와 쓰레기가 버려진 미시간 호의 물을 식수로 사용하다 빚어진 대참사였다. 그 후 시카고는 미시간 호로 흘러가던 강의 유역을 변경하여 미시시피 강으로 흐르게 하는 대규모 토목공사를 시작했다. 시카고의 하수로 오염된 두 강의 흐름을 역류시키고 이곳에 배가 다닐 수 있게 한 것이다. 이것이 1887년에서 1922년 사이에 건설된 시카고 운하다.

시카고의 하수는 더 이상 미시간 호로 들어가지 않고 미시시피 강

그림 4-8 시카고 항구와 접안하는 여객선 및 화물선

을 따라 대륙의 남쪽으로 흘러가게 되었다. 미시간 호의 수질은 한결 좋아졌고 반복되던 전염병도 멈추었다. 그뿐만 아니라 시카고 운하는 오대호와 미시시피 강을 연결하는 물류 동맥 역할을 하게 되었고, 시카고는 항구도시가 되었다(그림 4-8). 그 결과 세계 최대 곡물시장(시카고 선물거래소)이 만들어졌고 미국 중서부의 대평원에서 생산되는 농산물은 이곳을 통해 팔려나가게 되었다. 호숫가에는 수질 문제로 대도시가 들어설 수 없지만, 시카고는 환경 재난을 슬기롭게 극복하여 맑은 물과 물길을 얻고 세계 최대 호반도시가 되었다. 이 이야기는 이 책의 제3부 12장에 자세히 기술되어 있다.

물길로 사막을 옥토로(로스앤젤레스)

미국 제2의 도시 로스앤젤레스는 사람이 살아가기 힘든 사막에 세워진 도시다. 이곳은 연평균 강우량이 우리나라 3분의 1도 되지 않는 약 380밀리미터에 불과하며 산업과 생활용수를 확보할 수 있는 큰 강이나 호수가 없다. 이곳에 대도시가 세워진 이유는 석유 채굴과 영화 산업 때문이었다. 특히 로스앤젤레스 할리우드는 미국의 어느 지역보다 선명한 화면의 영화를 만들 수 있어서 영화 산업이 발달했다. 당시에는 조명과 사진 기술이 발달하지 않아 강렬한 태양빛이 영화 제작에 가장 중요한 조건이었다. 하지만 사람이 살아가는 데 없어서는

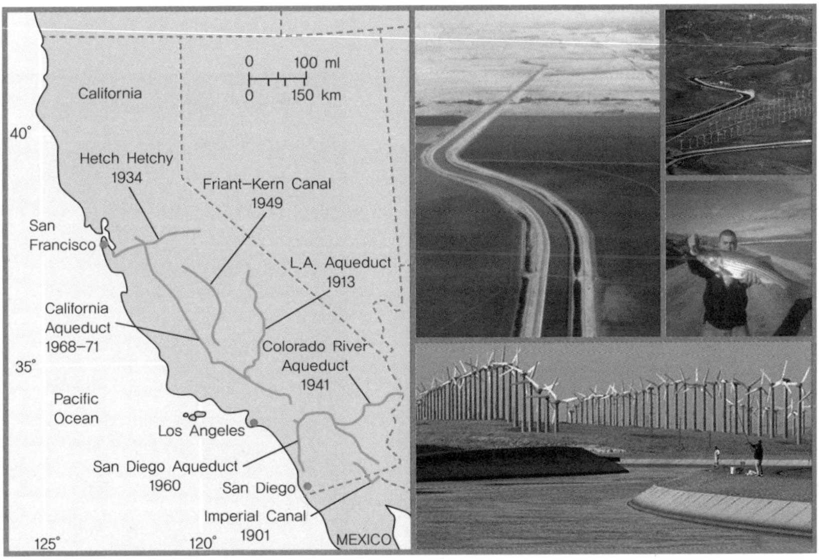

그림 4-9 로스앤젤레스를 미국 제2의 도시로 만들고 사막을 옥토로 바꾼 캘리포니아 수로

안 되는 물을 구할 수가 없었다.

이를 극복하기 위하여 멀리 콜로라도 강과 새크라멘토 강으로부터 물을 끌어왔다. 〈그림 4-9〉에서 보는 바와 같이 1900년대 초부터 수백 킬로미터에 달하는 물길을 만들었다. 이렇게 끌어온 물로 도시를 만들고 산업을 육성했다. 캘리포니아의 길고 긴 수로에는 수많은 생명들이 살고 있다. 사용한 물은 바다로 흘려보내지 않고 땅속에 침투시켜 그 지하수를 다시 사용하거나 농업용수나 조경수 등으로 활용하고 있다. 건조하고 척박한 캘리포니아 땅에서 벼가 재배되고 각종 과일이 생산되는 것도 이러한 물길과 뛰어난 관개시설을 가졌기 때문이다. 현재 캘리포니아 주는 포도, 복숭아, 배, 레몬, 살구 등과 같은

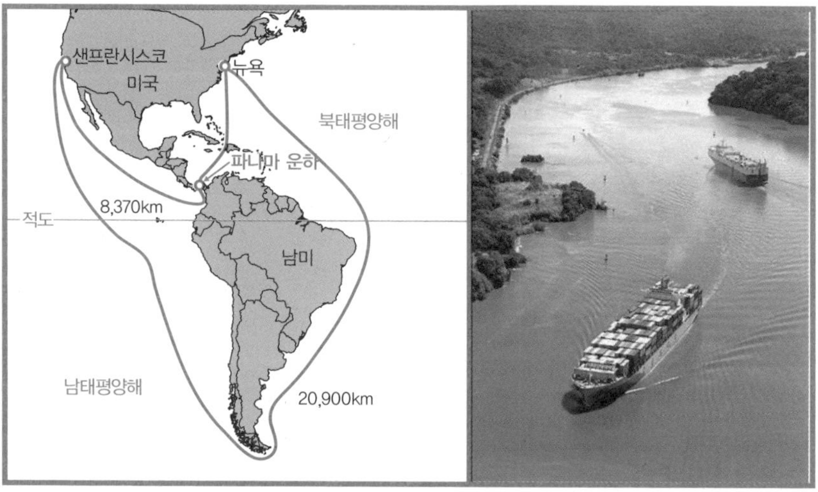

그림 4-10 미국의 서부 개척을 완성시킨 파나마 운하

과일류와 사탕무 생산량이 미국에서 1위다. 그뿐만 아니라 경제 규모와 인구도 미국 내 1위며, 1인당 국민소득도 최상위권이다.

로스앤젤레스를 비롯하여 미국 서부지역 성장에 중요한 역할을 한 또 다른 물길이 파나마 운하다(그림 4-10). 미국은 1903년 타국의 땅에 운하를 착공하여 1914년에 완공한 후 85년 동안 조차로 사용하다 지난 1999년 파나마 정부에 반환했다. 파나마 운하는 2만 900킬로미터에 달했던 뉴욕 항과 샌프란시스코 항 사이의 거리를 8,370킬로미터로 줄여 미국이 아시아 태평양 지역으로 진출하는 중요한 통로가 되었다. 미국의 대륙횡단철도는 1870년에 완공되었으나 보다 저렴하고 원활한 물류 이동을 위해서는 선박 운항이 필요했던 것이다.

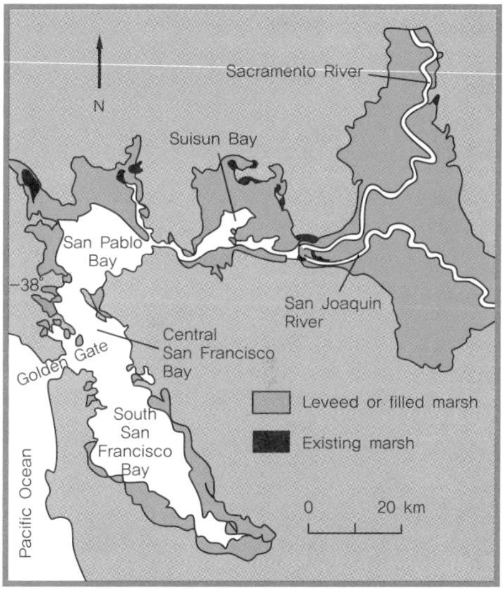

그림 4-11 샌프란시스코 항과 매립된 조간대

파나마 운하의 개통으로 샌프란시스코 항은 미국의 태평양 진출을 위한 전초기지가 된다. 이후 샌프란시스코 항은 성장 과정에서 넓은 면적의 조간대가 매립되었다(그림 4-11). 그림에서 Leveed or filled marsh로 표시된 곳이 제방이 축조되거나 매립된 조간대로 우리나라 새만금의 몇 배나 된다. 조간대 매립은 환경 측면에서 바람직한 것이 아니지만 땅이 넓은 미국에서도 어쩔 수 없이 매립하여 활용할 수밖에 없었다.

샌프란시스코 항은 제2차 세계대전 시 태평양을 지키는 군사 요충지였고, 지금은 실리콘 밸리를 비롯하여 스탠포드대학교, 버클리대학교 등이 위치한 첨단 과학기술의 거점이 되어 있다. 미국은 이리 운하를 통해 중서부로 진출했고, 파나마 운하로 서부 개척을 완성하며 태평양 진출의 전초기지를 확보한 셈이 된다.

루스벨트 대통령과 파나마 운하

파나마 운하는 시어도어 루스벨트(Theordore Roosevelt) 미국 제26대 대통령(1901~1909년 재임)에 의해 건설되었다. 미국은 19세기까지만 해도 주로 유럽과 국제관계를 가지고 그 변방국가에 머물러 있었다. 뉴욕 출신인 루스벨트 대통령은 이리 운하와 뉴욕의 발전 과정을 잘 알고 있었고 미국이 세계 중심 국가로 나아가기 위해서는 아시아 태평양 지역으로 진출해야 한다는 생각을 하고 있었다. 파나마 운하 건설은 그가 대학 시절부터 꿈꿔온 것으로 재임기간 중 가장 공들인 사업이었다. 당시 파나마 지협(두 개의 대륙을 연결하는 좁고 잘록한 땅)을 영토로 보유하고 있던 콜롬비아가 비협조적이자 그는 대함대를 파견해 굴복시키고 파나마라는 신생 국가를 탄생시켜 이 사업을 성사시켰다.

루스벨트 대통령은 환경보전에도 많은 업적을 남겼다. 당시 미국 서부지역에서는 광산, 농장, 목장 개발을 위해 숲이 잘려나가고 초지가 황폐화되고 있었다. 개발로 인해 초지와 산림의 훼손을 방지하기 위해 존 뮤어(John Muir)는 1892년 시에라클럽(Siera Club)을 설립하고 자연보호 운동을 전개하고 있었다. 루즈벨트 대통령은 존 뮤어를 도와 국토의 3분의 1을 연방정부 소유로 하여 자연보전의 초석을 다졌으며, 국립공원의 수를 2배로 늘렸다. 1903년에 야생동물 보호구역을 최초로 지정하

그림 4-12 1906년 요세미테 국립공원에서 루즈벨트 대통령과 존 뮤어(미국 최초의 자연보호운동가)

고 임기 중에 총 51개의 보호구역을 지정했다. 미국 최초의 산림청을 설립했으며 1908년에는 천연자원 보호법을 만들고, 이듬해에는 백악관에서 북미환경보호회의를 개최하기도 했다. 그는 러일전쟁을 중재해 평화로 이끈 공로를 인정받아 재임 중이었던 1906년에 노벨평화상을 수상했다. 하지만 그는 일본은 조선을, 미국은 필리핀을 지배하기로 한 가쓰라-태프트 밀약을 일본과 맺어 우리와는 악연을 가진 대통령이다.

그는 탁월한 국제적 감각과 선구자적 자연보전 철학을 가졌으며, 물길을 이용해 미국 동부와 서부를 연결하고 세계로 진출하려 한 20세기 가장 위대한 대통령으로 평가받고 있다. 그래서 미국 역사상 가장 위대한 4명의 대통령 얼굴이 조각되어 있는 사우스다코다 주 러시모어 산에서 20세기 대통령으로는 유일하게 그를 찾아볼 수 있다.

17

기후변화와 4대강 살리기

기후변화로 인해 지구촌 곳곳에서 극심한 가뭄과 홍수, 태풍 등이 발생하고 있으며 그 피해액은 지난 30년간 15배나 증가한 것으로 알려져 있다. 〈그림 4-13〉은 지난 1980년부터 기후변화로 인한 우리나라 호우 일수와 재산 피해 발생 추이를 보여주고 있다. 기후변화에 대비하여 에너지 전환이나 식목사업 등을 통한 온실가스 감축도 필요하지만, 무엇보다 시급한 것은 가뭄이나 홍수와 같은 기후재난을 방지하는 것이다.

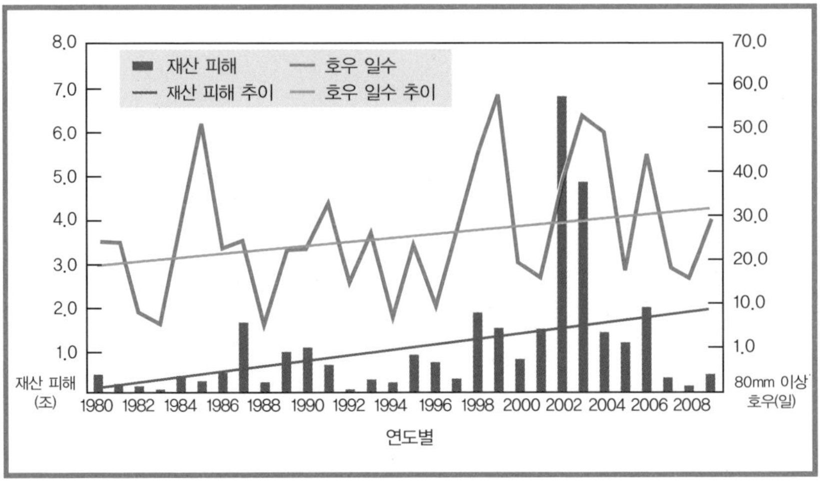

그림 4-13 기후변화로 인한 우리나라 호우 일수 및 재산 피해 발생 추이

국토의 혈관, 강의 기능을 살려야

불행하게도 우리 국토는 기후와 지형 조건 때문에 물 관리 여건이 매우 취약하다. 장마철에는 폭우로 물난리를 겪고, 가뭄에는 물 한 방울이 아쉽다. 〈그림 4-14〉는 세계 주요 도시와 서울의 강우 패턴을 비교한 것이다. 그림에서 보듯이 뉴욕, 런던, 베를린은 연평균 강우량이 서울보다 적다. 하지만 연중 고른 강우량 분포를 보여 강에 항상 일정한 양의 물이 흐르고 물 관리가 용이하다. 우리나라는 여름철에 강우가 집중되어 있다. 여기에 대형 자연호가 전무하여 장마에 집중되는 비를 모아둘 물그릇이 없다.

한반도에 도래하는 기후변화는 이처럼 열악한 우리의 물 관리 여건을 더욱 심각한 상태로 몰아가고 있다. 폭우와 가뭄은 더욱 강하고

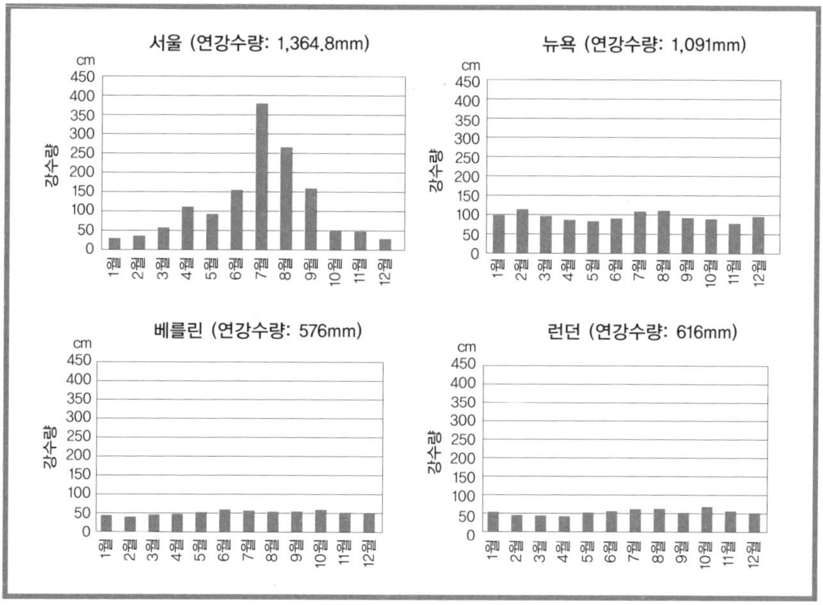

그림 4-14 세계 주요 도시의 연중 강수량 패턴

빈번하게 나타나고, 그 피해는 연간 수조 원에 달하고 있다.

앞에서 설명하였듯이 우리나라는 가뭄과 홍수의 나라이자 태생적 물그릇 부족 국가다. 다가오는 기후변화는 결코 방치되어서는 안 될 시급한 현안이다. 물그릇을 키우고 국토의 혈관이나 다름없는 강의 기능을 살려 기후변화로 인한 재해를 최소화해야 한다.

강은 우리의 생활과 산업에 없어서는 안 되는 다양한 기능을 제공해주고 있다. 인류문명이 강에서 시작되었고 강을 따라 발달한 것도 강이 인간에게 제공하는 이러한 기능 때문이다. 그리고 그 기능은 인구 증가, 도시화, 그리고 산업화 등으로 물 사용이 늘어나면서 더욱 중요하게 되었으며, 최근에는 기후변화로 강은 인류문명의 생존까지 좌우하게 되었다.

강의 첫 번째 기능은 치수다. 폭우가 내려도 범람하지 않고 하류로 흘러야 한다. 그러나 우리의 강은 토사 퇴적으로 인해 오랜 기간 치수 기능이 크게 약화돼 왔다. 한반도를 포함하는 동북아 지역은 지형의 경사가 심하고 여름철에 집중되는 강우로 인해 세계에서 토사 유출이 심한 곳 중 하나다(그림 4-15). 우리의 서해바다를 세계에서 유일하게 황해(Yellow Sea)라 부르는 것도 육지에서 유출되는 과도한 토사 때문이다. 유출된 토사는 바다에 이르기 전에 강바닥에 퇴적돼 치수 기능을 떨어뜨리고 다른 기능까지 마비시키고 있다.

두 번째는 맑고 깨끗한 물을 공급해주는 이수 기능이다. 강은 생

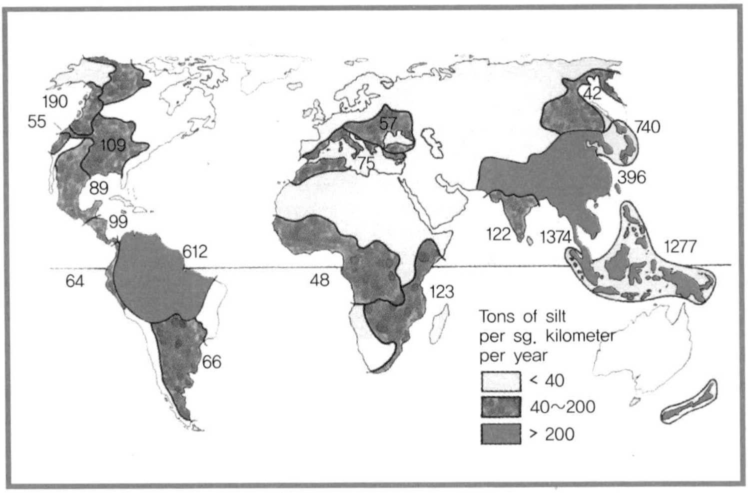

그림 4-15 지구에서 토사 유출이 심한 곳(동북아 지역이 토사 유출이 심한 곳 중 하나다)

활용수, 농업용수, 산업용수 등 우리가 필요로 하는 물을 항상 풍부하게 공급해줘야 제 기능을 다하는 것이다. 그러나 우리의 강은 여름 한 철 물이 흐르고 나머지 기간은 물이 부족해 이수 기능이 크게 떨어진다. 그나마 한강에는 곳곳에 댐을 만들고 보를 세워 수자원이 어느 정도 확보되지만, 나머지 강의 하류 구간에선 심각한 수질오염과 물 부족으로 수돗물 생산과 농업용수 확보에 어려움을 겪고 있다.

세 번째는 우리가 사용한 물을 버리면 이를 다시 맑게 하는 정화 기능이다. 강은 우리가 사용한 물을 희석과 자정을 통해 자연의 물로 되살린다. 그러나 지난 몇십 년간 우리의 강은 생활하수, 농경배수, 산업폐수 등으로 시궁창이 돼 있었다. 이유는 수량이 부족해서 희석과 자정이 한계에 달했기 때문이다. 특히 갈수기와 저수기의 영산강과 낙동강의 하류는 상류 도시에서 버리는 하수처리수가 60~70퍼센트를 차지해 정화 기능이 거의 마비되는 상태가 된다(그림 4-16).

네 번째는 강물과 수변에 건강하고 풍부한 생물 종이 살아가는 생태 기능이다. 이는 깨끗한 수질과 풍부한 수량, 그리고 청정 수변 공간이 유지될 때 가능하다. 그러나 건강한 생태 기능을 찾아보기 어렵다. 국립환경과학원은 지난 2007년 4대강에서 잡히는 물고기 100마리 중 8마리가 암수한몸이라고 보고했다(그림 4-17). 이는 우리가 먹는 의약품들이 체내에서 분해되지 않고 하수로 배출돼 물고기에게 환경호르몬으로 작용했기 때문이다. 강의 수량 부족으로 인한 정화 기능의 상실이 생태계 재앙으로 이어진 경우다. 그뿐만 아니라 일부 구간에서는 기형 물고기가 잡히는 사례도 보고되고 있다.

그림 4-16 낙동강(상)과 영산강(하): 우기를 제외하면 연중 이런 상태에 있었다.

다섯 번째는 낚시, 수영, 요트 등 강가에서 여가를 즐기는 레저 기능이다. 지금까지 우리의 강은 우기에는 물이 넘치고 건기에는 말라 있었기 때문에 레저 기능을 다할 수 없었다. 강의 둔치 또한 여가 공간 대신에 농경지로 사용되어 왔고, 그 결과 이곳에 뿌려지는 비료와 농약이 현재 수질오염원의 큰 부분을 차지하게 됐다.

그 외에도 강은 주운이나 발전과 같은 기능을 가지고 있으며, 최근 환경문제와 에너지 위기가 대두되면서 그 기능이 더욱 강조되고 있다. 수로운송이 도로운송에 비해 에너지 효율이 뛰어나고 대기오염과 온실가스 배출 등이 매우 적기 때문에 강의 주운 기능이 새롭게 주목받고 있다. 수력발전은 재생 가능 에너지 중에서 가장 경제성이 뛰어나며, 치수나 이수와 같은 다른 기능을 함께 얻을 수 있다는 점 때문에 기후변화 시대에 그 기능의 중요성이 다시 강조되기 시작했다.

朝鮮日報

chosun.com 2007년 1월 4일 목요일

100마리중 8마리 '암수한몸'

붕어요리 먹기 찜찜하네

환경호르몬 영향인듯

붕어 요리를 즐기는 사람들에겐 꺼림칙한 조사결과가 나왔다. 우리나라 하천에서 잡히는 붕어류 100마리 가운데 8마리는 암·수의 성(性)이 혼재하는, 자웅동체(雌雄同體)인 것으로 나타났다. 이런 성 변화는 환경호르몬(내분비계장애물질)의 영향 탓으로 추정돼, 이 붕어를 먹을 경우 인체에 어떤 영향을 끼칠지도 관심사로 떠올랐다.

3일 국립환경과학원에 따르면 지난해 국내 4대 강(한강, 금강, 영산강, 낙동강)에서 붕어류 100마리를 잡아 생식세포를 검사한 결과, 이 중 8마리에서 암컷의 난소에 존재하는 세포가 수컷의 생식기에서 발견되고, 암컷 생식기에선 수컷의 생식세포가 관찰됐다. 이성(異性) 생식세포가 발견되는 비율은 2003년 4.8%, 2004년 5.3%, 2005년 4.8% 수준이었으나 이번 조사에선 8%로 껑충 뛰었다. 환경과학원 이철우 박사는 "현재로선 생물체의 내분비계에 장애를 일으키는 환경호르몬의 영향으로 추정된다"고 말했다.

이런 현상은 1972년 일본에서 들여온 외래종(떡붕어)에서 월등히 높은 비율로 관찰됐다. 토종 붕어(참붕어)는 40마리 중 1마리(2.5%)였지만, 떡붕어는 60마리 중 7마리(12%)가 자웅동체였다. 금강 대청댐과 낙동강 어귀의 둑에선 각각 20마리 중 3마리(15%)였고, 영산강 담양댐에선 20마리 중 1마리(5%)였다. 반면 청정수역인 충주호에서 잡은 떡붕어는 70마리 가운데 2마리(3%)로 낮은 비율을 보였다. 이철우 박사는 "(이 붕어를 먹을 경우) 인체에 어떤 영향이 있을지에 대한 후속 연구가 필요하다"고 말했다.

환경호르몬은 사람이나 동물의 호르몬 움직임을 교란시켜 생식계통 등에 악영향을 끼치는 물질로, 소각장 연기 속의 다이옥신을 비롯해 플라스틱류, 주방용 세제 같은 생활용품에 포함된 각종 화학물질을 통칭해서 일컫는다.

박은호기자 unopark@chosun.com

그림 4-17 4대강 생태계 환경호르몬 피해 사례

기후변화가 주요 이슈로 대두되자 지난 1993년 미국 클린턴 정부는 댐 건설과 수력발전을 대안으로 제시하였다. 가장 경제성이 뛰어난 재생 가능 에너지인 수력발전이야말로 화력발전을 줄일 수 있고, 댐 건설은 기상이변에 따른 홍수를 방지하는 동시에 수자원을 확보할 수 있는 방안이라는 이유였다.

선진국, 국토 곳곳에 댐 만들고 강 준설

미국과 유럽 선진국들은 오래전부터 강의 기능이 원활하게 이뤄지도록 하는 것을 국토 관리의 최우선으로 삼았다. 또한 값싸고 풍부한 양질의 물은 국민의 생존권이자 국가의 산업경쟁력이라는 사고가 일찍부터 국가 정책 결정의 중요한 부분을 차지하고 있었다. 따라서 국토 곳곳에 댐을 만들어 물을 확보했고 강을 준설하고 정비했다.

미국에는 지구에 존재하는 모든 강과 호숫물의 5분의 1에 해당하는 22조 6,840억 톤의 물이 저장된 오대호가 있다. 여기에 홍수 방지, 수자원 확보, 전력 생산, 레저용 등으로 7만여 개의 인공 댐을 건설했다. 〈그림 4-18〉은 미국이 지난 20세기 건설한 댐의 숫자를 매 10년 단위로 보여준다. 미국 경제가 급속히 성장한 1950, 1960, 1970년대에 많은 댐이 건설되었다. 또한 1만 7,700킬로미터에 달하는 내륙수

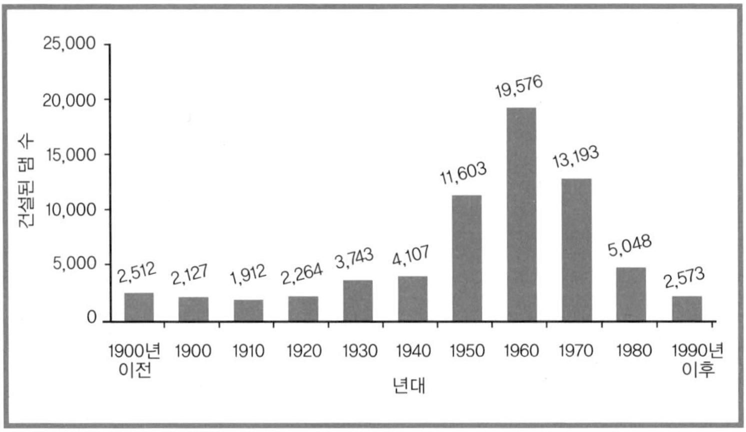

그림 4-18 미국의 댐 건설

로를 저렴한 물류수송과 관광 등에 이용하고 있다.

유럽은 일찍부터 강을 정비하고 물을 확보하여 국토의 생명줄로 이용하고 있다. 일례로 독일, 오스트리아 등 10개 국가를 통과하는 다뉴브 강에는 치수, 수력발전, 수로 운송을 위해 700개가 넘는 댐과 보가 건설되었다(그림 4-19). 강물의 50퍼센트가 수력발전에 이용되고 있으며 본류는 라인 강과 연결되어 서유럽과 동유럽을 잇는 주요한 수로 운송 수단이 되고 있다. 그뿐만 아니라 라인 강이나 센느 강 등에는 수백 개가 넘는 보가 세워져 있으며 유럽 18개국에 총 3만 5천 킬로미터에 달하는 수로는 내륙의 산업 지역을 연결하는 저비용 친환경 물류수송 수단으로 이용되고 있다.

그림 4-19 유럽 각국에 위치한 여러 가지 형태의 보

일본은 저수량이 275억 톤이나 되는 비와 호라는 자연호를 가지고 있다. 이는 우리나라의 모든 물그릇(다목적 댐, 생공용수 댐, 하구 댐 등) 용량에 해당하는 130억 톤의 2배가 넘는 규모다. 그럼에도 불구하고 수자원 확보, 수력발전, 치수 등을 위하여 지금까지 2,600개가 넘는 인공 댐을 건설했다. 중국 또한 178억 톤 규모의 동정호를 비롯한 수많은 자연호를 가지고 있지만 지금까지 1만 9천여 개의 대형 댐을 건설하였으며, 지난 2006년에는 양쯔 강에 삼협댐이라는 세계 최대 규모의 댐을 완공했다.

그 외에도 세계 각국은 자국에서 사용하는 전력의 많은 부분을 수력발전에 의존하고 있다. 〈표 4-1〉은 세계 주요 국가들의 수력발전 현황이다. 우리나라와 기후가 비슷한 중국과 일본 그리고 환경선진국이라는 미국이나 캐나다, 프랑스 등도 세계 10대 수력발전국에 속해 있다. 중국과 일본은 각각 총 전력 생산량의 18.0퍼센트와 9.2퍼센트를, 미국은 9.9퍼센트, 캐나다는 62퍼센트, 프랑스도 15.4퍼센트를 수력에 의존하고 있다. 현재 노르웨이와 브라질을 포함한 세계 23개 국가가 전력의 90퍼센트 이상을 수력으로 생산하고 있다. 세계 10대 산유국인 베네수엘라와 인도네시아도 각각 72퍼센트와 13.7퍼센트를 수력으로 발전하고 있다.

특히 주목할 국가는 프랑스다. 프랑스는 수력뿐만 아니라 전력의 80퍼센트를 원자력으로 생산하기 때문에 OECD 국가 중 가장 뛰어난 저탄소 국가로 인정받고 있다. 그래서 프랑스는 경제 규모가 우리

표 4-1 세계 수력발전 현황(*세계 10대 석유 생산국, 1999년)

국가	발전량(GWh/yr)	비율(%)	순위
캐나다	300,690	62.0	1
미국	296,378	9.9	2
브라질	250,000	97.4	3
중국	166,800	18.0	4
러시아	162,800	26.8	5
노르웨이	112,676	99.6	6
일본	91,301	9.2	7
인도	72,283	25.0	8
프랑스	65,500	15.4	9
스웨덴	63,500	52.0	10
한국	2,760	3.0	-
북한	24,000	60.0	-
베네수엘라*	63,000	72.0	-
인도네시아*	12,390	13.7	-

의 3배, 국토면적이 5.5배나 되고 6,500만에 가까운 인구를 가졌지만 연간 석유 소비량은 우리보다 적다. 2009년 기준으로 우리나라는 1억 400만 톤의 석유를 사용한 반면 프랑스는 8,800백만 톤에 그쳤다. 석유 한 방울 나지 않는 우리나라는 전력의 3퍼센트(1999년 자료, 현재는 1.3퍼센트)만 수력으로 생산하고 나머지는 수입한 석탄과 석유 그리고 핵연료를 사용한 화력과 원자력으로 생산하고 있다.

세계를 돌아보면 물을 얼마나 많이 그리고 효율적으로 이용하느냐가 선진국과 후진국으로 나누는 지표가 되고 있다. 〈그림 4-20〉에 제시한 대륙별 물 이용도를 보면 유럽과 북미는 각각 75퍼센트, 69퍼센트지만 아프리카와 아시아는 각각 7퍼센트, 22퍼센트에 불과하다. 부유한 나라는 물길을 내고 물을 관리하고, 또 그 물로부터 에너지를 얻고 산업을 육성하고 국가의 번영을 누리고 있지만, 가난한 나라에서는 물은 하나의 자연현상이고 가뭄과 홍수는 두려운 존재일 뿐이다. 건조하고 척박한 국토 조건을 가진 이스라엘과 북부 아프리카는 물 이용도에서 큰 차이를 보인다. 이스라엘의 물 이용도는 세계 최고 수준인 95퍼센트에 달하지만 아프리카는 7퍼센트에 머물러 있다. 이스라엘은 1인당 국민소득이 3만 5천 달러가 넘는 부자 나라이지만 에티오피아 같은 북부 아프리카 국가는 기아와 질병이 만연하고 세계에서 환경 난민이 가장 많은 국가로 알려져 있다. 우리나라는 현재 약 25퍼센트 정도로 앞으로 계속해서 늘어날 전망이다.

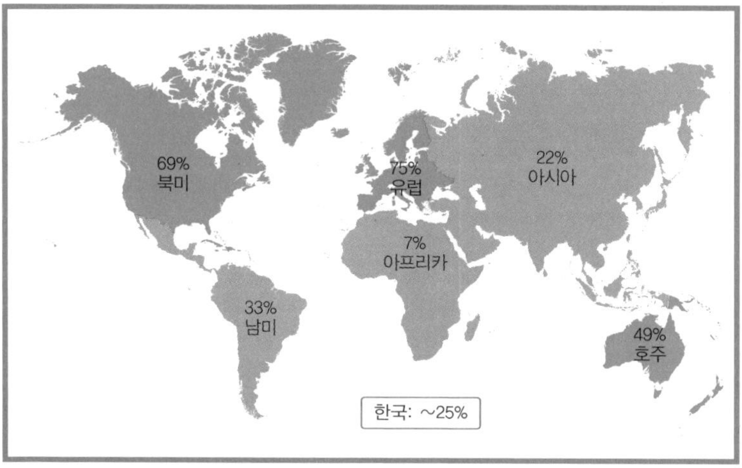

그림 4-20 대륙별 물 이용도(자료: International Hydropower Association)

끊이지 않는 찬반 논란

4대강 살리기는 퇴적된 토사를 걷어내고 맑고 풍부한 물을 채우는 사업이다. 사업 내용은 크게 하상 준설, 보 설치, 제방 보강, 생태하천 조성 등으로 구성되어 있다. 지금은 완공이 됐지만 아직도 찬반 논란은 계속되고 있다. 반대론자들은 환경 파괴, 생태계 교란, 수질 악화, 식수 재앙 등을 유발했다고 주장하고 있다. 강바닥을 준설하고 보를 건설하는 등 눈앞에서 벌어지는 토목공사만 생각하면 반대론자들의 주장이 그럴듯해 보인다. 그러나 보다 폭넓은 거시적 시각으로 바라보게 되면 이 사업이 환경을 지키고 생태계의 건강성을 회복하고 수질을 개선하여 깨끗하고 안전한 식수를 공급할 수 있는 길임을 알 수 있다.

■ 환경 파괴

지금까지 정부는 매년 약 2조 원의 예산을 들여 도로 건설에 매진해 왔고, 이것은 엄청난 환경 파괴를 야기하고 있다. 일례로 지난 2004년 12월에 완공된 중부내륙고속도로를 보면 경기도 여주에서 경상북도 김천까지 총 151킬로미터 구간에 터널 20곳(18.3킬로미터), 산을 깎은 절개지 405곳(94킬로미터), 아스팔트와 콘크리트로 덮은 도로 용지가 무려 10.6제곱킬로미터에 달한다.

도로 건설과 강 준설은 같은 토목공사이지만 전혀 다른 결과를 낳는다. 도로 건설은 산을 자르고 터널을 뚫는 환경 파괴 사업인 반면 강 준설은 강의 기능을 회복하는 동시에 환경을 보호하는 효과를 가져온다. 우리나라는 현재 연간 1억 세제곱미터에 가까운 골재를 산과 바다에서 채취하여 사용하고 있다. 지금까지 골재 생산을 위해 수많은 산이 흉측하게 잘리고 바다 곳곳이 파헤쳐졌다. 4대강 살리기 사업에서 생산되는 모래와 자갈은 골재 채취로 파괴되고 있는 산과 바다를 보호하는 방패막이가 된다.

또한 부족한 수자원을 확보하기 위하여 산간 계곡에 댐을 건설하는 것보다 강의 저수용량을 증대시키는 것이 훨씬 친환경적이다. 현재 건설 중인 경북 김천의 부항댐을 보면 5,430만 톤의 물을 저수하기 위하여 길이 440미터, 높이 57.4미터의 콘크리트댐이 만들어지고 있다. 이 댐으로 인해 거주민 280세대가 이주하고 계곡과 논밭 3.3제곱킬로미터가 수몰되며 토지보상비와 공사비로 3,983억 원의 예산이 투입되고 있다. 만약 4대강에 확보되는 13억 톤의 물을 계곡에 댐을 만들어 저수하려면 엄청난 수몰 면적과 이주민이 발생하고 넓은 면적의 육상 생태계가 사라지게 된다.

■ **생태계 교란**

지금 4대강은 본류, 지천 할 것 없이 심각한 수량 부족을 겪고 있다. 여기에 매년 폭우로 인해 유실된 토사가 강바닥에 퇴적되어 심각한 생태계 교란을 일으키고 있다. 4대강 살리기는 이러한 문제를 개선하는 계기가 될 것이다. 준설로 인해 생태계 교란이 일어날 것이라는 우려도 있으나 수생태계는 육상 생태계와는 달리 회복력이 빠르기 때문에 공사 기간에만 일어나는 일시적인 현상에 그칠 것이다. 공사 기간에는 저서(강바닥) 생태계가 파괴되더라도 준설로 토사와 유기퇴적물이 제거되기 때문에 장기적으로는 보다 건강한 생태계로 되살아나는 계기가 될 것이다. 그리고 대부분의 강변을 그대로 살리고 수변 지역에 인공 습지, 천변 저류지 등을 만들게 되면 수생태계는 지금의 교란 상태에서 급속히 회복될 것이다.

보 건설이 생태계를 단절하여 종의 수를 감소시킬 것이라는 주장이 제기되고 있으나, 수생태계에서 가장 중요한 것은 풍부한 수량이다. 4대강 살리기 사업에서 설치될 보와 유사한 팔당댐의 경우, 댐 건설 전인 1972년에는 이곳에 9과 31종의 어류가 서식했으나 2004년에는 15과 45종이 서식하는 것으로 조사되었다. 댐 건설은 서식 종의 수를 감소시킨다는 것이 일반적인 이론인데 오히려 종의 수가 45퍼센트 증가했다. 이것은 수생태계에서 가장 중요한 것이 맑고 풍부한 물이라는 것을 말해준다. 강에 맑은 물을 채워주고 수변 공간을 만들어주면 생태계는 당연히 회복된다.

■ 수질 악화

4대강에 설치되는 16개의 보에 물이 고이면 썩게 될 것이라고 반대론자들은 주장하고 있다. 이 사업이 수질 개선 사업임에도 불구하고 반대론자들은 '고인 물은 썩는다'를 계속 주장한다. 이것은 전혀 과학적인 근거가 없다. 왜냐 하면 전 세계적으로 고여 있는 호수물이 흐르는 강물 보다 훨씬 더 깨끗하기 때문이다. 당연히 우리나라도 고여 있는 호수물이 흐르는 강물보다 수질이 좋다. 우리나라에는 18,000여 개의 농업용 저수지가 있는데 모두 물이 고여 있다. 그렇다고 우리가 썩은 물로 농사짓는 것은 아니다.

수질 변화를 이해하기 위해서는 수체의 특성을 제대로 파악해야 한다. 보로 인해 물의 흐름이 멈춘 것이 아니라 물이 천천히 흐르는 것이다. 물의 흐름이 느려지면 자정능력이 떨어지지만 이것이 곧장 수질 악화로 이어지는 것은 아니다. 이것은 화천, 춘천, 소양, 의암, 청평 등 계속되는 댐으로 연결된 북한강의 수질이 4대강 중에서 가장 좋은 것을 보면 알 수 있다. 물이 정체하는 시간도 수질 결정에 중요하지만, 중요한 것은 외부에서 유입되는 오염원을 차단하는 것과 풍부한 수량이다. 또한 수량이 풍부해져 수심이 깊어지면 여름철 수온 상승이 둔화된다. 특히 녹조 발생 계절에 수온상승이 저감되면 수질 악화가 억제된다. 현재 한강 본류 서울 구간에 보가 설치되어 있고 영양물질의 농도가 높지만 녹조현상이 크게 문제되지 않는 이유 중 하나가 수온상승 억제효과 때문이다. 우리나라와 같이 건기가 오래 지속되는 곳에서는 비가 올 때 많은 물을 모아서 항상 풍부한 유지용수를 공급하는 것이 수질 개선을 위하여 가장 우선해야 할 방법이다.

■ 환경 보존과 보전

반대론자들은 강은 흘러야 하고 자연은 건드리지 말아야 한다고 주장한다. 이것은 환경 보존(保存: Preservation)과 보전(保全: Conservation)에 대한 시각차에 기인한다. 보존은 있는 그대로 간직하는 것이고 보전은 온전하게 다듬어 관리하는 것이다.

역사와 문화재는 보존해야 하는 것이고 환경은 보전해야 하는 것이다. 예를 들어 치욕의 식민지 역사도 미화하거나 다듬지 말아야 하고, 보잘것 없어 보이고 깨어지고 조각난 문화재도 그대로 보존해야 한다. 반면에 산에 불이 나서 나무가 사라지면 다시 심어야 하고, 강물이 오염되고 바닥에 토사가 퇴적되면 정화와 준설로 강을 되살려야 한다. 만약 강물을 농업용수나 생활용수로 끌어가 강에 물이 마른다면, 유역에 댐이나 저수지를 만들어 우기에 물을 모아 천천히 흘려보내야 한다. 물 없는 강을 그냥 두는 것이 환경을 보호하는 것이 아니라 물을 흐르게 하는 것이 환경을 보호하는 것이다. 그렇다고 농업용수나 생활용수를 포기할 수는 없는 것이다. 환경은 온전하게 다듬어 관리해야 하는 것이다.

전통적으로 자연에 대해 동양에서는 보존 이념이, 서양에서는 보전 이념이 지배해 왔다. 4대강 살리기에 반대 여론이 높은 이유 중 하나가 우리 민족에게는 환경에 대해 여전히 보존적 사고가 깊이 박혀 있기 때문이다. 하지만 강을 보존한 대가로 매년 수조 원의 홍수 피해를 겪고 수질 악화와 생태계 교란 등과 같은 여러 가지 환경 손실을 감수할 수밖에 없었다.

가뭄과 홍수, 수질 악화, 생태계 재앙 등으로부터 강을 보호하고 우리 국민의 생존을 위하여 강을 보존만 할 것이 아니라 보전해야 한다. 4대강 살리기는 지금까지 어설프게 보존만 해 왔던 우리의 강을 보전하자는 것이다. 미국과 유럽 선진국들은 환경을 보전해야 한다는 사고가 지배적이었다. 그래서 오래전부터 강의 기능이 원활하게 이뤄지도록 하는 것을 국토 관리의 최우선으로 삼았다. 강을 준설하고 정비했으며 수많은 보를 세웠다. 현재 미국 미시시피 강, 오하이오 강 등에는 186개의 보가 설치되어 있으며 유럽에는 다뉴브 강 본류에만 59개의 보가 있다(그림 4-21).

그림 4-21 미국과 유럽의 강에 설치된 보와 갑문(강을 관리하고 이용하는 보전 이념이 지배적이다)

■ **물 부족 국가**

4대강 사업이 시작되면서 다시 등장한 것이 물 부족 국가 논쟁이다. 우리나라가 물 부족 국가라는 말이 물 절약 홍보에 자주 등장하고 4대강 사업의 필요성에도 거론되었다. 하지만 일부 환경단체와 추종 교수들은 물 부족 국가라는 말은 정부가 댐 건설과 4대강 사업을 하기 위해 내세우는 거짓말이라고 주장한다. 정부 측에서는 미국의 인구행동위원회가 우리나라를 물 부족 국가로 분류했고, 유엔 또한 이것을 자주 인용하고 있다는 근거를 든다. 그러나 반대편에서는 인구행동위원회와 유엔이 무슨 상관이며, 불편 없이 잘 사는데 무슨 물 부

표 4-2 1997년~2001년 기간 전 세계 가상수 순수입국 상위 10개국

가상수 순수입국	가상수 수량(억m3/year)		
	수입	수출	순수입
일본	980	70	920
이탈리아	890	380	510
영국	640	180	470
독일	1,060	700	350
대한민국	390	70	320
멕시코	500	210	290
홍콩	280	10	270
이란	190	50	150
스페인	450	310	140
사우디아라비아	140	10	130

(출처: Chapagain and Hoekstra, 2004)

족이냐고 주장한다. 국민들은 누구 말이 맞는지 갈피를 잡을 수 없는 것이 현실이다.

결론부터 말하면 우리나라는 엄연한 물 부족 국가다. 우리 국민들이 물 부족의 고통을 느끼지 못하는 이유는 수입 식량에 내재한 가상수(Virtual Water) 때문이다. 우리가 먹는 식량의 40퍼센트는 수입에 의존하고 있고, 그 수입 식량 속에는 엄청난 양의 물이 포함되어 있다. 지난 2004년에 발표된 자료에 따르면 우리나라는 연간 320억 톤의 가상수를 순수입하고 있고, 이는 세계 5위에 해당한다(표 4-2). 우리나라에 있는 모든 물그릇(다목적 댐, 생공용수 댐, 하구언 댐, 농업용 저수지 등)을 합하면 130억 톤이다. 우리가 순수입하는 가상수가 우리의 모든 물그릇을 합한 것의 2배가 넘는다.

우리의 가상수 수입은 계속해서 증가하고 있다(그림 4-22). 그림에서 보듯이 2007년을 기준으로 총 450억 톤(곡물 316억 톤, 축산물 89억 톤)의 가상수를 수입하고 있으며, 이는 우리나라 모든 물그릇 총량의 3배가량 된다. 이처럼 우리의 가상수 수입은 급속히 증가하고 있다.

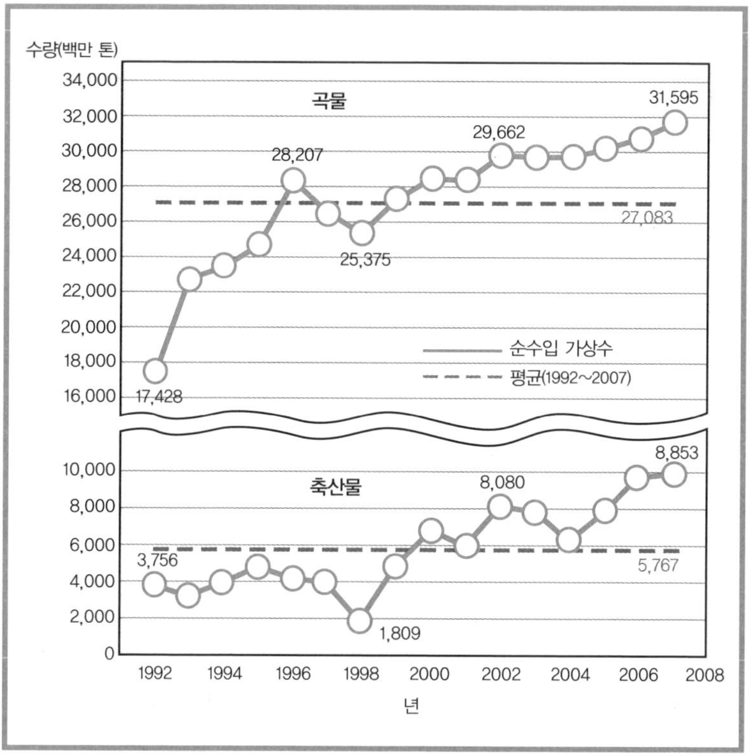

그림 4-22 농축산물 수입에 따른 가상수 증가 추이(안재현 등, 2010)

만약 먹는 모든 식량을 우리 땅에서 생산한다면 지금 우리는 심각한 물 부족을 겪게 될 것이다. 이렇게 많은 가상수를 수입하고 있음에도 불구하고, 약한 가뭄에도 전국 곳곳의 하천에 물이 마르고 식수 공급도 위협받고 있는 것이 우리의 현실이다.

기후변화와 환경운동

기후변화는 환경운동가들에게도 좋은 이슈가 되고 있다. 과거 자신들의 주장이 거짓이었음이 국민들에게 들통 났다고 판단한 일부 환경운동가들은 새로운 이슈를 찾아갔다. 국책사업은 너무 빨리 결과가 나오고 지금은 모든 것이 기록으로 남기 때문에 어설픈 주장을 하다가는 곧바로 양치기 소년으로 전락한다. 그래서 이들이 다시 찾은 것이 기후변화다. 기후변화가 인류에게 참혹한 재앙이 될 것이라는 새로운 지구종말론을 제기하고 있다. 부유한 나라의 과다한 에너지 사용과 가난한 나라의 삼림 파괴 및 국토 황폐화 모두 기후변화의 원인이 된다. 새로운 명분이 생긴 것이다. 기후변화 위기는 과장되어도 가까운 미래에 증명이 어렵다. 기후변화 이슈는 적어도 일생 동안 안전한 피난처가 된 것이다.

기후변화 이슈는 크게 원인과 피해 대책으로 나누어진다. 원인 대책은 에너지 전환, 식목사업 등을 통하여 온실가스를 감축하는 것이고, 피해 대책은 기후변화로 인한 재해를 방지하는 것이다. 원인 대책은 전지구적 협력이 요구되고 가시적 효과가 나타나기까지는 오랜 시간이 걸린다. 반면에 피해 대책은 국지적이고 빠른 시일 내에 효과를 얻을 수 있다. 피해 대책 중에서 가장 중요하고 시급한 것이 가뭄과 홍수 피해를 최소화할 수 있는 물 관리다.

4대강 살리기는 시급한 기후변화 피해 대책이다. 가뭄과 홍수 피해를 근원적으로 막고 수질을 개선하며 생태계를 복원하고 주민들이 수상 레저와 문화 활동을 즐길 수 있는 친수공간을 확보하는 사업이다. 특히 4대강 생태계에 가해지는 수량 부족, 수질 악화, 그리고 하상퇴적이라는 3대 악영향을 제거하는 환경 개선 사업이다. 그래서 유엔 산하의 환경 전문기구인 유엔환경계획(UNEP)도 4대강 살리기를 진정한 녹색뉴딜 사업이라 극찬했다(그림 4-23).

하지만 우리의 일부 환경단체들은 절대 반대를 외치고 있다. 기후변화는 참혹한 환경재앙을 가져오니 대비해야 한다고 외치면서도 4대강

유엔환경계획 '한국의 녹색성장 보고서' 발표
"4대강 살리기는 진정한 녹색투자
한국은 이미 녹색성장 선도국"
유엔환경계획(UNEP)이 '한국의 녹색성장 정책 중간보고서'를 발표했다.
녹색성장은 국가의 성장 패러다임을 양적 성장에서 질적 성장으로 변환시키는 중대한 시도이며,
4대강 살리기 역시 물 부족과 기후변화에 대응하는 사업이라고 긍정적인 평가를 내렸다.

그림 4-23 아킴 슈타이너 UNEP 사무총장과 4대강 살리기에 대한 평가(우리나라를 방문하여 한국의 녹색성장 정책 중간보고서를 발표하면서 4대강 살리기를 격찬했다)

살리기는 절대 안 된다고 한다. 환경 파괴라는 이유에서다. 행복도시, 기업도시, 혁신도시와 같은 전국 곳곳의 도시 개발에는 침묵하던 환경 단체가 4대강은 환경 파괴라는 것이다. 산을 자르고 터널을 뚫어 도로를 만들고, 숲과 초원을 불도저로 밀어내어 도시를 만드는 것은 환경 파괴다. 땅을 파고 잘라서 아스팔트와 콘크리트로 포장하기 때문이다. 하지만 강을 파서 물을 채우는 것은 환경 파괴가 아니다. 왜냐하면 물은 생명의 원천이요, 그 물속에는 수많은 생명체가 살아가기 때문이다.

지금 우리의 국토에는 산이 잘린 절개지가 약 100만 곳에 이른다. 우리가 막아야 하는 것은 강을 파는 것이 아니라 산을 자르는 것이다. 강은 파고 나면 그곳에 다시 토사가 쌓이지만 한번 자른 산은 영원히 회복 불가능하다. 그래서 신도시 개발과 도로 건설이야말로 환경 파괴의 원흉이다. 제7장(141쪽)에서 설명하였듯이 세계는 지금 선진국을 중심으로 자연을 보호하고 에너지를 절약하기 위하여 기존 도시를 압축 재개발하는 스마트 성장에 매진하고 있다. 국토를 재활용하자는 것이다. 하지만 우리는 국토균형발전이라는 미명하에 전국 곳곳에 신도시를 개발하고 연결 도로를 만들고 있다. 진짜 환경 파괴가 일어나는 곳은 기후변화에 대비하여 국토의 혈관을 뚫는 4대강 사업이 아니라 산천초목이 사라지는 신도시 개발과 도로 건설 현장이다.

18

4대강에 배를 띄우자

4대강 살리기 사업이 마무리 되었다. 4대강 사업은 가뭄과 홍수 피해를 근원적으로 막고 수질을 개선하며 하천 생태계를 복원하고 주민들이 수상레저와 문화활동을 즐길 수 있는 친수공간을 확보하는 것을 사업 목적으로 하고 있다. 아울러 일자리 창출과 내수 진작, 지역경제 활성화 등을 통하여 세계금융위기로 침체된 국내 실물경기의 회복도 주요 목적 중 하나였다. 주요 사업 내용을 보면 4대강 본류를 중심으로 노후 제방 보강, 토사 퇴적 구간 준설, 중소규모 댐 및 저류지 건설, 수질 개선, 하천 생태계 복원, 천변 저류지 및 저수지 재개발, 하천변 자전거도로 조성, 친환경 보 설치 등이다.

4대강 살리기와 한반도 대운하

지금까지 4대강은 매년 폭우로 유실된 토사와 쓰레기가 하천부지나 하상에 퇴적되어 치수 기능이 크게 떨어져 있으며, 일부 구간에서는 이러한 퇴적물들이 심각한 수질오염원으로 작용하고 있다. 또한 비가 오지 않으면 수량이 부족하여 수질 악화와 생태계 교란을 야기함은 물론 먹는 물 공급에도 한계를 드러내고 있다. 특히 앞 장에서 설명했듯이 수량 부족은 환경호르몬 피해로 이어져 4대강에서 잡히는 물고기 100마리당 8마리가 암수한몸이라는 생태계 재앙 현상도 나타나고 있었다.

4대강 살리기는 이러한 문제를 해결하고 지역주민들에게 친수공간을 제공하는 국토 선진화 사업으로 우리의 열악한 하천 환경을 개선하기 위해 반드시 필요한 사업이었다. 완공 단계에 접어들면서 4대강에서 발생하는 여러 가지 문제점을 크게 개선하는 것으로 나타나고 있다. 특히 2011년 장마에는 엄청난 폭우에도 불구하고 홍수 피해액이 크게 감소하여 국민들에게 그 효과를 확인시켜주었다.

4대강 살리기는 한반도 대운하 계획에서 물류 기능이 매우 약화된 하천 정비 사업이다. 대운하 계획은 물류비용 절감, 물 관리 혁신, 내륙 개발, 관광산업 활성화, 그리고 일자리 창출 등을 목표로 하고 있으며, 특히 내륙수로를 통한 친환경 저비용 물류수송을 가능하게 하는 것이 매우 큰 부분을 차지하고 있다. 그러나 4대강 살리기는 낙동강과 남한강을 연결하는 계획이 없을 뿐만 아니라 하천 정비도 수질 개선, 수량 증대, 통수단면 확대, 친수공간 확보 등을 위한 것이다.

운송수단으로 사용하는 내륙수로(Inland Waterway)는 크게 세 가지 형태로 구분된다. 첫째는 자연수로(Natural Inland Waterway)로 하천에 인공적인 보를 설치하거나 바닥을 준설하지 않고 배가 다니는 경우다. 우리나라에서 이에 해당하는 경우는 극히 드물어 섬진강 하류에 나룻배가 다니는 정도다. 둘째는 조절 수로(Regulated Inland Waterway)로 하천에 물을 채우기 위해 보를 설치하고 바닥 준설로 수심을 깊게 하여 배가 다니는 것을 말한다. 지금의 한강 본류 서울시 구간이 이에 해당한다. 지난 1980년대 한강종합개발사업을 통해 바닥을 준설하고 김포와 잠실에 수중보를 설치하여 수위를 유지하고 여기에 유람선을 띄우고 있다. 셋째가 바로 운하(Canal)라는 것으로 땅을 파서 없던 물길을 만들어 선박을 운항하는 것이다. 2011년에 완공된 경인아라뱃길이 바로 여기에 해당된다. 경부운하도 총 540킬로미터 구간에서 40킬로미터만 운하라 할 수 있고 나머지는 조절 수로에 불과하다. 만약 40킬로미터의 연결구간이 없으면 경부운하도 운하라는 말이 적합하지 않다.

따라서 4대강 살리기는 운하 사업이 아닌 한강 본류와 같은 조절 수로를 만드는 하천 정비에 불과하다. 이는 지난 1980년대 한강종합개발을 할 때 어느 누구도 한강에 운하를 만든다고 말하지 않은 것과 같은 이유다. 물론 4대강 사업이 끝나면 운하 건설이 쉬워지고 비용도 적게 드는 것은 당연하다.

친환경 저비용, 물류수송 포기하지 말아야

4대강 살리기는 그 자체만으로도 반드시 필요한 사업이지만, 한반도 대운하의 물류 기능이 크게 약화되어 여러 가지 아쉬운 점이 많다. 수로운송은 미국이나 유럽 등에서 과거부터 사용되어온 운송수단이었으나 철도와 도로가 일반화되면서 한동안 활용도가 점차 줄어들었다. 그러나 늘어나는 물동량과 도로교통의 문제점으로 인해 선진국을 중심으로 운송수단 전환(Modal Shift) 정책이 시도되고 있다. 트럭으로 운반하던 화물을 가능하면 철도나 내륙수로로 전환하자는 것이다(그림 4-24). 이 정책은 화물 수송뿐 아니라 도시교통 문제 해결에도 적용되고 있다. 지난 몇십 년간 승용차에 의존해 오던 것을 가까운 거리는 걷거나 자전거를 이용하고, 대중교통이나 승용차 함께 타기

그림 4-24 운송수단 전환(Modal Shift) 정책

로 전환해 에너지를 절약하고 환경문제와 교통혼잡을 해결하려는 시도다.

내륙수로가 운송수단 전환 정책의 중심이 되는 이유는 배는 속도가 늦지만 한 번에 많은 양을 싣기 때문에 연료 소모가 적고 비용이 적게 들기 때문이다. 〈그림 4-25〉는 유럽의 내륙수로에 다니는 주요 선박 형태를 보여주는 것으로 배 한 대에 적게는 트럭 14대에서부터 많게는 470대의 화물을 실을 수 있다. 그래서 경제적으로나 환경적으로 많은 이점을 가져다준다.

〈그림 4-26〉은 운송수단에 따른 에너지 효율을 보여주는 것으로 좌측은 미국 공병단(US Army Corps of Engineers)에서 제시한 자료로 1갤런의 석유로 1톤의 화물을 이동할 수 있는 거리다. 우측 그림은 유럽에서 나온 자료로 5리터의 석유로 1톤의 화물을 이동할 수 있는 거리다. 두 그림에서 보듯이 선박은 철도의 2배 정도, 도로(트럭)의 5~8배 정도에 달하는 높은 에너지 효율을 가진다.

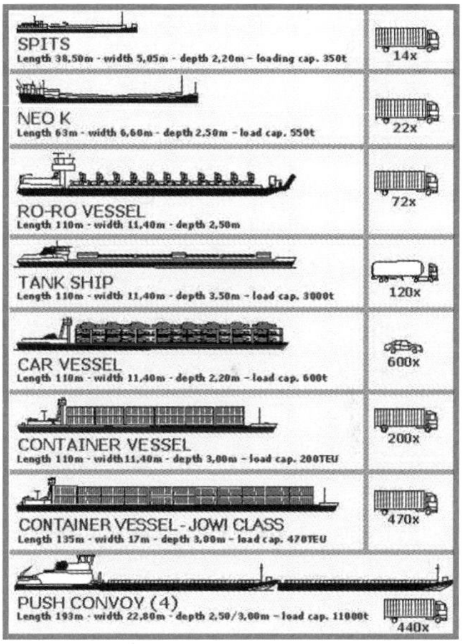

그림 4-25 내륙수로에 운항 중인 선박과 화물 수송량

에너지 효율이 뛰어나다는

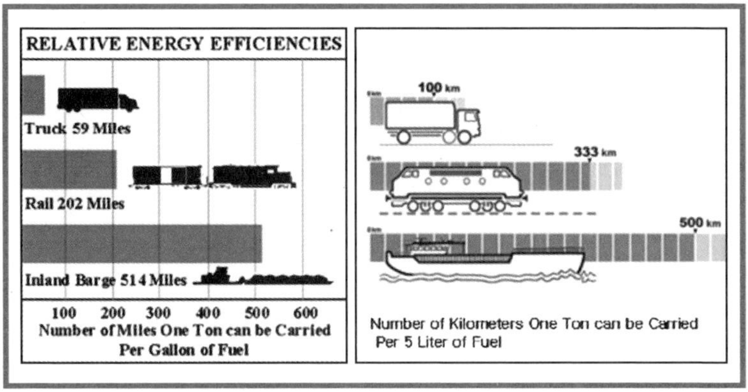

그림 4-26 운송수단에 따른 에너지 효율

것은 그만큼 대기오염 배출이 적다는 것을 의미한다. 수로운송은 도로운송에 비해 이산화탄소 배출량이 5분의 1에 불과하며, 타이어 마모나 비산먼지가 없고 매연이나 기타 석유 연소로 인한 대기오염 배출이 적어 전체적으로 환경오염 부하가 7분의 1 정도로 알려져 있다. 여기에 교통체증에 의한 연료 낭비와 대기오염, 소음 등을 고려하면 수로운송이 갖는 환경 장점은 이보다 훨씬 크다.

〈그림 4-27〉은 유럽에서 내륙에 다니는 선박과 트럭에서 배출되는 이산화탄소와 질소산화물을 비교한 것이다. 지구온난화 물질인 이산화탄소의 경우 선박과 트럭의 배출량에서 큰 차이를 보이며, 도로 교통혼잡 시 그 차이는 더욱 커진다. 광화학스모그의 원인물질인 질소산화물의 경우 선박이 트럭보다 적게 배출하지만 그 차이는 이산화탄소만큼 크지 않다. 에너지 효율에 비해 질소산화물 배출량의 차

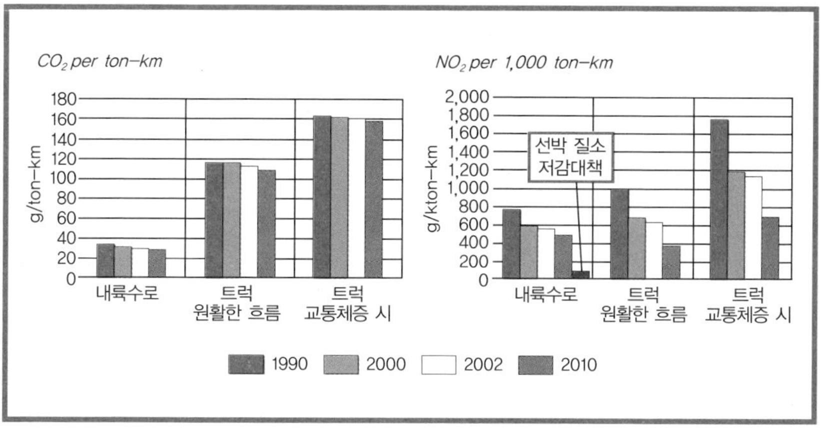

그림 4-27 내륙수로 선박과 트럭의 대기오염 배출 비교(ton-km: 1톤 화물 1킬로미터 이동)

이가 크지 않은 이유는 선박과 트럭에서 사용하는 연료가 다르기 때문이다. 대기오염 규제 강화로 지난 1990년 이후 지금까지 선박과 트럭 모두 질소산화물 배출이 조금씩 개선되어 오고 있다. 최근에는 유럽연합을 중심으로 내륙수로에 다니는 선박에 질소 저감장치를 부착하는 정책이 추진되고 있으며, 이 경우 선박은 트럭에 비해 이산화탄소뿐만 아니라 질소산화물도 크게 줄어든다(그림 4-27의 우측).

철도의 경우 비산먼지를 제외한 대부분의 대기오염물질은 사용하는 전력에 따라 큰 차이를 보인다. 앞서 에너지 효율성 비교에서 짐작할 수 있듯이 동일한 연료를 사용할 경우 기차가 선박에 비해 2배 가까운 대기오염물질을 배출한다. 그러나 석탄화력, 수력, 원자력 등 사용하는 전력의 발전 형태에 따라 대기오염물질 배출량이 다르고 환경영향도 차이를 보인다. 예를 들어 수력이나 원자력으로 생산된 전력을 사용하는 기차는 대기오염물질 배출은 적지만 댐 건설로 인한 생태계 피해나 핵폐기물과 같은 또 다른 환경문제를 야기한다. 철도의 근본적인 문제는 도로교통의 수십 배에 달하는 소음과 진동이다. 이것은 현대 기술로도 쉽게 해결되지 않으며 사람뿐만 아니라 야생동물에게도 많은 피해를 준다.

도로운송은 수로운송에 비해 환경 파괴도 매우 심하다. 도로를 건설하기 위해서는 산을 자르고 터널을 뚫고 아스팔트와 콘크리트로 지면을 덮어야 한다. 특히 우리나라는 산악지형이기 때문에 앞 장에서 설명한 중부내륙고속도로의 사례에서 보듯이 도로 건설로 인한 환경 파괴는 매우 심각하다. 철도는 차량이 길기 때문에 도로보다 직선을 요구하여 건설 시 터널과 절개지가 더 많이 발생한다. 여기에 비해 수로 건설은 일부 구간을 제외하면 자연이 만든 하천을 준설하고 정비해서 물류수송에 이용하기 때문에 환경 파괴를 크게 줄일 수 있다. 도로 건설로 인한 환경 파괴를 방지하자는 것이 현재 유럽연합에서 추진하는 운송수단 전환 정책의 또 다른 이유다.

수로운송은 비용 측면에서 도로나 철도에 비해 월등히 우세하다. 〈그림 4-28〉은 네덜란드 내륙수로정보청(Inland Shipping Information Agency)에서 나온 자료로 100t·km(톤·킬로미터: 화물 무게와 이동 거리의 곱)당 도로운송은 2.45유로, 철도는 2.29유로가 소모되는 데 비해 수로운송은 그 절반에도 해당하지 않는 0.92유로에 불과하다. 이 비용은 건설이나 유지관리와 같은 내부비용과 교통사고에 대한 안전성,

대기오염물질 배출, 유류 소비 등과 같은 외부 비용을 모두 합산한 것이다. 물론 국가에 따라 다소 차이가 나겠지만, 유난히 비싼 땅값으로 인해 도로와 철도 건설에 비용이 많이 들고 화물트럭에 의한 도로교통 사망률(인구 10만 명당 16.3명 사망, 차량 1만 대당 사망사고가 승용차는 3.8건인 데 비해 화물트럭은 18건, 2005년 통계청)이 높은 우리나라로서는 눈여겨보아야 할 자료다. 수로운송은 국가 소유의 땅인 하천을 이용하며, 사고율도 도로운송과는 비교할 바가 아니다.

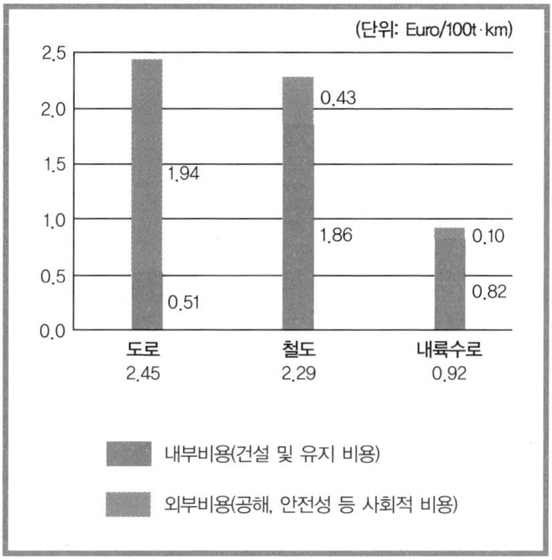

그림 4-28 운송수단에 따른 외부 및 내부 비용

유럽과 미국의 수로운송

유럽연합은 운송수단 전환 정책의 일환으로 2001년부터 도로운송에 더 많은 세금을 부과하고, 2003년에는 마르코 폴로 계획(Marco Polo Plan)을 발표하여 수로운송을 장려하기 시작했다. 이 계획은

2013년까지 총 8억 2천 유로(약 1조 5천억 원)를 투입하여 내륙수로를 확장하고 현대화하는 것이다. 유럽연합은 이 계획에서 1유로를 수로운송에 투자할 경우 6유로의 환경 편익이 돌아온다고 밝히고 있다. 이는 곧 환경을 위해 수로운송으로 전환하자는 것이다.

2006년에는 내륙주운 확대에 필요한 투자 유치, 기술 향상, 인력 양성, 기반시설 구축, 정책 및 법적 제도 개선 등을 연구하고 발전시키기 위하여 나이아데스(NAIADES) 프로그램을 내놓았다. 현재 유럽연합은 이 프로그램을 통하여 선박 운항의 현대화, 사용 연료의 질, 정보통신기술을 활용한 교통 시스템의 운영, 내륙운송 체계의 혁신을 위한 연구 지원 등을 시행하고 있다. 2008년 10월에는 나이아데스 프로그램의 연구 결과를 내륙수로 운송 활성화에 실제 적용하는 플라티나(PLATINA) 프로젝트를 시작하였으며, 현재 유럽연합 9개 국가가 8,500만 유로를 지원받아 이 과제를 수행하고 있다.

유럽에는 현재 18개국에 총 3만 5천 킬로미터의 내륙수로가 수많은 도시와 산업지역을 연결하고 있으며(그림 4-29), 이들 국가 중 네덜란드(2,200킬로미터), 독일(7,500킬로미터), 벨기에(1,600킬로미터), 프랑스(8,800킬로미터) 등에서 화물수송이 매우 활발하게 이루어지고 있다. 특히 네덜란드 암스테르담을 중심으로 하는 서북 유럽의 항구도시들은 들어오고 나가는 물동량의 43퍼센트를 내륙수로를 통해 처리하고 있다. 네덜란드는 총 물류의 29퍼센트, 벨기에는 13퍼센트를 수로운송에 의존하고 있다. 도로와 철도망이 세계에서 가장 잘 발달되어 있다는 독일의 경우도 물동량의 70퍼센트를 도로로, 15퍼센트를 철도로, 15퍼센트를 수로를 통해 운송하고 있다.

국토의 절반가량이 사막건조기후 또는 산악지대이기 때문에 유럽에 비해 수로운송이 비교적 저조한 미국에서도 지난 1990년대부터 도로교통의 문제점을 해결하기 위하여 가능하면 많은 화물운송을 도로에서 수로로 전환해야 한다고 강조하고 있다. 현재 미국은 65.9퍼센트를 도로로, 15.7퍼센트를 철도로, 6.2퍼센트를 수로운송으로, 나머지는 연안해운과 항공에 의존하고 있다. 1992년에 나온 미국 미네소타 주(미시시피 강 최상류에 위치한 주) 교통국 보고서는 화물운송을 트럭에서 1,500톤급 바지선으로 전환할 경우 연간 8.3배 연료 절감

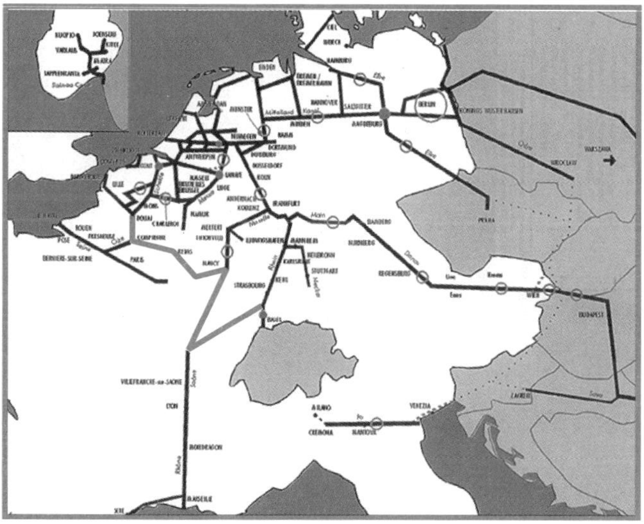

그림 4-29 유럽의 내륙수로(━선은 현재 계획 또는 건설 중)

과 7.1배 배기가스 감소 그리고 60배 교통사고 발생 확률 저감 효과를 얻을 수 있으며, 철도에서 1,500톤급 바지선으로 전환하더라도 연간 3.3배 연료 절감과 4.7배 배기가스 감소, 그리고 2.9배 교통사고 발생 확률 저감의 효과가 있다고 밝히고 있다.

〈그림 4-30〉은 미국의 내륙수로를 보여주는 것으로 총 1만 1천 마일(1만 7,700킬로미터)에서 6억 톤에 달하는 화물을 수송하고 있다. 그림 좌측 하단의 설명 자료는 미공병단에서 나온 것으로 수로운송 비용이 철도의 3분의 2, 도로의 10분의 1에 불과하다는 사실을 말해주고 있다. 이는 우리가 특별히 주목해야 할 점이다.

현재 우리나라는 전체 물류의 89퍼센트를 도로에, 9.4퍼센트를 철

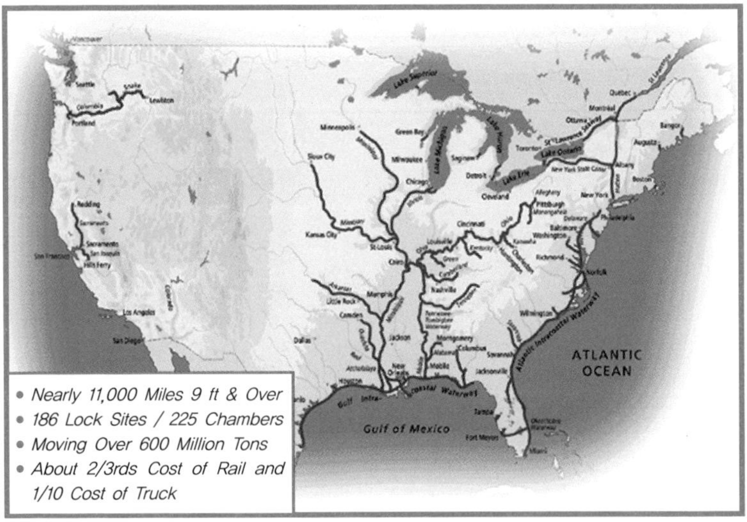

그림 4-30 미국의 내륙수로

도에, 1.6퍼센트를 연안해운에 의존하고 있다. 선진국에 비해 너무 많은 물동량을 도로운송에 의존하기 때문에 국가 물류비용이 국민총생산(GDP) 대비 무려 12퍼센트(2004년 자료)를 차지하고 있다. 이것은 선진국의 8퍼센트와 비교하면 너무 높은 것이다. 기업 물류비도 매출액 대비 9.7퍼센트로 미국 7.5퍼센트, 일본 4.8퍼센트에 비해 너무 높아 기업생존력을 크게 떨어뜨리고 있다.

〈그림 4-31〉은 네덜란드와 프랑스의 내륙수로 이용 현황을 보여준다. 위쪽 그래프는 네덜란드의 전체 물동량과 운송수단별 변화를 보여주는 것으로 물동량 증가와 함께 수로와 도로 운송이 꾸준히 증가하는 것을 보여주고 있다. 아래 그래프는 프랑스의 주요 수로별 물동량 변화를 보여주는 것으로 최근 물동량이 급속히 증가하고 있으며 특히 2000년에서 2005년 사이에 2배로 늘어난 것을 알 수 있다.

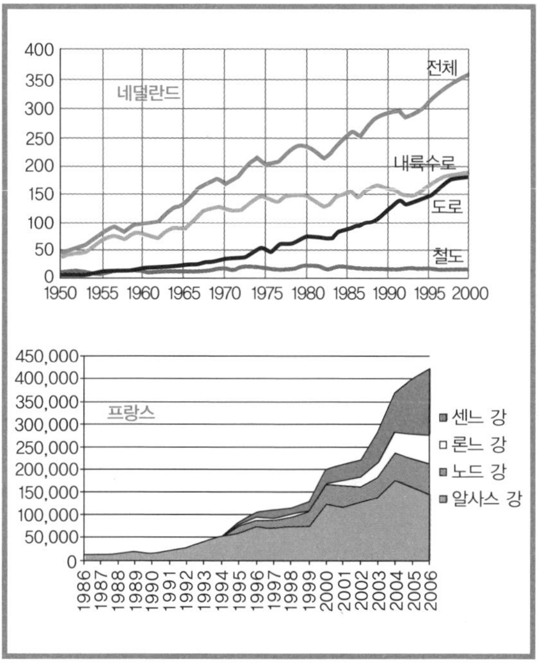

그림 4-31 네덜란드와 프랑스의 수로운송 물동량 변화

유럽이나 미국에 있는 수많은 내륙수로 중에서 일부 수로는 지역의 산업이 침체되었거나 도로 및 철도 여건이 우수해 수로의 활용도가 떨어진 경우도 있다. 운하 반대론자들은 해외 사례에서 활용도가 떨어지는 불량 운하를 주로 인용하여 마치 수로운송이 사양길에 접어든 것처럼 오도하고 있다. 우리나라를 비롯하여 세계 곳곳에는 과거에 요긴하게 사용하다 지금은 폐쇄된 철도와 도로가 얼마든지 있다. 그렇다고 도로나 철도를 건설하지 않는 것은 아니다. 외국의 불량 운하 한두 개를 찾았다고 해서 운하 건설은 절대 안 된다고 하는 것은 잘못된 발상이다. 그뿐만 아니라 운하 반대론자들은 세계 어느 선진국에서도 지금 이 시대에 운하를 건설하는 곳은 없다는 거짓 주장을 서슴없이 하고 있다. 그러나 사실은 전혀 다르다. 다음 표는 유럽에서 신설 또는 확장하려는 수로들로, 프랑스는 현재 총 431킬로미터를 시공 또는 계획 중에 있으며, 독일은 280킬로미터를 확장하고 있다. 이 수로들은 〈그림 4-29〉에 붉은 선으로 표시되어 있다.

운하 반대론자들의 또 다른 거짓 주장은 우리나라는 반도국가이기 때문에 운하가 필요 없다는 것이다. 바다로 배가 다니기 때문에 반

표 4-3 건설 또는 계획 중인 유럽의 운하

국가	구간	연장(km)	사업비	사업 기간	비고
프랑스	파리~릴	105	21억 유로	07~16	신규 건설
독일	하노버~베를린	280	23억 유로	93~15	확장
프랑스	파리~브뤼셀	106	40억 유로	10~13	신규 건설
프랑스	리옹~낭시	220	79~96억 유로	~20	조사 단계

도국가나 섬나라에는 내륙주운의 필요성이 떨어진다는 주장으로 이는 그럴듯하게 들린다. 그들은 대표적인 사례로 일본을 든다. 일본은 도시와 산업이 해안에 밀집해 있기 때문에 내륙수로도 없고 이용할 필요도 없다. 하지만 내륙에 도시와 산업이 있는 경우는 다르다. 유럽에서는 섬나라 영국과 반도국가 이탈리아에도 수로가 널리 사용되고 있다. 〈그림 4-32〉는 영국 런던을 가로지르는 템즈 강의 풍경으로, 텅 비어 아무것도 없는 우리 한강과는 너무 다르다. 우리의 서울, 대전, 대구, 광주 등과 같은 도시에는 해안에서 수십, 수백 킬로미터가 떨어진 내륙에 강을 끼고 수백만이 살아가고 산업이 밀집해 있다. 우리는 일본과는 국토 여건이 다르다.

그림 4-32 영국 런던의 템즈 강 풍경(섬나라의 내륙수로, 멀리 런던 브리지가 보인다)

강의 배는 산과 바다로 간다

수로운송은 비용 측면에서는 월등히 우세하지만 속도가 느린 것이 큰 단점이다. 특히 산악지형에서는 여러 개의 갑문을 이용해야 하기 때문에 통과 속도가 더욱 느리다. 여기에 '배가 산으로 간다'라는 말 자체가 잘못되거나 불가능한 일을 의미하는 고정관념 때문에 많은 사람들은 한반도 대운하 계획을 쉽게 이해하지 못하는 것 같다.

그림 4-33 영국의 팔커크 휠과 벨기에의 스트레피-티유 선박 승강기, 그리고 독일의 마그데부르그 선박 교량

그러나 현대 기술의 발달은 배가 보다 빠르게 산으로 가는 것을 가능하게 만들었다. 〈그림 4-33〉의 첫 번째 사진은 영국 스코틀랜드 지방에서 2002년에 완공된 팔커크 휠(Falkirk Wheel)로, 두 대의 배를 바퀴의 위와 아래 수조에 넣고 돌려서 35미터의 높이를 오르내릴 수 있도록 만든 것이다. 과거부터 사용해 오던 갑문에 비해 물 사용 없이 높은 고도를 빠른 시간에 오르내릴 수 있다는 장점

이 있으나 바퀴의 구조적 안전성 때문에 배의 무게와 고도에 한계가 있다. 그뿐만 아니라 두 배가 동시에 오르고 내려야 한다는 단점이 있다. 두 번째 사진은 2003년에 완공된 벨기에의 스트레피-티유(Strepy-Thieu) 선박 승강기(Ship Lift)로, 이러한 단점을 극복한 것이다. 수천 톤급의 배를 수조에 넣고 73미터 높이를 단 7분 만에 오르내리게 하며 물 사용도 거의 없다. 게다가 내려오는 배가 올려놓은 추를 다시 사용하기 때문에 에너지 소모도 크지 않다. 선박 승강기 기술은 더 무거운 배를 더욱 높은 산으로 빨리 갈 수 있도록 하기 위해 현재 발전을 거듭하고 있다. 그 외에도 유럽에는 경사진 곳에 배를 끌어올리는 곳도 있고 고가도로 형태의 수로를 만든 곳도 있다. 마지막 사진은 독일 마그데부르그(Magdeburg) 운하에 있는 것으로, 배가 다리 위로 지나갈 수 있게 되어 있다.

이처럼 배가 산으로 가는 것이 과거에는 불가능했지만 지금은 세상이 달라졌다. 실제로 우리는 이미 오래전부터 배가 하늘로 가는 세상에 살고 있다. 비행기가 곧 하늘로 가는 배인 셈이다. 우리말은 배와 비행기를 구분하여 선체와 기체, 선장과 기장 등의 용어를 사용하지만, 영어로는 선체와 기체 모두 'Vessel'로, 선장과 기장을 'Captain'으로 부르고 있다. 또한 항구와 공항에는 각각 'Sea Port'와 'Air Port'라는 말을 쓴다. 이처럼 서구에서는 비행기를 사용 초기부터 하늘로 가는 배로 생각했다. 배가 하늘로 가는 세상에서는 배가 산으로 가는 것은 당연한 것으로 받아들여야 한다.

강의 배는 산으로 갈 뿐만 아니라 바다로도 간다. 물론 내륙수로에 다니는 배가 태평양을 넘는 모험을 할 수는 없다. 그러나 낙동강의 배가 일본까지, 영산강의 배가 중국 정도는 갈 수 있다. 이것은 이미 유럽에서 행해지고 있는 일이다. 305쪽의 〈그림 4-25〉에 제시된 대형 선박들은 강과 바다를 동시에 갈 수 있는 내륙 연안 주운 겸용(Sea River Vessel) 선박이다. 이것은 내륙도시가 국제항구가 될 수 있음을 말해준다.

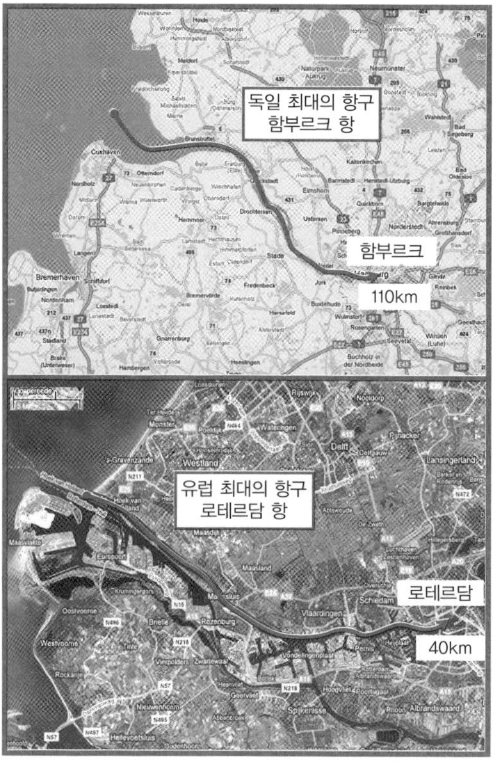

그림 4-34 독일 함부르크 항과 네덜란드 로테르담 항

〈그림 4-34〉는 독일 최대의 항구인 함부르크 항과 유럽 최대의 항구로 알려진 네덜란드 로테르담 항이다. 두 항구 모두 해안에 위치하지 않은 내륙 항이다. 함부르크 항은 해안으로부터 110킬로미터, 로테르담 항은 40킬로미터 내륙 깊숙이 들어와 있다. 우리나라로 치면 부산과 인천에 항구가 있는 것이 아니라 각각 대구와 서울에 항구가 있는 것이나 다

름없다. 내륙항의 장점은 바다의 거친 파도를 피할 수 있고 물류 하역과 수송이 용이하다는 것이다. 항구는 바다에만 있어야 한다는 우리의 고착된 사고를 뒤집어보게 하는 사례다.

사회간접시설은 미래를 보고 투자해야

우리나라는 경제성장과 함께 물동량이 계속 증가해 왔다. 특히 수입과 수출이 늘어나면서 컨테이너 물동량은 급속히 늘었다. 비교적 경제성장이 저조했던 지난 2000년부터 2005년까지 컨테이너 물동량은 900만 TEU(Twenty-foot Equivalent Unit Container의 약자로 부피로 환산한 화물량, 1.5TEU가 15톤 트럭 한 대 분량)에서 1,500만 TEU로 증가했다. 정부는 이 컨테이너 물동량이 2020년까지 4,700만 TEU로 증가할 것이며 같은 기간 항만 전체 물동량도 9.8억 톤에서 18.8억 톤으로 늘어날 것으로 예측하고 있다(그림 4-35). 이는 곧 항만 물동량은 2배, 그리고 컨테이너 물동량은 3배로 늘어난다는 것이다.

정부 예측대로 물동량이 증가한다면 계속해서 고속도로나 철도를 건설해야 한다. 왜냐하면 지금의 고속도로와 철도로는 늘어나는 수송 물동량을 모두 감당할 수가 없기 때문이다. 그래서 정부는 현재 3,100킬로미터의 고속도로를 2020년까지 6,000킬로미터로 늘릴 계획을 세워두고 있다. 그러나 고속도로 건설은 환경 파괴를 유발할 뿐만 아니라 계속해서 우리나라를 고비용 물류수송 국가로 남게 할 것이다.

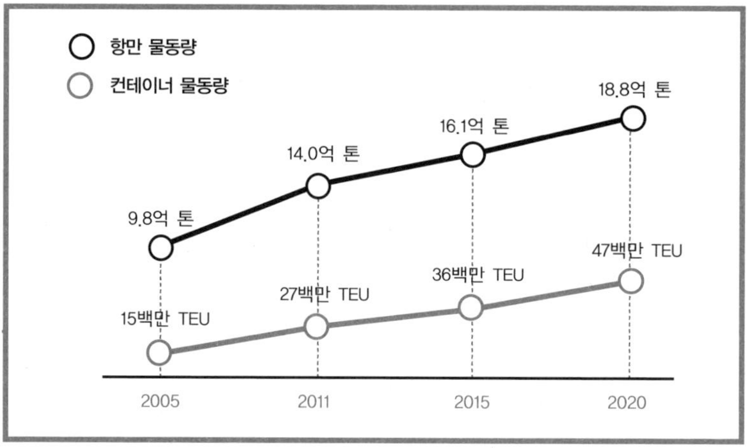

그림 4-35 국내 물동량 변화 추이

우리나라는 수도권에 인구와 산업이 밀집해 있으며 수출입 물동량의 대부분이 부산항에서 이루어지기 때문에 늘어나는 물동량 중 특히 수출입 컨테이너의 대부분은 경부 축을 오가게 된다. 부산항은 싱가폴, 홍콩 등과 더불어 물동량 면에서 세계 5대 초대형 항구(Megaport)이며, 여기서 현재 우리나라 수출입 물동량의 79퍼센트가 처리되고 있다. 수도권과 부산항을 오가는 수출입 컨테이너를 가능한 한 많이 경부운하로 전환할 경우 고속도로 확장을 줄일 수 있다.

경부운하의 대안으로 부산항에 정박하는 선박을 수도권의 인천항이나 평택항으로 연장하는 것을 제안하기도 하지만 대형 선박의 경우 이것은 불가능하다. 대형 선박은 세계 주요 항구를 순회하면서 화물을 싣고 내리는 과정을 반복하기 때문에 부산항에 정박하는 대형 화물선은 인천이나 평택과 같은 수도권 항구로 들어올 수도 없고 들어온다 하더라도 시간과 경비를 감당하기 어렵다. 그래서 지금까지도 수도권의 수출입 화물은 대부분 부산항을 이용할 수밖에 없었다.

사회간접시설은 미래를 보고 투자해야 한다. 사회간접시설은 우리의 국민소득이 3~4만 달러가 될 시기에 늘어날 물동량을 예상하고 지금 계획을 세워 추진해야 한다. 그리고 우리나라가 수출 대국이며 수도권과 부산항 사이를 오가야 하는 독특한 현실을 감안해야 한다. 아울러 선진국의 운송수단 전환 정책을 본받아 앞으로 가능하면 많은 화물을 수로운송으로 돌려야 한다. 빨리 수송해야 하는 화물은 트럭을 이용해야 하겠지만, 수송 시간이 중요하지 않고 창고에 보관할 것들은 수로운송으로 전환하는 것이 경제적으로나 환경적으로 크게 이익이다.

그뿐만 아니라 경부운하는 경부 축에 새로운 고속도로를 건설하지 않고도 소통을 원활하게 해줄 것이다. 만약 2,500톤급 배가 트럭 150대분을 싣고 1시간당 편도 한 척만(1일 왕복 48척) 운행한다면 1일 왕복 7,200대의 트럭이 고속도로에서 빠져나갈 수 있다. 안전거리 100미터를 확보해서 주행한다고 가정하면 이 거리는 720킬로미터로 서울-부산을 돌아서 다시 대전까지 가는 거리다. 수로운송이 갖는 엄청난 위력이다.

환경관리 3대 원칙을 지켜야

한반도 대운하 계획이 반대 여론에 밀리게 된 이유는 여러 가지가 있다. 대선 공약으로 정치 쟁점화되어 조직적인 반대 세력이 형성되었고, 일반 국민들이 이해하기에는 정책이 너무 복잡함에도 불구하고 정부가 대국민 홍보와 합의를 구하는 과정을 충분히 갖지 못했다. 특히 대규모 국토 개조 사업을 추진하면서 국민들에게 환경관리 3대 원칙에 관한 확신과 미래를 가정하여 경제성을 따져보는 안목을 심어주지 못한 것도 주요 원인이다.

환경관리 3대 원칙이란 사전예방의 원칙(Precautionary Principle), 지속 가능 발전의 원칙(Principle of Sustainable Development 또는 Inter-Generational Equity Principle), 그리고 악화 금지의 원칙(Anti-Degradation Principle)을 말한다. 일반 국민들은 환경관리 3대 원칙이 무엇인지 모르지만 본능적으로 이 점에 대해 우려하는 것만은 확실하다.

사전예방의 원칙은 조금이라도 문제가 될 가능성이 있으면 사전에 막아야 한다는 논리로 매우 보수적인 접근을 요하는 원칙이다. 운하정책에서는 먹는 물 문제가 여기에 해당된다. 많은 사람들이 혹시라도 선박 사고가 나면 대재앙으로 이어질 수 있다고 우려한다. 지금의 정수 기술이나 선박 기술에 비추어 식수 재앙이 일어날 가능성은 매우 낮고, 현재 미국이나 유럽에서는 배가 다니는 물로 수돗물을 만들어 먹고 있다. 하지만 우리 국민들에게는 배가 다니는 물로 수돗물을 만들지 않는다는 약속과 설득이 필요했었다. 선박 운항을 차치하더라도 수돗물은 이제 국민 생활수준 향상으로 취수원 이전이나 간접취수와 같은 선진 취수 방법으로 전 국민에게 1등급의 물로 만들어 공급해야 한다. 유럽이나 미국은 이미 19세기부터 배가 다녔고, 후에 도시가 성장하면서 그 물로 수돗물을 만들었기 때문에 거부감이 별로 없다. 그러나 상수원에서 낚시도 금지하는 우리나라는 배가 다니는 물로 수돗물을 만든다고 하니 엄청난 거부감을 유발하게 된 것이다. 더구나 과학보다 정서에 좌우되는 우리 국민들에게는 쉽게 용납될 사항이 아니다.

지속 가능 발전의 원칙은 미래 세대의 욕구를 충족시키는 능력을 손상시킴 없이 우리 세대의 필요를 충족시키는 발전을 해야 함을 의미한다. 운하 정책에서 여기에 해당하는 것이 낙동강과 남한강을 연결하는 터널 굴착이다. 터널을 뚫으면 산림 훼손 및 생태계 단절 방지, 동절기 수로 결빙 방지 등 몇 가지 장점이 있으나 배가 다니는 대형 광폭터널은 그 자체가 너무나 큰 환경 파괴가 된다. 혹시라도 몇백 년 후에 더 좋은 운송수단이 나와 우리 후손들이 원하지 않을 경우 복원이 불가능하다. 또한 태백산맥에 엄청난 규모의 터널을 뚫어 어떤 문제가 발생할지 모른다는 국민들의 우려도 매우 크다. 하천 복개나 댐 건설과 같은 것은 후손들이 원하지 않을 때 다시 복원하는 것이 가능하다. 그러나 터널은 한번 뚫으면 영원히 지속되어야 하는 것이다. 결국 대형 광폭터널이 반대 여론을 증폭시키는 데 상당한 역할을 했다. 터널 안은 일찍 폐기했어야 했다.

악화 금지의 원칙은 어떤 개발사업도 지금보다 환경의 질을 악화시키지 말아야 한다는 논리다. 개발사업으로 환경이 악화되는 것을 어느 누구도 원하지 않는다. 그래서 개발사업은 악화 금지의 원칙이 지켜져야 여론의 지지를 받는다. 환경은 모든 국민이 누리는 공공의 자원이지만 개발사업의 혜택은 관련자 일부에게만 돌아가기 때문이다. 만약 그 사업으로 인해 환경문제가 생기면 관련자 일부만이 아닌 불특정 다수에게 피해가 돌아가게 되는 것도 또 다른 이유다. 아이러니한 것은 운하 사업이 열악한 우리의 4대강 환경을 개선하기 위한 것인데 대국민 홍보와 설득의 부재로 인해 환경 파괴와 재앙으로 오도되었다는 점이다. 강의 수질을 개선하고 습지를 만들어 생태계를 복원하며, 도로 건설로 인한 환경 파괴를 방지하고 연료 소모를 줄여 대기오염을 저감하는 등 다목적 환경 개선 사업임에도 불구하고 국민들은 엄청난 재앙의 원인으로 오해하게 되었다. 물론 대운하 계획이 정치적 이슈로 등장했고, 일부 환경단체와 추종 교수들이 선동적으로 반대한 것이 큰 이유다. 이에 대한 국민들의 오해는 4대강 살리기를 통해 상당 부분 해소될 것이다. 4대강 살리기와 대운하의 차이는 주운을 포기한 것 외에는 별다른 것이 없기 때문이다.

새로운 기술과 문명에 눈을 떠야

한반도 대운하 계획은 물 마른 4대강에 물을 채워 부족한 수자원을 확보하고 수질을 개선하며, 여기에 배를 띄우고 보다 적극적으로 활용하자는 것이다. 그러나 반대 여론에 밀려 4대강 살리기로 가게 되었다. 선진국들은 환경과 도로교통 문제를 해결하고 에너지를 절약하기 위하여 운송수단 전환 정책을 서두르고 있는데, 우리는 물류 기능을 약화시킨 4대강 살리기로 그친다면 이는 커다란 국익 손실을 자초하는 것이나 다름없다.

4대강 살리기만으로도 한반도 대운하 계획에서 의도했던 홍수 방지, 수자원 확보, 수질 개선, 생태계 복원, 친수공간 확보, 관광 활성화, 일자리 창출 등과 같은 여러 목적들이 상당 부분 달성될 것이다. 동시에 그동안 운하 반대론자들이 주장했던 홍수 발생, 수질 악화, 생태계 파괴 등이 사실과 전혀 다르다는 것이 밝혀질 것이다. 그러나 인구와 산업이 수도권에 밀집해 있고 수출입 물동량의 대부분이 부산항을 통해 이루어지는 우리의 국토 현실에서 경부 축에 친환경 저비용 수로운송 계획이 사라진다는 것은 너무 아쉽다. 특히 총 사용 에너지의 97퍼센트를 해외 수입에 의존하고 에너지 수입액이 전체 수입액의 26.6퍼센트(2007년 기준)나 차지하는 세계 10대 에너지 소비국으로서 에너지 절약형 수로운송을 포기한다는 것은 결코 현명한 결정이 아니다.

안타까운 것은 유럽이나 미국에서는 환경을 위해 수로운송을 장려하고 있는데 우리는 환경을 이유로 포기한다는 사실이다. 지금과 같이 인터넷이 발달하고 과학적인 예측이 가능한 시대에 오도된 환경 논리가 판을 치고 있다는 것도 정말 답답하다. 여기서 제시한 자료들의 대부분이 인터넷을 통해 쉽게 접할 수 있는 것들이다. 누구나 운하를 처음 접하게 되면 오래전에 사라진 느린 수송수단과 토목공사만을 생각하게 된다. 그러나 지금 우리의 강과 물류의 현실, 그리고 새로운 기술과 문명에 눈을 떠보면 생각은 달라질 것이다.

경부고속도로와 한반도 대운하

우리나라 경제는 대형 국책사업을 통하여 한 단계씩 성장해 왔다. 경부고속도로, 중화학공업단지, 인천공항, 고속철도 등 남다른 선견지명을 가진 지도자들이 국가의 미래를 내다보고 이러한 국책사업들을 기획하고 실행에 옮겼다. 기술적으로나 재정적으로 많은 어려움이 있었지만 "우리가 어려운 것은 다 극복할 수 있다"라는 고 정주영 회장님의 명언과 같은 신념을 갖고 모든 사업들을 성공적으로 마무리했다. 이러한 사업들은 우리 경제 전반에 파급효과를 가져왔고, 그 결과 지금 이 땅에서 반만년 빈곤의 역사가 사라지게 되었다.

하지만 모든 국책사업들은 매번 기획 단계부터 반대에 부딪혔다. '경제성이 없다', '기술적으로 불가능하다', '환경 파괴다' 등 각종 반대 논리가 난무했다. 지난 1970년 완공된 경부고속도로도 처음부터 극심한 반대와 싸워야 했다. 1967년 4월 27일 서울 장충단공원에서 박정희 대통령이 재선 공약으로 경부고속도로 건설을 발표하자 야당 정치인과 지식인, 그리고 언론 등이 즉시 반대하고 나섰다. 반대 주장도 나름대로 논리와 타당한 이유가 있었고 여당 내부에서도 반발이 만만치 않았다. 공사비 429억 원은 당시 국가 예산의 23.6퍼센트에 해당하는 대규모였다.

첫 번째 반대 이유는 고속도로를 건설해도 다닐 차가 없다는 것이었다. 당시 우리나라 전국에 자동차 수가 10만 대 정도였고, 모두 부자들이 소유하고 있었다. 1인당 국민소득이 142달러에 불과한 시절이어서 일반 국민들은 대부분 가난했고 춘궁기에는 굶어 죽는 사람이 있을 정도로 식량이 부족했다. 그래서 나온 반대가 "쌀도 모자라는데 우량 농지 훼손하는 고속도로 건설은 절대 안 된다"라는 것이었다. 여기에 "고속도로를 건설하면 소수 부자들의 유람로가 될 것이며, 부자들이 기생들 태우고 놀러 다니는 것 절대로 못 본다"는 것도 반대 논리에 한몫을 했다(그림 4-36). 그뿐만 아니라 서울-부산 간에는 철도와 일반 국도가 있기 때문에 동서(서울-강릉 간)로 먼저 도로를 뚫어야 하고, 푸대접을 받아온 호남이 영남보다 우선되어야 한다는 주장까지, 각종 반대가 끊이질 않았다. 당시 지식인들은 누구나 새

그림 4-36 경부고속도로 반대 시위

롭고 참신한 반대 아이디어를 내놓고 있었다.

이러한 반대에도 불구하고 박정희 대통령이 재선되면서 1968년 2월 경부고속도로가 착공되었다. 대통령이 직접 고속도로 건설 추진위원장을 맡은 사상 초유의 국책사업이었다. 연 인원 900만 명이 동원되어 착공 2년 5개월 만에 완공했다. 지금까지 경부고속도로가 가져온 파급효과는 엄청나다. 경부고속도로로 인한 연간 경제 편익은 현재 13조 5천억으로 추산되고 있다. 1970년 10만 6천 대에 불과했던 우리나라 자동차 수는 1,732만 대(2009년 기준)로 무려 163배 증가했고, 개통 당시 4차선이었던 도로는 1980년대 중반부터 단계적으로 확장 공사해야 했다. 이제 다시 물동량은 포화가 되었고 확장도 한계에 와 있다. 당시 야당(신민당) 국회의원으로서 경부고속도로 건설을 철저히 반대했던 고 김대중 대통령은 후에 "내가 그때 잘못 판단한 것 같다"라고 고백했다. 자신의 과거 잘못된 판단을 인정한 점이 매우 훌륭하다. 당시의 상황으로서는 충분히 그런 판단을 할 수 있었다. 과거 인천공항 건설을 철저히 반대해놓고 지금은 그곳에서 비행기 타고 외국을 돌아다니면서도 반성할 줄 모르는 대학교수보다 백배 훌륭한 분이다.

한반도 대운하도 역사적 뿌리를 경부고속도로와 같이 하고 있다. 박정희 대통령의 경부고속도로 구상은 1964년 독일 방문에서 시작되었다. 1964년 12월 6일부터 약 1주일간 박 대통령은 서독의 산업시설을 돌아보면서 고속도로와 운하에 매우 깊은 인상을 받았다. 귀국 후 박 대통령은 고속도로보다 먼저 버려진 강을 정비하고 이용하는 정책을 추진했다. 1966년에 남한강 주운 계획을 발표하고 유역 조사를 시작했다. 미국 내무성이 참여한 한강 유역조사단은 1971년에 당시의 경제 규모로는 물동량이 적어 사업의 타당성이 없는 것으로 결론지었다. 박 대통령은 이와 함께 4대강 유역 개발을 시작했다. 가뭄과 홍수 피해를 막기 위해서는 큰 강에 댐을 만들고 작은 강에는 보를 지어 집중호우 때는 물을 가둬 수해를 줄이고 갈수기 때는 물을 풀어야 한다는 기본 이념이었다. 〈그림 4-37〉은 박 대통령이 1973년 농림부와 건설부가 직접 챙겨야 할 사항으로 '4대강 유역 개발 진도 현황'을 지시한 친필 메모다.

한편 1971년의 결론 이후에도 운하에 대한 박 대통령의 관심은 계속되어 1978년에 다시 한 번 미공병단으로 하여금 남한강 주운 타당성을 조사하게 했다. 1980년에 나온 미공병단의 보고서는 기술적, 경제적 타당성이 있다는 결론을 내렸다. 그 후 1985년 전두환 정부에서 시작한 한강 운하 계획 보완조사는 3년간의 검토 끝에 1989년 1월 다시 한 번 타당성이 있다는 결론이 나왔다. 그러나 그해 6월에 정부는 사업의 타당성이 인정되지만 재정 형편상 유보하기로 결정했다. 그 후 1995년에는 세종연구원 주명건 이사장이 한강과 낙동강을 연결하는 경부운하를 비롯하여 금강과 영산강도 운하로 연결하는 것을 기본으로 하는 '물류

그림 4-37 박정희 대통령의 4대강 유역 개발사업 진도 현황 지시 친필 메모와 한강 정비 후 표지석 시찰

혁명과 국토개조 전략'을 내놓기 시작했다. 1996년에 당시 이명박 신한국당 의원이 국회 본회의에서 경부운하의 필요성을 제기하였으나 정부 측에서 별다른 관심을 보이지 않았다. 그 후에도 삼성그룹, 포스코 등에서도 경부운하를 긍정적으로 검토한 바 있으며, 2007년에 대선 공약으로 등장하여 오늘에 이르고 있다.

19

해양부국, 바다를 지켜라

바다는 육지의 물이 마지막으로 흘러가는 종착점이다. 육지에서 발생한 각종 오염물질, 토사, 쓰레기 등이 물과 함께 바다로 간다. 반도국가인 우리나라에서 바다는 국토의 어느 곳보다 물 관리가 중요한 곳이다.

바다는 강, 갯벌, 갯바위 등으로 모든 생태계가 육지와 연결되어 있기 때문에 육지와 통합 관리되어야 하는 곳이다. 하지만 우리의 바다 환경관리는 지난 1996년 해양수산부가 설립되면서 환경부를 떠났다. 2008년 해양수산부가 건설교통부와 통합되면서도 환경관리 업무는 환경부로 돌아오지 않고 있다. 환경부를 떠난 바다는 환경관리 사각지대로 변했고, 그 결과는 관측 자료로 나타나고 있다. 〈그림 4-38〉

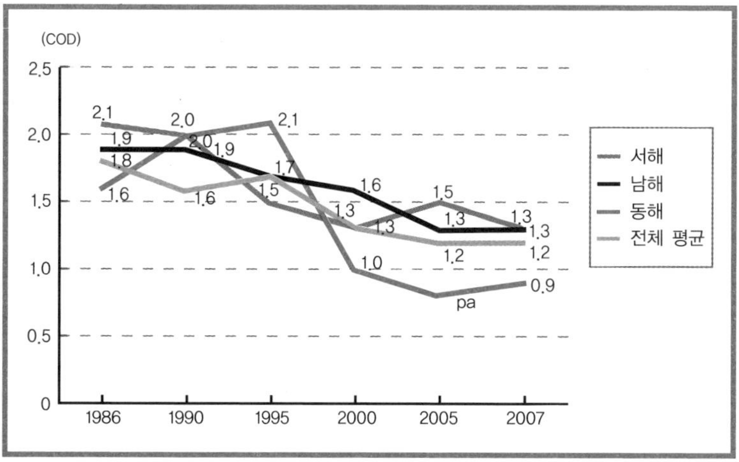

그림 4-38 우리의 바다 수질(COD) 변화 추이(환경부, 2010)

은 지난 1986년부터 2007년까지 우리 바다의 수질 변화 추이를 보여주는 것으로 환경부 관리를 떠난 이후에는 수질 개선 효과가 거의 없는 것으로 나타나고 있다. 이는 개발 부처가 환경보전을 담당하게 됨으로써 관리에 소홀했기 때문으로 짐작된다.

바다가 부자인 나라

우리나라는 바다가 부자인 나라다. 면적이 육지의 4.5배나 되고 그곳에는 3천여 개의 크고 작은 섬들이 위치해 있다. 특히 우리의 바다는 한류와 난류가 교차하고 대륙붕과 굴곡이 심한 해안선이 발달해 있으며 다양하고 풍부한 생물이 서식하기 때문에 세계적으로 보기 드문 해양 생태계를 가진 곳으로 인정받아왔다. 그뿐만 아니라 세계 5대 갯벌이 우리 바다에 있어 그 가치를 더욱 높여주고 있다.

바다는 지금까지 우리의 풍요로운 삶에 많은 기여를 했다. 지난 세기 이룩한 경제성장은 바다를 통해 얻은 것이라 해도 과언이 아니다. 해안지역에 철강, 조선, 정유, 자동차 등 주요 산업단지가 들어섰고 해운을 통해 수출 대국의 꿈을 이루어냈다. 그 결과 지금 우리나라는 세계 1위의 조선국, 6위의 해상 교역국, 7위의 선박 보유국이 되어 있다. 또한 세계 양식 수산물의 10퍼센트 이상을 생산하는 양식 대국이 되었으며 해저광물, 수산자원, 조력발전 등 바다가 가진 무한한 잠재력을 개척할 해양기술도 세계 최고 수준에 이르렀다. 단 몇십 년 만에 세계 10위의 국가 해양력을 보유하게 된 것이다.

우리나라는 자원이 빈약하고 좁은 국토를 가졌지만 바다가 부자인 나라임에 틀림없다. 그래서 1996년부터 5월 31일을 바다의 날로 제정하여 국민들에게 바다의 중요성을 알리고 진취적인 해양 개척 정신을 함양시키고 있다.

환경문제 크게 우려

그러나 지금 세계 환경 전문가들은 한반도 주변의 바다를 크게 우려하고 있다. 세계 인구의 4분의 1에 달하는 약 15억 명이 이곳을 거점으로 살아가고 있으며 자동차, 가전제품, 조선, 컴퓨터 등 세계 제조업의 최대 생산기지가 여기에 모여 있다. 그리고 많은 인구가 해안 지역에 살기 때문에 다량의 생활하수와 공장폐수 그리고 쓰레기가 바다에 버려지고 있다. 특히 중국의 급속한 산업화는 엄청난 오염물질을 서해안에 배출하고 있다. 그 결과 지금 서해의 끝자락 발해만은 세계에서 두 번째, 이스라엘의 사해 다음으로 수질이 나쁜 바다가 되었다.

중국은 해안 개발뿐 아니라 바다로 유입되는 담수를 막아 서해 생태계를 파괴하고 있다. 지난 2006년 세계 최대 규모의 샨사 댐을 건설하여 서해로 흘러들어 가는 양쯔 강의 엄청난 물길을 차단해버렸다. 앞으로 서해의 염도와 생태계에 큰 변화가 우려되고 있다.

한반도를 둘러싼 바다는 우리나라 부산과 인천을 비롯하여 중국의 상하이와 홍콩, 일본의 고베와 요코하마 등과 같은 대형 항구들이 위치해 있는 세계적인 물류 중심지다. 특히 세계 5대 컨테이너항인 우리의 부산항은 인접 항구로부터 오는 환적

표 4-4 세계 주요 항만 물동량 현황(단위: 천 TEU)

2009년 순위	2010년 예상 순위	항만	2009년	2010년 11월 말
2	1	상하이	25,002	26,576
1	2	싱가포르	25,867	26,052
3	3	홍콩	21,040	21,576
4	4	선전	18,250	20,701
5	5	부산	11,980	12,947
8	6	닝보	10,503	12,152
6	7	광저우	11,190	11,307
9	8	칭다오	10,260	10,982
7	9	두바이	11,150	–
10	10	로테르담	9,800	–
11	11	텐진	8,700	9,166

화물로 인해 선박 운항이 매우 빈번하게 일어나는 곳이다(표 4-4). 그뿐만 아니라 우리의 바다 곳곳에 무역항과 연안 여객항이 빽빽이 둘러싸고 있다(그림 4-39). 그래서 우리의 바다는 세계 어느 해역보다 선박 폐기물과 폐수, 그리고 선박 평형수(Ballast Water)가 많이 버려지고 있으며, 기름 유출사고도 자주 발생하고 있다. 또한 일본의 세토 만과 우리나라 남해안은 세계적으로 적조 발생이 매우 빈번한 해역으로 지목되고 있다.

더구나 우리의 바다는 과도한 해안 개발과 간척사업으로 인하여 심각한 환경 파괴가 일어나고 있다. 특히 우리나라 서해안에서는 새

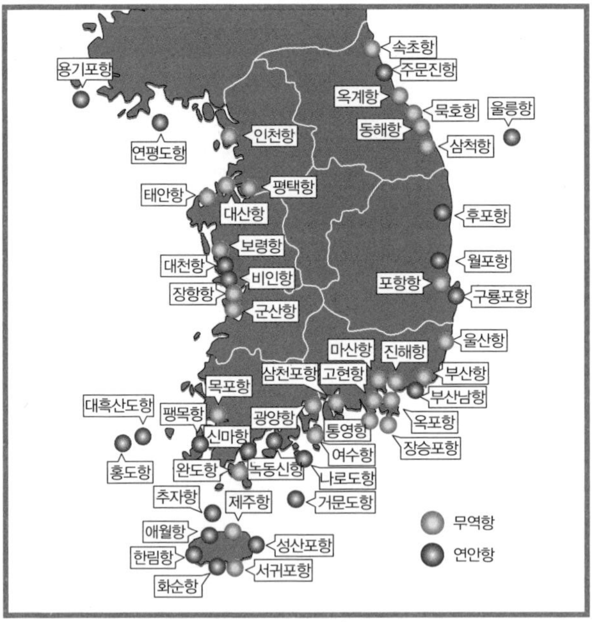

그림 4-39 우리 바다의 주요 무역항과 연안 여객항

만금을 비롯하여 수많은 갯벌 간척사업이 진행되어오고 있다. 간척사업으로 굴곡이 심했던 해안선은 직선화되어 지난 90년간 길이가 40퍼센트 감소했으며, 서울시 면적(605제곱킬로미터)의 1.5배에 달하는 약 900제곱킬로미터의 갯벌이 사라졌다. 간척으로 생긴 땅의 대부분은 산업단지, 경작지, 주거지 등으로 개발되었다.

우리 바다의 또 다른 환경문제는 엄청난 양의 쓰레기가 합법적으로 버려지고 있다는 사실이다. 1990년대 초반 연간 100만 세제곱미터 정도였던 것이 점점 증가하여 1995년에는 400만 세제곱미터를 넘어섰고, 그 후 급속히 증가했다. 특히 해양투기에 대한 허가권이 해양수산부로 넘어간 1996년 이후에는 매년 적게는 50만, 많게는 100만 세제곱미터씩 증가해 왔다(그림 4-40). 해양수산부는 바다를 값싼 쓰레기 처리장으로 본 것이다. 2005년 이후에 감소하고 있지만 여전히 많은 양의 쓰레기가 바다에 버려지고 있고, 이것은 가장 시급히 개선해야 할 문제다.

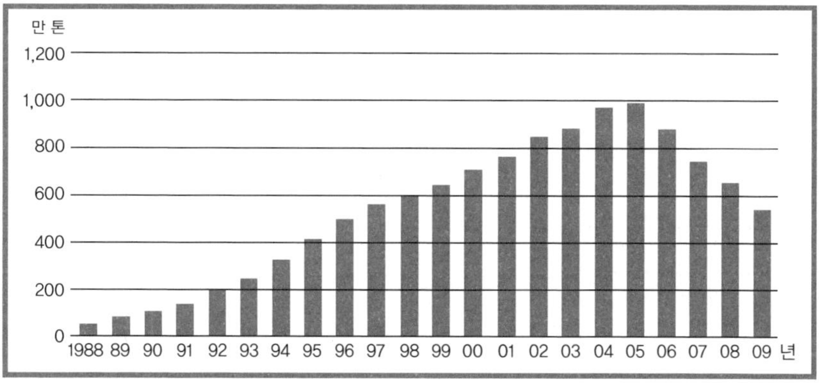

그림 4-40 우리의 바다에 합법적으로 버려진 쓰레기 양

지구온난화로 인한 급격한 변화

지금 우리의 바다에는 지구온난화로 인한 급격한 변화도 일어나고 있다. 지난 100년 동안 동해는 1.2~1.6℃, 서해는 1.3℃ 증가했다. 이것은 지구 바다의 평균 온도 상승 0.5℃의 2~3배에 해당한다. 이러한 온도 상승으로 지난 1990년대 이후 한반도 주변 바다에서 잡히는 어종이 크게 달라지고 있다. 한류성 어종인 대구나 명태 등은 급격히 감소하고 난류성 어종인 멸치와 오징어 등이 크게 증가하고 있으며, 아열대성 어종도 우리 연안에서 자주 출몰하고 있다.

수온 상승이 주는 더 큰 피해는 적조현상을 심화시키는 것이다. 과거에는 여름 한 철 남해안에서 소규모로 발생하던 적조가 지금은 멀리 동해안까지 나타나며 시기도 4월부터 10월까지로 확대되고 있다. 비교적 청정해역으로 알려진 제주도 연안에서도 적조현상이 보고되고 있다. 지금과 같은 수온 상승이 계속된다면 적조현상은 더욱 심해지고 오랜 기간 지속될 것이다.

지구온난화로 인해 해수면이 상승하고 태풍 또한 점점 강해지고 있다. 현재 우리 바다의 수면은 연평균 1~6밀리미터나 상승하고 있다. 서해안은 1.0밀리미터, 동해안은 1.4밀리미터, 남해안은 3.4밀리미터, 특히 제주 해안은 5.1밀리미터의 연평균 해수면 상승을 보이고 있다. 현재 해수면 상승의 피해는 가시화되지 않고 있지만 상승 속도는 매우 우려할 만하다(그림 4-41).

최근 몇 년간 엄청난 비구름과 강한 바람을 동반한 태풍이 한반도를 강타하고 있다. 태풍은 열대성 바다에서 생성된 후 이동하면서 더운 해수면으로부터 에너지를 공급받아 점점 강해진다. 매년 30여 개의 태풍이 북서태평양에서 생성되지만 과거에는 이동 과정에서 에너지 부족으로 소멸하거나 세력이 약한 상태에서 한반도에 상륙했다. 그러나 이제 더운 바다로 인해 더욱 강해진 태풍이 한반도를 엄습해 매년 수조 원에 이르는 피해를 입히고 있다. 태풍 발생 기간과 횟수도 점점 늘어나고 있다. 최근에는 초강력 슈퍼 태풍에 관한 우려도 제기되고 있다. 슈퍼 태풍이 현실로 나타날 경우 해안지역에 산업과 도시, 그리고 인구가 집중되어 있는 우리로서는 그 피해가 엄청날 수밖에 없다.

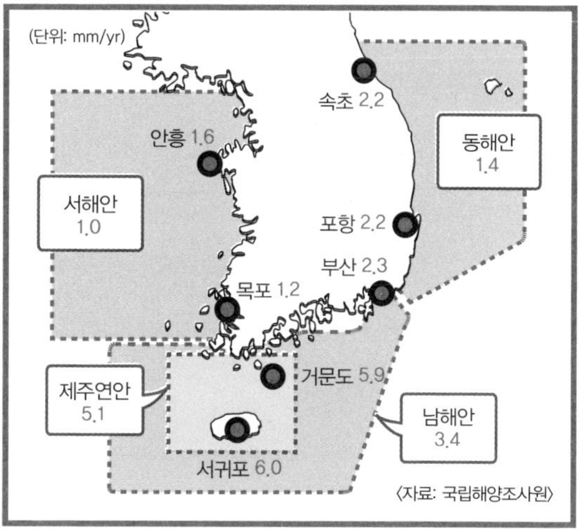

그림 4-41 지구온난화로 인한 한반도 해수면 연간 상승률

우리 바다의 앞날

저탄소 시대를 맞이하면서 우리의 바다는 그 역할이 더욱 중요해졌다. 천혜의 조건을 가진 조력발전과 해상풍력은 풍부한 신재생에

너지 공급처로 주목받게 될 것이다. 아울러 한미, 한EU FTA 시대에 항만 물동량은 급속히 늘어나게 되어 이를 소화하기 위한 부두 건설과 배후단지 조성은 불가피할 것이다. 또한 국민들의 생활수준 향상으로 해양 레저 문화 수요도 크게 늘어나게 될 것이다.

정부는 지난 2011년 7월 전국 54개 항만의 개발계획을 담은 '제3차 전국항만기본계획(2011~2020)'을 발표했다(그림 4-42). 이 기

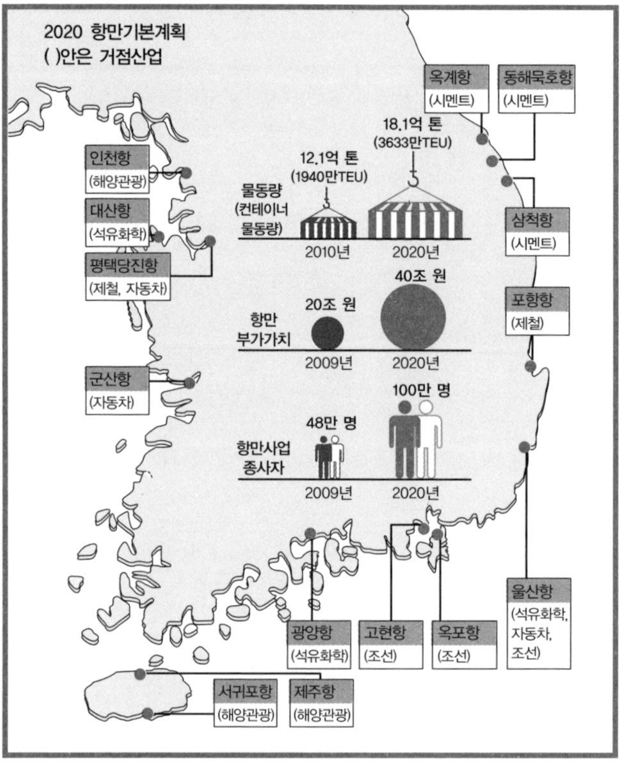

그림 4-42 제3차 전국항만기본계획

간 중 총 40조 원을 투자해 화물부두 232선석, 여객부두 56선석과 배후단지를 조성할 방침을 밝혔다. 전국 21개 무역항이 해양 문화, 레저 및 상업공간으로 개발되고 7개 항만에는 크루즈 전용 부두가 운영될 예정이다. 부산항은 컨테이너 환적 허브로, 광양항은 국가 기간산업을 지원하는 복합 물류 허브로, 울산항은 오일 물류 허브로 육성할 계획을 수립하였다. 또 제주항과 서귀포항, 인천항은 해양관광, 동해묵호항과 삼척항은 시멘트 산업, 평택당진항과 울산항·군산항은 자동차 산업, 고현항과 옥포항은 조선 산업 거점항으로 특화할 예정이다. 항만 물동량이 2010년 12억 1천만 톤에서 2020년엔 18억 1천만 톤으로, 항만 부가가치는 20조 원에서 40조 원으로, 항만 산업 종사자는 48만 명에서 100만 명으로 증가할 것으로 예상하고 있다.

우리의 바다에는 가까운 장래에 항만, 에너지, 레저 공간 등 수많은 개발이 이루어질 전망이다. 그리고 이를 지원하기 위한 배후단지로 연안에는 도시와 산업단지 건설도 불가피하다. 하지만 우리의 바다는 환경관리 사각지대에 놓여 있는 것이 현실이다.

생명이 살아 있는 바다를 꿈꾸며

지금 우리가 해야 할 무엇보다 중요하고 시급한 것은 생명이 살아 있는 푸른 바다를 가꾸는 일이다. 이를 위하여 먼저 육지의 환경 개선이 절실하다. 바다는 육지에서 발생하는 모든 오염물질이 마지막으로 가는 곳이기 때문이다. 현재 우리나라 바다 오염원의 77퍼센트는 육지로부터 비롯된다. 대기로, 하천으로, 그리고 배로 실어 바다에 버려진다. 육지의 환경 개선 없이 푸른 바다를 기대하기는 어렵다.

외교적 노력을 통해 중국으로부터 배출되는 오염을 줄여나가야 한다. 중국의 산업화와 그로 인한 서해의 환경문제를 국제적으로 여론화시켜야 한다. 황사 문제와 더불어 서해 오염의 심각성을 국제사회에 호소하고 해결에 동참케 해야 한다. 유엔이 서해의 환경문제에 관심을 갖도록 하여 중국의 무차별적인 산업화를 자제하도록 해야 한다. 이것이 이웃 나라 중국을 돕는 길이고 동북아시아의 환경을 살리는 길이다.

아울러 환경 어업이 시급히 도입되어야 한다. 우리는 양식업이 활발하고 해산물 섭취량이 매우 높기 때문에 어업은 국민의 건강과 직결되어 있다. 특히 유엔 해양법 협약과 배타적 경제수역(EEZ) 선포로 잡는 어업보다 기르는 어업이 더욱 중요해지고 있다. 따라서 양식장을 관리하고 국민의 생명을 지키기 위한 제도적 장치가 시급히 마련되어야 한다. 어업 허가 시 양식업자들에게 환경세 부과, 환경 의무사항 부여, 환경친화적 행위 준수, 그리고 환경영향평가 등을 의무화할 필요가 있다.

이러한 제도를 시행하고 바다를 효과적으로 관리하기 위하여 지속적인 해양 환경 모니터링이 이루어져야 한다. 해양 생태계와 수질을 비롯하여 연안으로 유입되는 육지 오염원과 퇴적물, 그리고 조류 상태에 이르기까지 모든 해양 환경을 정확하게 조사하고 과학적인 분석을 해야 한다. 그뿐만 아니라 연안에서 이루어지는 다양한 어업활동을 모니터링하고, 특히 지속 가능한 어업을 위해 남획을 철저히 방지해야 한다.

앞으로는 과도한 연안 개발을 자제해야 하며, 선박 운항 및 사고 등에 관하여 보다 철저한 환경관리가 이루어져야 한다. 또한 태풍과 해일 등 현재 지구 곳곳에서 기승을 부리는 온난화 재난에 철저하게 대비해야 한다. 아울러 생명이 살아 있는 푸른 바다를 가꾸는 데 더 많은 노력을 기울여야 한다. 이를 위해서는 무엇보다 지난 1996년 이후 환경관리 사각지대로 남아 있는 바다가 다시 환경부로 돌아와야 한다.

바다 어업의 한계, 4대강 내수면 어업으로 극복해야

필자는 경북 울진에서 어부의 아들로 태어나 국민소득 50달러에 지나지 않았던 지난 1960년대 원양어업 개척 첫 줄에 섰던 사람으로 스페인을 거점으로 사업체를 일구어왔다. 이제 어느덧 칠순을 바라보는 나이가 되었지만 젊은 시절 원양어업에 종사하면서 열망했던 선진 조국의 꿈은 여전하다. 특히 오랜 기간 물과 함께하는 어업에 종사해 4대강 사업에 남다른 애착을 가지고 있다.

4대강 살리기 사업은 적잖은 반대 여론에도 불구하고 국가의 백년대계를 위해 반드시 성공적으로 마무리돼야 한다는 것이 나의 생각이다. 이 사업을 통해 기후변화 시대를 대비해 가뭄과 홍수 피해를 근원적으로 막고, 수질을 개선하며, 생태계를 복원하고 주민들이 수상 레저와 문화 활동을 즐길 수 있는 친수공간을 확보할 수 있게 된다. 하지만 사업 내용을 보면 내수면 어업이라는 중요한 과제가 빠져 있다. 물이 마른 4대강에 물을 채우면 물고기가 살기 마련이고, 이를 어업으로 연결하면 지역주민의 일자리가 생기고 국민 건강을 지키는 양질의 식품이 될 것이 분명한데 언급조차 없다.

우리나라는 세계에서 일본 다음의 생선 소비국이다. 1인당 연간 55킬로그램을 소비하며, 총 소비량은 450만 톤, 금액으론 약 9조

5,300억 원에 달한다. 이 엄청난 양 중에 국내 총 생산량은 330만 톤이고 나머지 120만 톤, 즉 3조 2천억 원에 해당되는 수산물은 수입에 의존하고 있다. 국내 생산량의 많은 부분은 양식이나 연근해 어업으로 잡은 것이지만, 일부는 오대양 망망대해로 나가 원양어업으로 잡은 것이다.

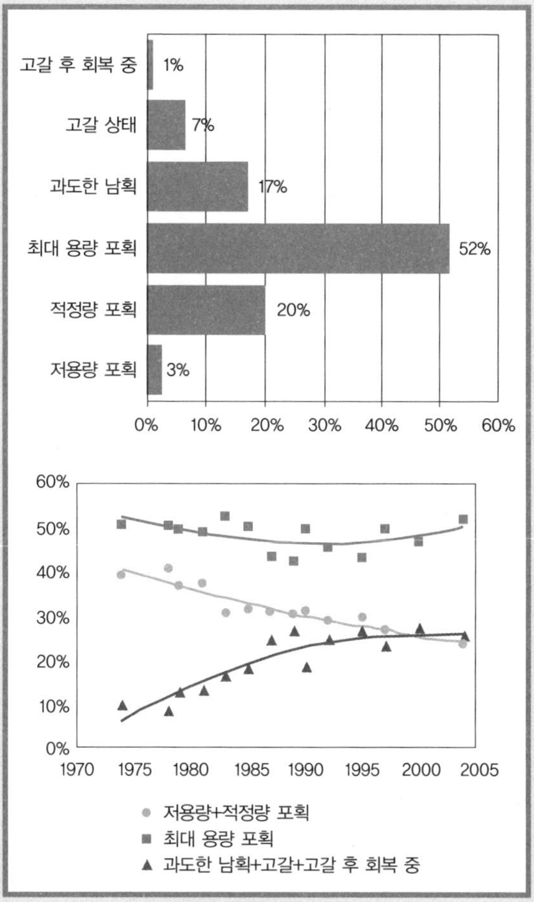

그림 4-43 바다 어족 자원의 현실과 변화 추이

하지만 이제 원양어업도 한계 상황에 달했다. 공해 상에서의 치열한 경쟁, 무분별한 남획, 기후변화와 환경오염 등으로 수산물이 고갈돼 가는 게 오늘의 현실이다. 이제는 수산물이 줄고, 잡을 공간도 줄어들어 또 다른 활로를 모색해야 하는 절박한 시점이다. 4대강 살리기 사업을 통해, 해수면의 한계를 내수면에서 보완하면 수산업에 또 하나의 돌파구가 될 것이라고 본다. 4대강의 내수면 어업은 지역주민의 생계수단이 되고 농촌 경제를 살리는 방안이 될 수 있기 때문에 더욱 의미가 크다.

이웃 나라 중국은 세계 1위의 수산물 생산국으로, 세계 총생산량의 3분의 1을 차지하고 있다. 중국에서 생산되는 수산물의 상당 부분이 내수면 어업을 통해 이뤄지고 있으며, 매년 그 비중이 급속히 증가하고 있다. 특히 개혁·개방 이후 가장 급속히 발전하는 산업 중 하나로, 특정 지역에서는 농어촌 경제발전의 새로운 패러다임으로 인식되고 있으며, 농어촌 산업구조 개선과 지역민의 소득 증가에 크게 공헌하고 있다. 통계 자료에 따르면 지난 1980년 27.6퍼센트에 불과하던 중국의 내수면 어업 비중이 2006년에는 44.5퍼센트(2,400만 톤)로 증가했다. 일본, 러시아, 동남아 국가 등에서도 경쟁적으로 내수면 어업에 많은 투자와 연구를 활발히 진행하고 있는 것이 현실이다.

4대강 사업을 내수면 어업으로 연결하는 방안은 크게 두 가지로 검토해볼 수 있다. 하나는 물이 가득 찬 4대강에서 낚시나 그물로 물고기를 잡는 것이다. 다른 하나는 4대강 물을 인근 논과 밭으로 끌어와 양식장을 만드는 것이다. 두 번째 방법은 현재 중국에서 많이 하고 있는 것으로, 농작물 경작 때보다 경제성이 뛰어날 때 선택해야 한다.

4대강 내수면 어업에서 반드시 고려해야 하는 게 환경문제다. 맑은 물과 건강한 생태계는 4대강 살리기의 핵심이자 고품질의 수산물 생산을 위한 필수 조건이기 때문이다. 특히 4대강에서 직접 물고기를 기르는 경우 수질과 생태계 관리에 신중해야 한다. 지금 우리나라 일부 호수나 강에서 이뤄지는 가두리 양식과 사료 투입은 금물이다. 적절한 시기에 허용하는 어종에 한해 치어를 방류하고, 잡는 시기와 방법도 법으로 규제해야 한다. 이런 방법을 택할 경우 물고기를 잡는 것은 수중의 유기물을 제거하기 때문에 수질 개선 효과를 가져올 수 있다.

－권영호 인터불고 그룹 회장

2010년 9월 8일 『서울신문』 칼럼

| 에필로그 |

부강한 환경선진국을 꿈꾸며

나는 국가 예산의 반을 외국 원조로 채웠던 지난 1950년대 후반 우리나라 전후(戰後) 베이비붐 덕에 태어났다. 어린 시절 내가 살았던 시골은 모두 다 가난했다. 초등학교 학생 거의 대부분이 점심은 미국 원조로 주는 옥수수 죽으로 배를 채웠고, 책과 학용품도 얻어 쓰곤 했다. 학교 수업이 끝나면 아이들은 모두 논밭으로 가서 농사일을 도와야 했다. 강에 물이 좋을 때면 물고기를 잡고 들판에서 메뚜기도 잡아 먹거리로 썼다. 봄가을에 보리와 벼 베기가 끝나면 이삭줍기도 아이들 몫이었다. 곡식 한 톨이 소중했던 시절, 먹고살기 위해 모든 가족이 나서야 했다.

좀 더 자라면서 새마을운동이 시작됐다. 새마을 노래를 들으면서 마을 사람들이 함께 모여 도랑 치고, 도로도 넓히고, 길가에 나무도 심었다. 식량 증산과 소득 배가를 위해 마을 주민들이 지혜를 모으고 함께 실천했다. 나는 대학에 가서도 새마을운동을 했다. 내가 태어나서 처음으로 자랑스럽게 가진 직함이 '서울대학교 자연대 새마을부 차장'이었다. 당시에는 대학 학생회에 새마을부라는 것이 있었다. 수원에 있었던 새마을 연수원에 가서 교육도 받고 방학 때는 학생들을 모아서 농촌 봉사활동도 갔다. 또 새마을운동에 관해 좀 더 알고 싶어서 당시 사회학과 전공과목이었던 농촌사회학을 수강하기도 했다.

내가 대학을 다녔던 1970년대 후반은 우리 경제의 잿빛성장이 계속되던 시기였다. 급속한 경제성장이 이루어지고 있었지만 환경은 점점 악화되고 있었다. 특히 서울은 폭발적인 인구 증가와 도시화로 그 정도가 매우 심각했다. 무연탄 사용과 자동차 매연으로 공기는 오염됐고, 생활하수가 처리되지 않고 하천으로 흘러들어가 악취를 풍겼다. 대책의 필요성을 느낀 정부는 1977년에 환경보전법을 제정했고, 1978년에는 지금의 국립환경과학원 전신인 국립환경연구소를 설립하여 조사·연구를 시작했다. 같은 해에 우리나라 최초로 하수처리장(중랑하수처리장)이 건설되어 서울 도심의 생활하수를 처리하기 시작했다. 1980년에는 환경청이 설립되었으며, 그해 개정된 제5공화국 헌법에는 처음으로 '모든 국민은 건강하고 쾌적한 환경에서 살 권리'가 있다는 환경권이 들어갔다.

이러한 시대적 상황이 나로 하여금 환경을 공부하게 만들었다. 뭔가 해결책을 찾아야 하겠다는 것이 나의 생각이었다. 1981년 국립환경연구소에서 6개월 동안 인턴 과정을 마치고 미국으로 건너갔다. 내가 미국에서 공부하는 동안에 국내에서는 많은 변화가 있었다. 특히 이 기간에는 1988년 서울올림픽을 치르기 위해 적극적인 환경오염 방지 사업이 이루어졌다. 하지만 환경은 계속 악화되었고 온산공단의 괴질병(1982년)과 같은 환경 사건들도 발생했다.

1988년 내가 귀국했을 때 우리나라에는 환경의 시대가 열리고 있었다. 새로운 환경법이 만들어지고, 중앙과 지방 정부의 환경조직이 신설되고 또 매년 확대되고 있었다. 특히 1991년에 발생한 낙동강 페놀 사건과 1992년에 개최된 리우 환경정상회의를 고비로 환경의 중요성이 더욱 강조되기 시작했다. 전국 곳곳에서 환경단체들이 만들어졌고 정부는 환경 개선 노력에 더욱 박차를 가하고 있었다.

1990년대 후반에 와서 우리의 환경은 점차 개선되기 시작했다. 지난 1980년 이후 계속된 정부의 환경 개선 노력이 효과를 본 것이다. 우리나라는 선진산업국에 비해 비교적 짧은 기간에 환경과 경제 상생의 시대에 접어들었다. 선진산업국이 앞서 경험한 시행착오와 그들이 연구 개발한 환경과학과 기술이 도움이 되었다. 그리고 그동안 우리 사회에 지속되어온 산업화와 민주화 모두 환경 개선에 중요한 기여를 했다. 산업화는 부의 축적으로 환경 개선을 위한 경제적 수단을 제공했고, 민주화는 당시 헌법에 명시된 환경권에 대해 우리 국민들이 눈을 뜨게 해주었다.

그 후 지금까지 지속적인 환경 개선이 이루어져왔다. 1990년대 중반을 정점으로 일부 미흡한 것도 있지만 대부분의 환경지표가 크게 개선되었다. 보다 엄격한 법과 제도로 자연을 보호하게 되었고, 먹는 물, 실내 공기 등 모든 생활환경이 과거 어느 때보다 좋아졌다. 환경과학과 기술이 발달하면서 환경산업 수출액이 매년 증가하고 있다. 국제 환경협약에도 적극적으로 참여하게 되었고, 지난 2008년 저탄소 녹색성장을 국가 비전으로 내세우면서 우리나라가 세계를 주도하기에 이르렀다. 우리가 이처럼 짧은 기간에 환경 개선을 이룩하게 된 것은 세계사에 유례없는 경이적인 경제성장과 무관하지 않다. 경제적 여력이 있었기에 법과 제도를 강화하고 지속적인 환경 투자도 가능했던 것이다.

어린 시절부터 지금까지 우리의 경제성장과 환경의 유턴 과정을 지켜본 나는 '가난이 환경의 최대 적이고 부강한 나라가 환경을 지킨다'라는 부국환경주의를 확신한다. 그리고 지난 30여 년간 환경을 공부하면서 세계의 환경을 보았고, 남보다 풍부하고 정확한 환경 지식을 접할 수 있는 기회가 많았기 때문에 부국환경을 향한 나의 염원은 더욱 간절하다. 그렇다고 부자가 된다고 무조건 환경이 좋아진다는 것은 아니다. 이 책에서 제시하는 부국환경으로 가는 길을 우리 국민들이 함께 갈 때 가능하다. 특히 저탄소·자원순환·자연공생 사회를 향한 절약와 나눔의 녹색문명이 전국에 퍼져나갈 때 우리나라는 가까운 장래에 '가난하고 소외된 자가 없는 부강한 환경선진국'으로 변모해 있을 것이다.

"부국환경이 우리가 가야 할 길이요, 우리의 미래다."

| 참고문헌 |

국립기상연구소, 『삼국유사·삼국사기로 본 기상·천문·지진 기록』, 기상청, 2011, p.136.

국립환경과학원, 『제품·생활패턴별 온실가스배출량 산정 및 감축잠재량 평가』, 환경부, 2009, p.129.

권영호, '바다 어업의 한계, 4대강 내수면 어업으로 극복해야', 『서울신문』, 2010년 9월 8일.

김상도, 『운하?』, 푸른나무, 2009, p.240.

김성욱, 『억지와 선동으로 날아가는 국민세금: 국책사업 반대의 책임과 윤리』, 조갑제닷컴, 2010, p.119.

김성일, 『솔루션 그린: 기후, 에너지, 식량 문제 해결을 위한 거대한 행동의 전환』, 메디치, 2011, p.239.

김일권, 『고려사의 자연과학과 오행지 역주』, 한국학중앙연구원 출판부, 2011, p.596.

김정욱, 『나는 반대한다: 4대강 토건공사에 대한 진실 보고서』, 느린걸음, 2010, p.228.

김환영, 『4대강 사업을 말한다』, 동쪽나라, 2010, p.208.

데이비드 스즈키·홀리 드레슬, 조응주 역, 『굿 뉴스: 나쁜 뉴스에 절망한 사람들을 위한』, 산티, 2006, p.607.

디르크 막사이너·미하엘 미에르쉬, 박계수·황선애 역, 『오해와 오류의 환경 신화』, 랜덤하우스중앙, 2005, p.567.

라마찬드라 구하, 권태한 역 ,『환경 사상과 운동』, 다산출판사, 2006, p.209.

라일리 던랩·안젤라 메티그, 김동규 역, 『미국의 환경운동사』, 백수사, 1996, p.294.
레베카 코스타, 장세현 역, 『지금 경계선에서: 오래된 믿음에 대한 낯선 통찰』, 샘앤파커스, 2011, p.495.
레스터 브라운, 이종욱·황의방 역, 『플랜 B 3.0』, 도요새, 2008, p.495.
레이첼 칼슨, 김은령 역, 『침묵의 봄』, 에코리브로, 2002, p.384.
로널드 베일리, 이상돈 역, 『에코스캠: 환경종말론자들의 빗나간 예언』, 이진출판사, 1999, p.268.
로이 스펜스, 이순희 역, 『기후 커넥션: 지구온난화에 관한 어느 기후 과학자의 불편한 고백』, 비아북, 2008, p.275.
마이클 리치·노리에 허들, 박석순 역, 『꿈의 섬: 일본의 환경 비극』, 이화여대출판부, 2001, p.346.
마티스 웨커네이걸·윌리엄 리스, 류상윤, 이유진 역, 『생태 발자국』, 이매진, 2006. p.253.
박강리, 『지구별에서 함께 살아가기: 인물로 읽는 환경 이야기』, 해나무, 2008, p.231.
박석순, 『환경 재난과 인류의 생존전략』, 어문학사, 2014, p.335.
박석순, 『수질관리학: 원리와 모델』, 해치, 2009, p.350.
박석순, 『MT 환경공학: 나의 미래 공부시리즈』, 장서가, 2008, p.326.
박석순, '중국 환경 개선에 우리가 나서야 하는 이유', 『조선일보』, 2012년 2월 12일.
박석순, '먹거리 물가 잡으려면 외식문화 바꿔야', 『한국경제』, 2011년 7월 19일.
박석순, '올바른 국토교육의 필요조건', 『동아일보』, 2011년 6월 9일.
박석순, '저탄소 녹색성장과 우리의 과제', 『자연보호』, 2011년 봄호.
박석순, '슈퍼 황사 막을 수 있다', 『한국경제』, 2011년 4월 22일.
박석순, '환경운동, 새로운 방향 모색해야', 『중앙일보』, 2011년 3월 29일.
박석순, '환경 지키는 토목건설', 『한국경제』, 2011년 1월 26일.

박석순, ‘저탄소 녹색성장과 환경교육’, 『월간환경』, 2010년 10월호.
박석순, ‘4대강 수변공간 활용도 극대화해야’, 『문화일보』, 2010년 9월 27일.
박석순, ‘기후변화와 물 관리의 대변화’, 『과학과 기술』, 2010년 6월호(493호).
박석순, ‘화산재보다 무서운 중국의 황사’, 『한국경제』, 2010, 4월 21일.
박석순, ‘학교마다 환경교사를’, 『한국일보』, 2010년 3월 20일.
박석순, ‘음식물 쓰레기, 해법은 없나’, 『서울신문』, 2010년 2월 12일.
박석순, ‘녹색성장 하려면 밥상부터 바꿔야’, 『조선일보』, 2010년 1월 21일.
박석순, ‘기후변화와 원자력의 부활’, 『서울신문』, 2010년 1월 8일.
박석순, ‘미완의 기후총회, 한국의 과제’, 『한국경제』, 2009년 12월 20일.
박석순, ‘4대강, 잃어버린 강의 기능 되살려야’, 『서울신문』, 2009년, 11월 11일.
박석순, ‘UNEP도 주목하는 한국 녹색정책’, 『문화일보』, 2009년 8월 24일.
박석순, ‘제3차 산업혁명과 제5의 연료’, 『첨단환경기술』, 2009년 7월호.
박석순, ‘녹색성장으로 가는 바르고 빠른 길’, 『첨단환경기술』, 2009년 4월호.
박석순, ‘가난이 환경을 파괴한다’, 『한국경제』, 2009년 3월 11일.
박석순, ‘시카고의 환경 재난과 과학적인 환경사랑’, 『첨단환경기술』, 2009년 1월호.
박석순, ‘지구온난화와 환경주의자의 딜레마’, 『첨단환경기술』, 2008년 10월호.
박석순, ‘불편한 진실이 불편한 이유’, 『첨단환경기술』, 2008년 1월호.
박석순, ‘청계천 다음은 국토복원이다’, 『한국일보』, 2006년 2월 13일.
박은호, ‘100마리 중 8마리 암수 한 몸, 붕어요리 먹기 찜찜하네-환경호르몬 영향인 듯’, 『조선일보』, 2007년 1월 4일.
박재광, ‘청정 에너지의 오해와 진실: 망국적 선동에 속지 마라’, 『문화일보』, 2011년 9월 22일.
박재광, 『나의 조국이여 왜 대운하를 버리려 합니까?』, 해치, 2009, p.265.
박재광, ‘한반도 대운하에 대한 고찰’, 『한국환경영향평가학회 2008년 춘계학술대회 발표 자료집』, 2008, pp.93~128.
비외른 롬보르, 김기웅 역, 『쿨잇: 회의적 환경주의자의 지구온난화 충격보고』,

살림, 2008, p.326.
비외른 롬보르, 홍욱희 역, 『회의적 환경주의자』, 에코리브르, 2003, p.1,068.
빅터 테플리아코프, '20년 동안 산림 면적의 30%가 사라진 북한', 『조선일보』, 2011년 9월 28일.
앤서니 기든스, 홍욱희 역, 『기후변화의 정치학』, 에코리브르, 2009, p.383.
앨 고어, 김지석·김춘이 역, 『우리의 선택』, 알피니스트, 2010, p.405.
유네스코, 『사람과 생명을 위한 물』, 구미서관, 2010, p.519.
안재현·이재근·이승호·홍일표, 『우리나라 가상수량 산정방법의 적용성 평가』, 한국수자원학회지 43(6), 2010, pp.583~595.
알렉스 스테픈, 김명남·김병순·김승진·나현영·이한중 역, 『월드체인징: 세상을 바꾸는 월드체인저들의 미래 코드』, 바다출판사, 2009, p.703.
에머리 로빈스·페터 헤네케, 임성진 역, 『미래의 에너지』, 생각의 나무, 2001, p.397.
월드워치연구소, 이승환 역, 『지구환경과 세계경제』, 따님, 1998, p.259.
이상돈, 『비판적 환경주의자: 더 이상 이상적 환경주의자의 공허한 주장은 듣고 싶지 않다』, 브레인북스, 2006, p.446.
이시 히로유키·야스다 요시노리·유아사 다케오, 이하준 역, 『환경은 세계사를 어떻게 바꾸었는가』, 경당, 2003, p.286.
이영창, '지구촌 포화시대, 식량·물·에너지 부족 잿빛 드리우다', 『한국일보』, 2011년 10월 25일.
이지순, 『Green Growth: Korean Initiatives for Green Civilization』, 랜덤하우스, 2010. p.167.
이재영 「녹색성장을 위한 융합기술 개발과 관련 환경교육」, 국가교육과학기술자문회의 최종보고서, 2009, p.183.
일사회, 『그 세월의 뒷모습: 한국 환경야사』, 홍문관, 2011, p.358.
잭 홀랜드, 박석순 역, 『환경과 빈부의 두 세계』, 어문학사, 2017, p.375.
제임스 러브록, 이한음 역, 『가이아의 복수』, 세종서적, 2008, p.263.
제임스 구스타브 스페스, 김보영 역, 『아침의 붉은 하늘: 환경위기와 지구의 미래』, 에코리브르, 2005, p.391.
제임스 구스타브 스페스·피터 하스, 차재권 역, 『지구와 환경: 녹색혁명의 도전과 거버넌스』, 명인문화사, 2009, p.237.
존 드라이제크, 정승진 역, 『지구환경정치학 담론』, 에코리브르, 2005, p.384.
존 맥닐, 홍욱희 역, 『20세기 환경의 역사』, 에코리브르, 2008, p.688.
클라우스 퇴퍼·프리데리케 바우어, 박종대·이수영 역, 『청소년을 위한 환경교과서』, 사계절, 2009, p.233.
토머스 프리드먼, 이영민·최정임 역, 『코드 그린: 뜨겁고 평평하고 붐비는 세계』, 21세기북스, 2008, p.590.
티모시 도일·더그 맥케이컨, 이유진 역, 『환경정치학』, 한울아카데미, 2002, p.241.
프레드 피어스, 김정은 역, 『강의 죽음: 강이 바닥을 드러내면 세상에 어떤 일이 벌어질까?』, 브렌즈, 2010, p.520.
피터 번스타인, 윤홍식 역, 『물의 결혼: 이리 운하와 위대한 국가 건설』, 사닥다리, 2011, p.602.
한반도 대운하 연구회, 『한반도 대운하 희망 스토리』, 개미와 배짱이, 2008, p.232.
한반도 대운하 연구회, 『한반도 대운하는 부강한 나라를 만드는 물길이다』, 경덕출판사, 2007, p.676.
한삼희, 『리스크 테이블: 침착한 사회를 위한 환경 저널리스트의 제안』, 샘터, 2009, p.303.
한정석, 「환경주의와 에코파시즘: 주요 국책사업과 4대강에서 드러난 환경단체의 사기극」, 자유기업원 CFE Report No.172, 2011, p.32.
행정중심복합도시건설청, 「행정중심복합도시건설 개발계획변경」, 국토해양부, 2010, p.213.
헤더 로저스, 추선영 역, 『에코의 함정: 녹색 탈을 쓴 소비 자본주의』, 도서출판 이후, 2011, p.372.

환경부, 『환경 30년사』, 2010, p.1,227.

환경정보평가원, 「국책사업의 환경문제 검증 및 갈등 해결방안」, 2011, p.121.

Bailey, R., *Global Warming and Other Eco-Myths*, Prima Publishing, Roseville, CA, 2002, p.423.

Bailey, R., *True State of the Planet*, Free Press, 1995, p.472.

Barazilay, J., Weinberg, W., Eley, J., '*The Water We Drink*', Rutgers University Press, New Brunswick, NJ, 1999, p.180.

Berlau, J., *Eco-Freaks*, Nelson Current, 2006, p.250.

Blatt, H., *America's Environmental Report Card*, The MIT Press, 2005, p.277.

Botkin, D., Keller, E., *Environmental Science*, 4th Ed., John Woley & Sons, Inc., Hoboken, NJ, 2003, p.668.

Bowler, P., *The Norton History of the Environmental Science*, Norton, New York, NY, 1993, p.634.

BP(British Petroleum), *BP Statistical Review of World Energy June 2011*, 2011, p.49.

Chapagain, A., Hoekstra, A., *Water Footprints of Nations*, Value of Water Research Report Series No.16, UNESCO-IHE, 2004.

Dashefasky, H., *Environmental Literacy*, Random House, New York, NY, 1993, p.298.

Davis, L., *Environmental Disasters: a Chronicle of Individual, Industrial, and Governmental Carelessness*, Facts On File, Inc., New York, NY, 1998, p.246.

Davis, R., *Life In The Iron Mills*(1861), Kessinger Publishing, 2010, p.42.

Del Mar, D., *Environmentalism*, Pearson Books, 2006, p.214.

Dickens, C., *Hard Times*(1854), Penguin Classics/Press, 2007, p.384.

Easterbrook, G., *A Moment on the Earth: The Coming Age of Environmental Optimism*, Penguin, 1996, p.768.

EEA(European Environment Agency), *Environmental Signals 2001: European Environment Agency Regular Indicator Report* (Environment Assessment Reports), European Environment Agency, 2001, p.112.

Ehrlich, P., *The Population Bomb*(1968), Ballantine Books, 1971, p.201.

Ekins, P., *Economic Growth and Environmental Sustainability: The Prospects for Green Growth*, Routledge, 1999, p.392.

Gleick, P., *The World's Water*, Inland Press, Washington, D.C., 1998, p.307.

Gunn, A., *Unnatural Disasters: Case Studies of Human-Induced Environmental Catastrophes*, Greenwood Press, Westport, CT, 2003, p.143.

Harte, J., Holdern, C., Schneider, R., Shirley, C., *Toxics A to Z: a Guide to Everyday Pollution Hazards*, University of California Press, Berkeley, 1991, p.479.

Hill, J., *One Makes the Difference*, Happer San Francisco, New York, NY, 2002, p.198.

Hodgson, P., *Energy, the Environment and Climate Change*, Imperial College Press, 2010, p.202.

Horner, C., *The Politically Incorrect Guide to Global Warming and Environmentalism*, Regnery Publishing, 2007, p.366.

IMF(International Monetary Fund), *World Economic and Financial Surveys: World Economic Outlook Reports*, 2010, p.216.

Kahn, H., *The Next 200 Years: A Scenario for America and the World*, Morrow, 1976, p.241.

Klaidman, S., *Health in The Head Lines*, Oxford University Press, New York, NY, 1991, p.249.

Maddox, J., *The Doomsday Syndrome: An Attack on Pessimism*, McGraw-Hill, 1972, p.293.

McKibben, B., *The End of Nature*, Anchor Books, New York, NY, 1999, p.232.

Meadows, Dennis, Meadows, Donella, Randers, J., Behrens, W., *The Limits to Growth: A Report for the Club of Rome's Project on the Predicament of Mankind*, A Potomac Associate Books, 1974, p.205.

Murakami, M., *Managing Water for Peace in the Middle East: Alternative Strategies*, United Nations University Press, Tokyo, 1995, p.309.

Myers, N., *GAIA: An Atlas of Planet Management*, Anchor Books, New York, NY, 1993, p.272.

Parker, S., Corbitt, R., *McGraw-Hill Encyclopedia of Environmental Science and Engineering*, 3rd Ed., McGraw-Hill, Inc., New York, NY, 1992, p.749.

Porritt, J., *Save the Earth*, Turner Publishing, Inc., Atlanta, GA, 1991, p.208.

Raven, P., Berg, L., Johnson, G., *Environment*, 2nd Ed., Saunders College Publishing, Philadelphia, PA, 1997, p.579.

Salzman, J., Thomson, B., *Environmental Law and Policy*, Foundation Press, 2007, p.338.

Schumacher, E., *Small is Beautiful: Economics as if People Mattered*, Perenial Library/Harper & Row, Publishers, 1975, p.305.

UNEP(United Nations Environmental Programme), *Keeping Track of Our Changing Environment from Rio to Rio+20*, United Nations, 2011, 112pp.

UNEP(United Nations Environmental Programme), *Global Environmental Outlook 3*, Earthscan Publishing Ltd, London, 2002, p.446.

UNFAO(United Nations Food and Agriculture Organization), *State of the World's Forests 2007*, United Nations, 2007, p.156.

Warren, L., *American Environmental History*, Blackwell, Malden, MA, 2003, p.359.

부국환경론

부국환경이 우리의 미래다

초판 1쇄 발행일 2015년 8월 28일
2판 1쇄 발행일 2018년 3월 30일

지은이 박석순
펴낸이 박영희
편집 김영림
디자인 조은숙
마케팅 김유미
인쇄·제본 AP프린팅
펴낸곳 도서출판 어문학사
서울특별시 도봉구 해등로 357 나너울 카운티 1층
대표전화: 02-998-0094/편집부1: 02-998-2267, 편집부2: 02-998-2269
홈페이지: www.amhbook.com
트위터: @with_amhbook
블로그: 네이버 http://blog.naver.com/amhbook
다음 http://blog.daum.net/amhbook
e-mail: am@amhbook.com
등록: 2004년 7월 26일 제2009-2호

ISBN 978-89-6184-466-6 03530
정가 18,000원

이 도서의 국립중앙도서관 출판시도서목록(CIP)은 e-CIP홈페이지(http://www.nl.go.kr/ecip)와 국가자료공동목록시스템(http://www.nl.go.kr/kolisnet)에서 이용하실 수 있습니다.
(CIP제어번호: CIP2018006287)

※잘못 만들어진 책은 교환해 드립니다.